中国建筑节能发展报告
（2018 年）
——区域节能

住房和城乡建设部科技与产业化发展中心
（住房和城乡建设部住宅产业化促进中心）

中国建筑工业出版社

图书在版编目(CIP)数据

中国建筑节能发展报告. 2018年·区域节能/住房和城乡建设部科技与产业化发展中心（住房和城乡建设部住宅产业化促进中心）主编. —北京：中国建筑工业出版社，2018.3
ISBN 978-7-112-21931-5

Ⅰ.①中… Ⅱ.①住…②住… Ⅲ.①建筑-节能-研究报告-中国-2018 Ⅳ.①TU111.4

中国版本图书馆 CIP 数据核字（2018）第 045372 号

责任编辑：张文胜　田启铭
责任校对：焦　乐

中国建筑节能发展报告（2018年）
——区域节能
住房和城乡建设部科技与产业化发展中心
（住房和城乡建设部住宅产业化促进中心）

*

中国建筑工业出版社出版、发行(北京海淀三里河路9号)
各地新华书店、建筑书店经销
北京科地亚盟排版公司制版
北京建筑工业印刷厂印刷

*

开本：787×1092毫米　1/16　印张：13¾　字数：330千字
2018年3月第一版　　2018年3月第一次印刷
定价：**48.00元**
ISBN 978-7-112-21931-5
（31857）

编 委 会

主　　编：梁俊强

副 主 编：侯隆澍　刘幼农

编 写 组：（以姓氏笔画为序）

　　　　　丁洪涛　王　尧　尹泽开　田永英　刘　珊　刘幼农

　　　　　刘珊珊　刘海柱　刘敬疆　李童瑶　张　川　林文卓

　　　　　赵光普　赵建平　侯隆澍　宫　玮　姚春妮　殷　帅

　　　　　郭阳阳　曹　也　梁　洋　梁传志　梁俊强　董　璐

　　　　　程　杰

主编单位：住房和城乡建设部科技与产业化发展中心

　　　　　（住房和城乡建设部住宅产业化促进中心）

前　　言

　　2006 年以来，住房和城乡建设部会同财政部从工程示范到区域示范，再到全面推广，快速推进建筑节能与绿色建筑发展。截至 2015 年年底，城镇新建建筑执行节能强制性标准比例基本达到 100%，省会及以上城市保障性安居工程、政府投资公益性建筑、大型公共建筑开始全面执行绿色建筑标准，实施北方采暖地区既有居住建筑供热计量及节能改造面积超过 10 亿 m^2，在 33 个省（市）推进能耗动态监测平台建设，可再生能源建筑应用规模超过 35 亿 m^2，我国建筑节能与绿色建筑工作已初步实现从单体节能向区域节能的转变。

　　2018 年是"十三五"承上启下的关键之年，在各级部门的共同推动下，重点突破、全面带动，区域节能工作呈现加速发展的良好局面。地方各级有关管理机构已基本健全，形成了省、市、县三级联动的工作模式，街道、社区及物业等基层单位的作用也得到充分发挥；各地纷纷出台相关政策措施与法律法规，建立了政策激励与强制推广相结合的区域节能推广模式；区域节能的应用水平逐步提高，覆盖设计、施工、验收和运行管理等各环节的技术标准体系日益完善，实现了单项技术应用向综合技术集成的转变。

　　为全面介绍近年来住房城乡建设领域建筑节能与绿色建筑的新形势、新要求和新进展，扩散成功经验和做法，指导相关从业人员进一步做好建筑节能与绿色建筑工作，住房和城乡建设部科技与产业化发展中心（住房和城乡建设部住宅产业化促进中心）组织有关人员编写了本书。本书分上下两篇，共 8 章。上篇是我国建筑节能与绿色建筑的新进展，第 1 章介绍了"十二五"期间我国新建建筑节能、绿色建筑发展、既有居住建筑节能改造、公共建筑节能、可再生能源建筑应用、绿色建材等方面的工作进展情况；第 2 章对我国"十三五"建筑节能与绿色建筑规划进行了解读，分析了面临的机遇与挑战，介绍了重点任务、保障措施与实施方案，以及"十三五"以来的工作进展；第 3 章对我国建筑总量与能耗现状进行了介绍，并对不同经济区、气候区的能耗现状进行了对比分析。下篇是区域节能的发展情况，第 4 章介绍了区域节能的基本概念、内涵与外延，以及渊源与发展，总结了区域节能的典型应用技术；第 5 章介绍了区域节能的主体责任，以及在试点示范、强制推广等方面积累的经验与做法；第 6 章介绍了区域节能在法律、政策、标准等方面的体制机制建设情况；第 7 章分类型、分区域遴选若干区域节能的实际案例进行了展示；第 8 章介绍了我国城市适应气候变化的工作背景及进展情况。最后，回顾了 2015 年 12 月至 2017 年 12 月期间我国建筑节能与绿色建筑领域发生的重要事件。

　　参与本书撰写的有：第 1 章梁俊强、梁传志，张川、宫玮（1.2.1），程杰、刘珊（1.2.2），董璐（1.2.3），殷帅（1.2.4），刘幼农、姚春妮（1.2.5），刘敬疆、刘珊珊（1.2.6）；第 2 章梁传志；第 3 章刘海柱、丁洪涛、李童瑶、郭阳阳、赵光普；第 4 章刘幼农、侯隆澍、梁洋、程杰、林文卓（4.4）；第 5 章侯隆澍、姚春妮、董璐、张川、宫玮、尹泽开；第 6 章董璐、侯隆澍（6.1）；第 7 章张川、宫玮（7.1），侯隆澍、姚春妮（7.2），董璐、梁传志（7.3），殷帅、丁洪涛（7.4）；第 8 章田永英、赵建平、王尧；附录侯隆澍、曹也、尹泽开。全书由梁俊强审查并提出修改意见。

尽管我们已经倾尽全力撰写此书，但是由于时间紧张、编写水平有限，本书仍存在不少疏漏和不足之处，恳请读者批评指正。

编委会
2018 年 2 月

目　　录

上篇　我国建筑节能进展

下篇　我国区域节能发展情况

上 篇

我国建筑节能进展

第1章 "十二五"期间建筑节能与绿色建筑目标完成情况

1.1 "十二五"期间建筑节能与绿色建筑总体情况

"十二五"时期，我国建筑节能和绿色建筑事业取得重大进展，建筑节能标准不断提高，绿色建筑呈现跨越式发展态势，既有居住建筑节能改造在严寒及寒冷地区全面展开，公共建筑节能监管力度进一步加强，节能改造在重点城市及学校、医院等领域稳步推进，可再生能源建筑应用规模进一步扩大，圆满完成了国务院确定的各项工作目标和任务。

1.1.1 城镇新建建筑节能标准水平稳步提高

"十二五"期间，我国城镇新建建筑执行节能强制性标准比例基本达到100%，累计增加节能建筑面积70亿 m²，节能建筑占城镇民用建筑面积比重超过40%，如图1-1所示。北京、天津、河北、山东、新疆等地开始在城镇新建居住建筑中实施节能75%的强制性标准。

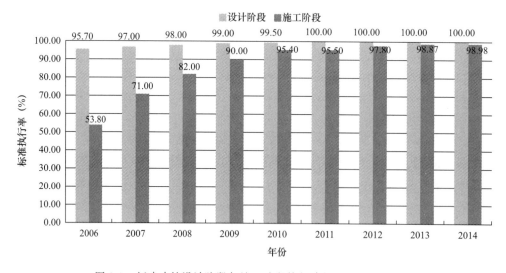

图1-1 新建建筑设计阶段与施工阶段执行建筑节能标准的比例

城镇新建建筑节能标准水平进一步提升，如表1-1所示。随着《夏热冬暖地区居住建筑节能设计标准》JGJ 75—2012 和《公共建筑节能设计标准》GB 50189—2015 的发布，严寒寒冷地区、夏热冬冷地区、夏热冬暖地区和公共建筑全面执行了新版的建筑节能标准。

城镇新建建筑节能设计标准 表 1-1

对象	阶段	名称	节能标准	施行日期	废止日期
严寒寒冷地区居住建筑	第一阶段	《民用建筑节能设计标准（采暖居住建筑部分）》JGJ 26—86	30%	1986年8月1日	1996年7月1日
	第二阶段	《民用建筑节能设计标准（采暖居住建筑部分）》JGJ 26—95	50%	1996年7月1日	2010年8月1日
	第三阶段	《严寒和寒冷地区居住建筑节能设计标准》JGJ 26—2010	65%	2010年8月1日	现行标准
夏热冬冷地区居住建筑	第一阶段	《夏热冬冷地区居住建筑节能设计标准》JGJ 134—2001	50%	2001年10月1日	2010年8月1日
	第二阶段	《夏热冬冷地区居住建筑节能设计标准》JGJ 134—2010	相对50%稍有提高	2010年8月1日	现行标准
夏热冬暖地区居住建筑	第一阶段	《夏热冬暖地区居住建筑节能设计标准》JGJ 75—2003	50%	2003年10月1日	2013年4月1日
	第二阶段	《夏热冬暖地区居住建筑节能设计标准》JGJ 75—2012	相对50%稍有提高	2013年4月1日	现行标准
公共建筑	第一阶段	《旅游旅馆建筑热工与空气调节节能设计标准》GB 50189—93	—	1994年7月1日	2005年7月1日
	第二阶段	《公共建筑节能设计标准》GB 50189—2005	50%	2005年7月1日	2015年10月1日
	第三阶段	《公共建筑节能设计标准》GB 50189—2015	约62%	2015年10月1日	现行标准

1.1.2　城镇绿色建筑实现跨越式发展

2013年，《国务院办公厅关于转发发展改革委　住房城乡建设部绿色建筑行动方案的通知》（国办发［2013］1号）和《国家新型城镇化规划（2014-2020）》有力地推动了绿色建筑的发展。从绿色建筑标识项目来看，"十二五"期间，累计有4071个项目获得绿色建筑评价标识，建筑面积超过4.7亿 m^2。从绿色建筑规模化推广来看，省会城市以上保障性安居工程、政府投资公益性建筑、大型公共建筑开始强制执行绿色建筑标准，北京、天津、上海、重庆、江苏、浙江、山东、深圳等地开始在城镇新建建筑中全面执行绿色建筑标准，推广绿色建筑面积超过10亿 m^2，强制推广态势已经形成。在绿色建筑集中示范方面，天津市中新生态城、无锡太湖新城等8个城市新区列为绿色生态城区示范，推动了绿色建筑在城市新区的集中连片发展。

1.1.3　城镇既有居住建筑节能改造全面推进

截至2015年年底，北方采暖地区共计完成既有居住建筑供热计量及节能改造面积达9.9亿 m^2，是国务院下达任务目标的1.4倍，节能改造惠及超过1500万户居民，老旧住宅舒适度明显改善，每年可节约650万 tce，如图1-2所示。夏热冬冷地区完成既有居住建筑节能改造面积7090万 m^2，是国务院下达任务目标的1.42倍。

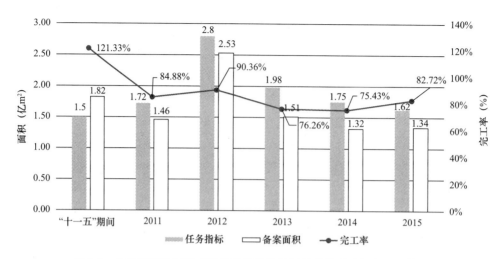

图 1-2　北方采暖地区既有居住建筑供热计量及节能改造任务进展情况

1.1.4　城镇公共建筑节能监管及改造力度不断加强

在公共建筑节能监管体系方面，"十二五"期间，完成公共建筑能耗统计超过 4 万栋，能源审计 1 万栋，能耗公示 1.1 万栋，在 33 个省市（含计划单列市）开展能耗动态监测平台建设，对 9000 余栋建筑进行了能耗动态监测；在节约型校园、医院与科研院所的监管与改造方面，实施了 233 所高等院校、44 家医院和 19 个科研院所的建筑节能监管体系建设及节能改造试点；在公共建筑节能改造方面，实施公共建筑节能改造重点城市 11 个，示范面积 4864 万 m²，带动全国实施公共建筑节能改造面积达 1.1 亿 m²，表 1-2 所示为公共建筑能耗水平。

公共建筑能耗水平　　　　　　　　　　　　　　　　　　　　　　　　表 1-2

建筑类型 \ 能耗值（kWh/m²） \ 气候	全国平均	夏热冬冷地区	夏热冬暖地区	严寒寒冷地区
政府办公建筑	71.71	75.1	71.29	69.90
其他办公及写字楼建筑	103.95	98.39	87.36	119.78
商场建筑	142.92	151.4	131.64	138.20
宾馆饭店建筑	134.58	144.69	119.9	146.81
医院建筑	130.22	168.06	97.87	118.78
综合建筑	58.74	67.23	59.05	15.77
其他建筑	78.90	78.47	70.2	117.29
合计	101.77	104.97	89.38	113.97

1.1.5　城镇可再生能源建筑应用规模不断扩大

"十二五"期间，确定了 2 个可再生能源建筑应用省级推广区、46 个可再生能源建筑规模化应用示范城市、100 个示范县、21 个科技研发及产业化项目和 8 个太阳能综合利用省级示范。实施了 398 个太阳能光电建筑应用示范项目，装机容量 683MW。通过示范引领，可再生能源建筑应用规模不断扩大，截至 2015 年年底，全国城镇太阳能光热应用面积近 30 亿 m^2，浅层地能应用面积近 5 亿 m^2，可再生能源建筑能耗替代率已从 2% 提升至 4% 以上。表 1-3 所示为太阳能光电建筑应用项目示范情况；表 1-4 所示为可再生能源建筑应用区域示范情况。

太阳能光电建筑应用项目示范 表 1-3

年份	批复项目（个）	批准装机容量（MW）
2011	146	141.32
2012	252	542
合计	398	683.32

可再生能源建筑应用区域示范 表 1-4

年份	省级重点区	市	县	区	镇	太阳能综合利用省级示范	省级推广	科技研发及产业化
2011	0	25	48	3	6	0	0	11
2012	2	21	52	3	10	8	25	10
合计	2	46	100	6	16	8	25	21

1.1.6 农村建筑节能与绿色发展实现新突破

在农房节能示范方面，超额完成国家下达农村危房改造建筑节能示范 40 万户的目标。在标准体系方面，相继颁布了实施《农村居住建筑节能设计标准》GB/T 50824—2013、《绿色农房建设导则》及《严寒和寒冷地区农村住房节能技术导则》等标准文件，农村建筑节能及绿色建筑标准框架初步建立。

1.1.7 支撑保障能力持续增强

法律法规不断完善，全国多数省份已出台地方建筑节能条例；江苏、浙江率先出台了绿色建筑发展条例。财政投入进一步加大，中央财政累计投入建筑节能与绿色建筑资金超过 500 亿元，有效带动既有居住建筑节能改造、可再生能源建筑应用、公共建筑节能监管及改造等工作。市场服务能力不断加强，市场配置资源作用初步显现。省级民用建筑能效测评机构、绿色建筑咨询评价机构，数量不断增多，能力不断增强。合同能源管理、能效交易、能源托管等基于市场化的节能机制不断涌现。组织实施绿色建筑规划设计关键技术体系研究与集成示范等国家科技支撑计划重点研发项目，在部科技计划项目中安排技术研发项目及示范工程项目上百个，科技创新能力不断提高。组织实施了中美超低能耗建筑技术合作研究与示范、中欧生态城市合作项目等国际科技合作项目，引进消化吸收国际先进理念和技术，促进我国相关领域取得长足发展。

总而言之，通过五年的努力，"十二五"期间建筑节能和绿色建筑工作既完成了党中央国务院下达的工作目标，同时也推动了建筑节能与绿色建筑的快速发展，并使"十三五"建筑节能与绿色建筑工作站在了一个全新的起点上。表 1-5 所示为"十二五"期间建筑节能与绿色建筑各项工作目标与任务完成情况。

指标	2010 年基数	规划目标		实现情况	
		2015 年	年均增速 [累计]	2015 年	年均增速 [累计]
城镇新建建筑节能标准执行率（%）	95.4	100	[4.6]	100	[4.6]
严寒、寒冷地区城镇居住建筑节能改造面积（亿 m²）	1.8	8.8	[7]	11.7	[9.9]
夏热冬冷地区城镇居住建筑节能改造面积（亿 m²）	—	0.5	[0.5]	0.7	[0.7]
公共建筑节能改造面积（亿 m²）	—	0.6	[0.6]	1.1	[1.1]
获得绿色建筑评价标识项目数量（个）	112	—	—	4071	[3959]
城镇浅层地能应用面积（亿 m²）	2.3	—	—	5	[2.7]
城镇太阳能光热应用面积（亿 m²）	14.8	—	—	30	[15.2]

注：1. 加黑的指标为节能减排综合性工作方案、国家新型城镇化发展规划（2014-2020）、中央城市工作会议提出的指标。
2. [ ] 内为 5 年累计值。

1.2 重点专项工作情况

1.2.1 绿色建筑

自 2006 年颁布《绿色建筑评价标准》GB/T 50378—2006 以来，我国绿色建筑经历了从无到有、从少到多，直至星火燎原的发展历程。"十二五"期间，正是我国绿色建筑发展由点走向面，由个别项目试点示范，走向大规模推进的发展阶段。在国家的大力支持和推动下，我国的绿色建筑"十二五"期间从标识项目、推动机制、标准体系、技术体系建设上都取得了长足的发展，为我国节能减排工作做出了重要贡献。

1. 标识项目迅速增长

截至"十二五"期末，全国累计评出 4071 项绿色建筑标识项目，总建筑面积达到 4.72 亿 m²。其中，设计标识 3859 项，建筑面积为 44385.79 万 m²；运行标识 212 项，建筑面积为 2831.44 万 m²，如图 1-3 所示。

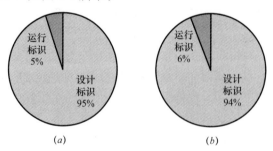

图 1-3 绿色建筑评价标识情况
(a) 按项目数统计；(b) 按面积统计

在 4071 项绿色建筑标识项目中，一星级绿色建筑总计 1657 项，建筑面积为 20974.2 万 m²；二星级绿色建筑总计 1661 项，建筑面积为 19311.81 万 m²；三星级绿色建筑总计 753 项，建筑面积为 6931.22 万 m²，如图 1-4 所示。

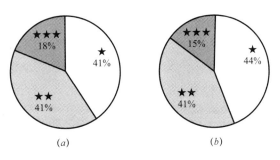

图 1-4　绿色建筑评价标识星级分布

(a) 按项目数统计；(b) 按面积统计

在 4071 项绿色建筑标识项目中，居住建筑共计 1938 项，建筑面积为 29209.89 万 m²；公共建筑 2095 项，建筑面积为 17333.84 万 m²；工业建筑为 38 项，建筑面积为 673.5 万 m²，如图 1-5 所示。

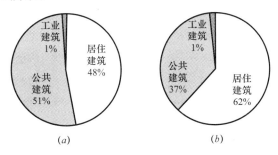

图 1-5　获得绿色建筑评价标识的建筑类型分布

(a) 按项目数统计；(b) 按面积统计

在 4071 项绿色建筑标识项目中，严寒地区共计 219 项，建筑面积 3026.33 万 m²；寒冷地区 1243 项，建筑面积 15123.36 万 m²；夏热冬冷地区 1910 项，建筑面积 21310.08 万 m²；夏热冬暖地区 660 项，建筑面积 7161.3 万 m²；温和地区 39 项，建筑面积 596.17 万 m²，如图 1-6 所示。

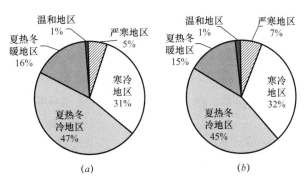

图 1-6　获得绿色建筑评价标识的气候区分布

(a) 按项目数统计；(b) 按面积统计

在 4071 项绿色建筑标识项目中，按地域分布，由于经济发展水平、气候条件等因素，江苏、广东、上海、山东等东南沿海省市绿色建筑标识项目数量和项目面积要高于其他地区，如图 1-7 所示。

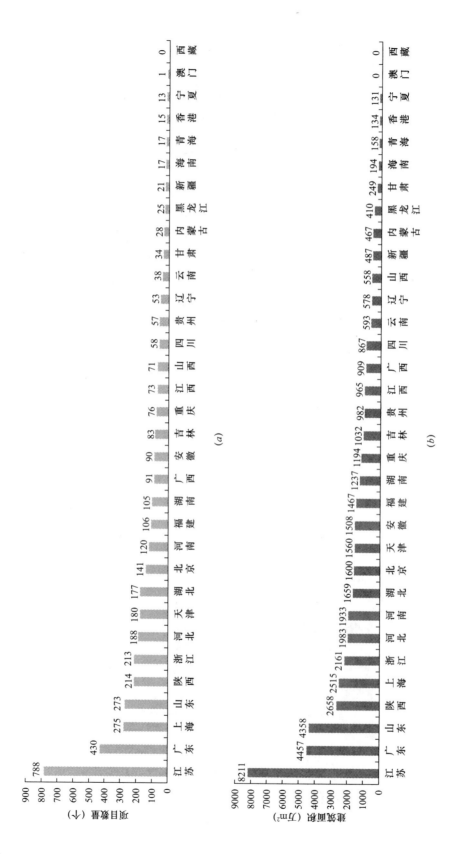

图1-7 获得绿色建筑评价标识项目的地域分布
(a) 按项目数统计（不含台湾）；(b) 按面积统计（不含台湾）

结合我国绿色建筑历年的数量和面积，如图 1-8 所示，可以看出，我国绿色建筑从 2008 年至 2010 年呈缓步发展趋势，自 2011 年起，绿色建筑标识项目数量和建筑面积逐年呈直线上升趋势，从 2008 年的 10 个项目，建筑面积 141 万 m^2，直至 2015 年 1533 项，建筑面积 1.8 亿 m^2。

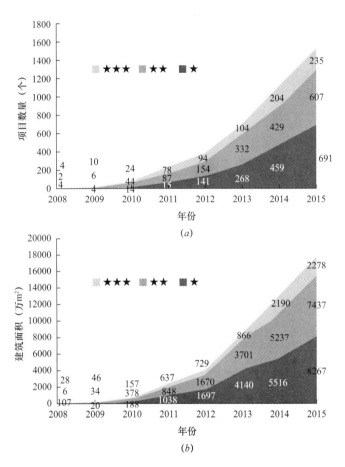

图 1-8　逐年绿色建筑评价标识项目情况
（a）按项目数统计（不含台湾）；（b）按面积统计（不含台湾）

2. 推动绿色发展的政策框架基本建立

一是明确了绿色建筑发展的战略和目标。2013 年 1 月 1 日国务院办公厅转发了国家发展改革委、住房和城乡建设部的《绿色建筑行动方案》，已有 31 个省、自治区、直辖市（包括新疆生产建设兵团）相继发布了地方绿色建筑行动实施方案，明确了绿色建筑的发展战略与发展目标。2014 年 3 月，中共中央在发布的《国家新型城镇化规划（2014-2020）》中明确提出了我国绿色建筑发展的中期目标。2016 年中央城市工作会议提出了"推进城市绿色发展，提高建筑标准和工程质量"的要求。党的十九大报告也进一步提出要"加快建立绿色生产和消费的法律制度和政策导向"。根据上述文件要求，我国到 2020 年绿色建筑占城镇新建建筑的比例将达到 50%。

二是推进路径基本确定。推进绿色建筑主要通过"强制"与"激励"相结合的方式推动绿色建筑发展。"强制"主要是对政府投资项目、保障性住房、大型公共建筑直至所有新建建筑强制要求执行绿色建筑标准，如图 1-9 所示。"激励"主要是通过出台财政奖励、贷款利率优惠、税费返还、容积率奖励等激励政策，激发绿色建筑开发建设和购买的积极性，如图 1-10 所示。

图 1-9　强制执行绿色建筑标准的建筑类型

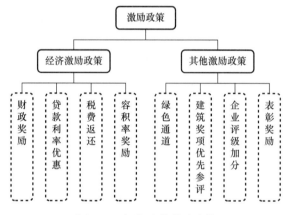

图 1-10　绿色建筑激励政策

3. 标准体系逐步完善

新版《绿色建筑评价标准》GB/T 50378 于 2015 年 1 月 1 日正式实施。同时，一大批涉及绿色建筑设计、施工、运行维护标准，专题针对绿色工业、办公、医院、商店、饭店、博览、既有建筑绿色改造、校园、生态城区等评价标准，以及民用建筑绿色性能计算、既有社区绿色化改造技术规程和绿色超高层、保障性住房、数据中心、养老建筑等技术细则也相继颁布，共同构成了绿色建筑发展的标准体系。此外，全国已有 25 个省市出台了地方绿色建筑评价标准。绿色建筑标准体系正向全寿命周期、不同建筑类型、不同地域特点、由单体向区域等不同维度充实和完善。

4. 绿色建筑的技术支撑不断夯实

科技部、住房和城乡建设部于"十五"期间就启动了有关绿色建筑方面的基础研究工作，"十二五"期间更是将绿色建筑研究作为主要领域给予了支持，住房城乡建设部科技计划项目近年来也特别开辟了针对绿色建筑的研究方向。通过一系列课题研究工作的开展，有力推动了绿色建筑技术的进步与应用，为相关标准规范的制订奠定了基础。可再生能源利用、外遮阳、雨水集蓄、市政中水、预拌混凝土、预拌砂浆等绿色技术在部分地区已逐步被强制推广应用，加之"被动技术优先、主动技术优化"等绿色建筑理念的认识不断深入，许多增量成本低、地域适应性好、技术体系成熟的绿色建筑技术逐渐被市场接受，绿色建筑的增量成本逐年降低，如图 1-11 所示。

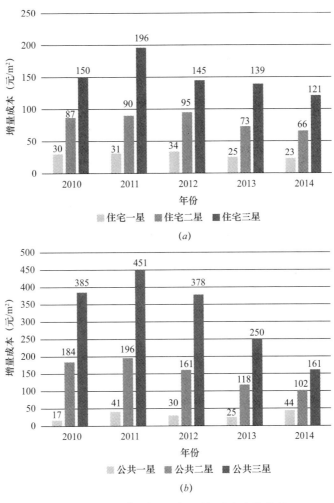

图 1-11　绿色建筑标识项目历年成本变化情况
(a) 居住建筑；(b) 公共建筑

1.2.2　新建建筑节能

"十八大"报告提出生态文明建设目标，"把生态文明建设放在突出地位，融入经济建设、政治建设、文化建设、社会建设各方面和全过程"。建设生态文明，在能源方面就要"推动能源生产和消费革命，控制能源消费总量，加强节能降耗，支持节能低碳产业和新能源、可再生能源发展，确保国家能源安全"。国务院印发的《能源发展战略行动计划（2014-2020 年)》提出，到 2020 年，我国一次能源消费总量控制在 48 亿 tce 左右，煤炭消费总量控制在 42 亿 t 左右。《中美元首气候变化联合声明》提出，我国计划到 2030 年左右二氧化碳排放达到峰值且将努力早日达峰。这些目标的提出为我国建筑节能带来了新的机遇和挑战。

1. 新建建筑节能标准提升和执行

"十二五"期间，我国新建建筑节能标准不断提升。《严寒和寒冷地区居住建筑节能设计标准》JGJ 26—2010、《夏热冬冷地区居住建筑节能设计标准》JGJ 134—2010 和《夏热冬暖地区居住建筑节能设计标准》JGJ 75—2012 的发布实施，将新建建筑节能设计标准进一步提升。北京、河北、天津等地发布实施了更高水平的居住建筑节能设计地方标准。同时,《公共建筑节能设计标准》GB 50189—2015 的实施也将公共建筑的节能设计标准提升至新水平。总体看来,我国居住建筑基本全面执行 50% 及以上的节能设计标准,部分基础条件较好的省市已开始执行 75% 节能设计标准,公共建筑也全面执行更高水平的节能设计标准。可以说,覆盖不同气候区域、不同建筑类型建筑节能设计标准体系已建立完成。

在强制性标准执行方面,"十二五"期间,我国新建建筑在设计阶段执行率保持 100%,施工阶段执行率也达到 99%,为推动新建建筑节能发挥了重要的支撑作用。此外,《民用建筑能耗标准》GB/T 51161—2016 的发布实施,进一步促进了建筑节能的发展,引导我国建筑节能由过程管理转向结果管理。

2. 超低能耗建筑

（1）概念内涵

在我国,超低能耗建筑是指适应气候特征和自然条件,通过保温隔热性能和气密性能更高的围护结构,采用高效热回收技术,最大限度地降低建筑供暖供冷需求,并充分利用可再生能源,以更少的能源消耗提供舒适的室内环境并能满足绿色建筑基本要求的建筑。超低能耗建筑的定义中,对超低能耗的技术应用次序和目标进行了阐述,即被动优先,主动优化,保证良好的室内环境并减少能源消耗。

超低能耗建筑的优势主要表现在:

一是更加节能。建筑物全年供暖供冷需求显著降低,严寒和寒冷地区建筑节能率达到 90% 以上。与现行国家节能设计标准相比,供暖能耗降低 85% 以上。

二是更加舒适。建筑室内温湿度适宜;建筑内墙表面温度稳定均匀,与室内温差小,体感更舒适;具有良好的气密性和隔声效果,室内环境更安静。

三是更好的空气品质。有组织的新风系统设计,提供室内足够的新鲜空气,同时可以通过空气净化技术提升室内空气品质。

四是更高质量保证。无热桥、高气密性设计,采用高品质材料部品,精细化施工及建筑装修一体化,使建筑质量更高、寿命更长。

（2）技术理念

建筑、气候环境与人三者之间的关系是十分密切的,外部气候环境和房屋内生活的人的需求决定建筑的形式和功能。

外部气候环境在一定程度上决定着人们对房屋有着什么样的需求,人们需要建筑作为媒介,来满足自己与气候环境的"交流"。从人的需求来讲,当外部气候环境与人的需求不一致时,如南方地区,气候为冬季湿冷,那么该地区居民的首要需求就是降低室内的湿度来满足舒适度的需求;当外部环境良好,并与人的需求一致时,如室外空气清新,建筑可以自然通风,室外光线充足,则满足室内的采光需求。

因此,超低能耗建筑的理念应该首先利用外部环境这一重要条件进行合理的自然通风、自然采光、太阳辐射等,在气候环境满足人的需求的条件下,尽可能使建筑"透明"。其次,当气候环境无法直接满足人的需求时,最大限度降低能源系统的依赖性,选用高性能建筑围护结构来提高建筑保温隔热性能和气密性,使气候环境与人相对"隔离",通过能源系统并且充分利用可再生能源,来满足室内舒适的要求,实现建筑、环境与人的和谐统一发展。

（3）技术体系

为了引导建筑减少能源消耗，现阶段的超低能耗建筑技术指标应以建筑能耗值为导向，主要包括建筑能耗指标、气密性指标及室内环境参数。建筑能耗指标要求主要立足于通过被动技术将建筑物的冷热需求降至最低，甚至仅采用新风系统即可满足建筑的冷热负荷，不再需要传统的供热和供冷设施，使超低能耗建筑的经济性能大大提升。气密性指标要求主要是保证建筑物在需要时能够与室外环境有良好的隔绝，当建筑物的围护结构足够好时，室外空气渗透就成了影响建筑室内环境的主要因素，而良好的气密性可以降低建筑室外环境对室内环境的影响。室内环境参数指标主要是保证使用者在建筑物内部具有健康舒适的生活环境。

我国超低能耗建筑能耗指标和气密性指标如表1-6所示。

我国超低能耗建筑能耗指标和气密性指标　　　　　　　表1-6

气候分区		严寒地区	寒冷地区	夏热冬冷地区	夏热冬暖地区	温和地区
能耗指标	年供暖需求〔kWh/(m²·a)〕	≤18	≤15	≤5		
	年供冷需求〔kWh/(m²·a)〕	≤3.5+2.0×WDH₂₀+2.2×DDH₂₈				
	年供暖、供冷和照明一次能源消耗量	≤60kWh/(m²·a)〔或7.4kgce/(m²·a)〕				
气密性指标	换气次数 N50	≤0.6				

注：表中 m² 为套内使用面积，套内使用面积应包括卧室、起居室（厅）、餐厅、厨房、卫生间、过厅、过道、储藏室、壁柜等使用面积的总和；WDH20（Wet-bulbdegree hours 20）为一年中室外湿球温度高于20℃时刻的湿球温度与20℃差值的累计值（单位：kKh）；DDH28（Dry-bulbdegree hours28）为一年中室外干球温度高于28℃时刻的干球温度与28℃差值的累计值（单位：kKh）；N50 即在室内外压差50Pa的条件下，每小时的换气次数。

我国超低能耗建筑室内环境参数如表1-7所示。

超低能耗建筑室内环境参数　　　　　　　表1-7

室内环境参数	冬季	夏季
温度（℃）	≥20	≤26
相对湿度（%）	≥30	≤60
新风量〔m³/(h·人)〕	≥30	
噪声〔dB（A）〕	昼间≤40；夜间≤30	
温度不保证率（%）	≤10	

注：冬季温度不保证率即当不设供暖设施时，全年室内温度低于20℃的小时数占全年时间的比例；夏季温度不保证率即当不设空调设施时，全年室内温度高于28℃的小时数占全年时间的比例。

要实现超低能耗建筑能耗指标、气密性指标及室内环境参数，主要依赖于超低能耗建筑的六大技术体系，分别是保温隔热性能更高的非透明围护结构、保温隔热性能和气密性能更高的外窗、无热桥的设计与施工、建筑整体的高气密性、高效新风热回收系统、充分利用可再生能源。

总而言之，被动优先、主动优化、使用可再生能源是现阶段实现超低能耗建筑的主要技术路线。超低能耗建筑的核心理念是因地制宜地利用太阳能、自然通风和采光、建筑遮阳与蓄热等自然条件，根据不同地区的特点进行建筑平面总体布局、建筑朝向、体形系数、遮阳采光、建筑热惰性等适应性设计，实现建筑在非机械、不耗能或少耗能的条件下，全部或部分满足建筑供暖、降温及采光等需求，达到降低建筑使用能源需求进而降低能耗，提高室内环境性能的目的。

3. 零能耗建筑探索

自20世纪80年代以来，我国的建筑节能工作已经历了三十多年的发展，通过实施建筑节能的"三步走"战略，建筑节能工作取得较大进展。"十三五"以来，建筑节能以降低建筑实际能耗为主要目标，实施建筑能耗总量和强度的"双控"战略，发展走向成了政府、科研院所、企业关注的热点问题。

目前，欧美发达国家正将"零能耗建筑"作为建筑节能的发展方向，相继开展了技术研究与工程示范，在此基础上欧美各国都提出了较为明确的发展目标和路线图，零能耗建筑被视为消减化石燃料消耗和温室气体排放的终极解决方案。相较于欧美国家，"零能耗建筑"在我国的研究工作尚处于起步阶段。

2016年12月，住房和城乡建设部科技与产业化发展中心（住房和城乡建设部住宅产业化促进中心）与美国劳伦斯伯克利国家实验室就中美清洁能源联合中心的合作平台启动了"净零能耗建筑关键技术研究与示范"项目，共同开展中美两国零能耗建筑发展的关键技术与政策研究。2017年3月，住房和城乡建设部发布的《建筑节能与绿色建筑发展"十三五"规划》中明确提出"积极开展超低能耗建筑、近零能耗建筑建设示范，鼓励开展零能耗建筑建设试点"，为开展零能耗建筑相关工作指明了方向。

（1）探索适合我国国情的零能耗建筑的定义和内涵

在建筑节能标准不断提高的背景下，我国对零能耗建筑的研究应结合气候、经济、技术等现有条件，提出适合我国的零能耗建筑的定义与其内涵。基于世界各国已达成的定义框架，具体分析如下：

1）用能计算范围：基于国际发展趋势，建议考虑涵盖供暖、制冷、通风、热水、室内外照明、插座、工艺、电梯、运输系统能耗等，但对于有特殊功能的用能需求和生产性质能耗应不包含在内，如数据机房等。对于炊事能耗是否纳入，国际上也未达成一致，由于我国炊事主要以燃气为主，且与生活习惯相关性极高，故建议暂不考虑。

2）物理边界：对于平衡计算的物理边界，一方面考虑到我国北方地区通过围护结构进一步降低用能需求尚有一定的空间、城市中建筑密度高不利于可再生能源发电系统，因此对可再生能源利用的物理边界可分阶段制定，在开始阶段可以不限制可再生能源系统的"现场"产能，可考虑允许离线产能和离线供给的情况，并进而发展零能耗社区。

3）衡量方式：基于国际发展趋势，建议采用一次能源作为衡量指标进行计算，便于不同能源形式之间折算。

4）计算周期：以年为周期，这样包含了全年气候条件下建筑的运行状况。

由于我国各地区气候和经济等因素决定的室内的生活习惯和室内舒适水平也不尽相同，在探索"零能耗建筑"的过程中都应把满足一定舒适度作为前提。另外，各气候区差异大，对温湿度控制的目标和方式很难统一，因此对"零能耗建筑"的定义可相对宽泛，为其不断探索发展留有空间，以便于各地区结合自身情况进一步丰富定义的内涵。

综上，我国的零能耗建筑可以定义为：在保证舒适度的前提下，以一次能源为计算单位，全年能源消耗总量小于或等于可再生能源系统产生的能源总量的建筑物或建筑群。

（2）设定中长期发展目标

世界上部分国家相继制定了实现"零能耗建筑"的中长期发展规划，如表1-8所示。以美国为例，美国联邦政府于2007年发布《2007年能源独立和安全法案》（Energy Independence and Security Act of 2007，EISA 2007）要求美国能源部建立"净零能耗公共建筑倡议"（Net-Zero Energy Commercial Building Initiative），提出零能耗公共建筑发展目标：到 2030 年，所有新建公共建筑将按照净零能耗标准进行建造；到 2040 年，50％的既有公共建筑达到净零能耗要求；到 2050 年，所有公共建筑达到净零能耗。

部分国家"零能耗建筑"目标　　　　　　　　　　　　　　　表 1-8

国家	时间	目标
法国	2020	建筑可对外供能
德国	2020	无需化石燃料可运行
匈牙利	2020	达到零碳排放
爱尔兰	2013	达到净零能耗
荷兰	2020	达到能源中和
英国	2016	达到零碳排放
韩国	2025	全面实现零能耗建筑
丹麦	2050	100％依靠可再生能源供应
美国	2050	所有公共建筑达到净零能耗

结合我国的具体情况，从第一部居住建筑建筑节能标准开始，经历了"三步节能"过程，已经具备了扎实的工作基础，但对是否进一步通过提高新建建筑节能标准推进建筑节能工作尚未形成统一认识，发展"零能耗建筑"是世界各国共同追求的一个终极目标，目前看来还有很多困难和障碍需要克服，还应结合中国建筑节能和可再生能源建筑应用的实际情况，统筹考虑，做好中长期发展目标的研究工作，确保这项工作健康、持久地发展。

（3）因地制宜探索零能耗建筑技术路径

我国幅员辽阔，气候分区多且差异大，同时需要考虑各地区经济发展水平，因此对"零能耗建筑"技术路径的探索务必因地制宜，主要从以下 4 个环节进行考虑，如图 1-12 所示。

1）合理用能需求。应充分考虑气候特点、用能习惯、服务水平等因素确定建筑的用能需求，特别是不应以牺牲基本舒适度来实现"零能耗建筑"。

2）优化能源供给。结合太阳能光伏发电系统，开展需求响应式能源供给、智能微网控制系统和直流供电建筑等方面的研究。

3）进一步降低建筑能耗需求。这里主要指通过高保温、高断热、高气密性围护结构等被动式技术不断降低建筑基本用能需求。

4）进一步提高建筑设备与系统的能效水平。一方面是通过技术创新进一步提升设备效率，另一方面是通过建筑全过程的管控水平提升，利用建筑调适等技术进一步提高用能系统效率。

实现"零能耗建筑"是一项系统性的工程，从设计目标到建造再到运营管理全生命期内的实现都需要各类技术的支撑，如设计阶段对室内环境目标的控制，施工建造中装配式建造方法的引入，运行维护中直流式建筑与智能微网整合以及建筑调适等技术手段。

在实现"零能耗建筑"的过程中，需要保障室内一定的环境水平，同时确定与所消耗能量的关系；需要结合当前先进的建造方式，实现在高效建造中保障围护结构性能；需要实现与智能微电网连接保障建筑可再生能源产能利用效率及能源平衡；需要通过建筑调适和数据挖掘技术持续对建筑后期运维能耗进行分析，从而确保前期设计建造效果。

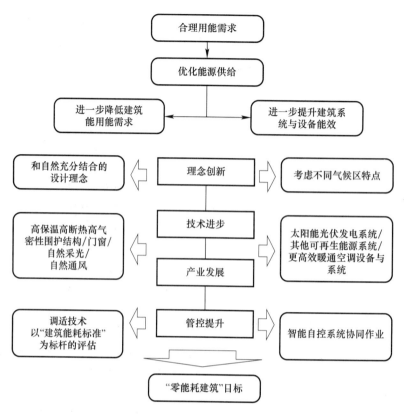

图 1-12　我国实现零能耗建筑的技术路径

1.2.3　既有居住建筑节能

1. 北方采暖地区既有居住建筑供热计量及节能改造

我国北方地区冬季较长且寒冷干燥，极端环境下冬季室内外温差最高可达 50℃ 左右，必须采用全面的供暖保障室内温度。而进入夏季，严寒地区较为凉爽，寒冷地区则高温频发，有降温防暑需求。20 世纪 80 年代以前，受经济条件制约，建筑片面追求降低造价，加之没有建筑热工和建筑节能方面的标准规范可供依据，导致建筑围护结构过于单薄，供暖能耗过高。为了改善居住条件，降低能源消耗，特别是供暖能源消耗，我国第一部《民用建筑节能设计标准（供暖居住建筑部分）》JGJ 26—86 于 1986 年发布实施，该标准对围护结构保温隔热的最低要求作出规定，供暖能耗在当地 1980~1981 年住宅通用设计的基础上节能 30%。1995 年和 2010 年两次对该标准进行修订，节能率分别提高至 50% 和 65%。然而，由于标准的更替、强制执行落后等原因，早期建筑节能标准的执行情况并不令人满意，特别是施工阶段执行比例较低，直到 2006 年才达到 50% 以上，如图 1-13 所示。

因此，我国北方地区老旧建筑，特别是不满足节能 50% 标准的居住建筑存量仍然较大，普遍存在保温隔热性能差、室内发霉结露现象严重、室内热舒适不佳、供热矛盾突出、能源浪费严重等现象，如图 1-14、图 1-15 所示。近年来，居民对北方采暖地区既有居住建筑实施节能改造的呼声越来越高。

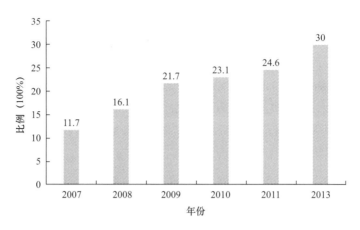

图 1-13　节能建筑占城镇建筑总量的比例

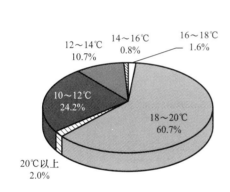

图 1-14　既有非节能居住建筑室温调查情况

图 1-15　建筑室内发霉结露现象

　　为缓解老旧建筑能耗高、室内热舒适性差等问题，2007 年我国开始规模化实施北方采暖地区既有居住建筑供热计量及节能改造。"十一五"期间，共完成改造任务 1.82 亿 m²。2011 年，国务院发布《关于印发"十二五"节能减排综合性工作方案的通知》（国发 [2011] 26 号），再次提出完成北方采暖地区既有居住建筑供热计量及节能改造 4 亿 m² 的工作任务，随后财政部、住房城乡建设部颁布《关于进一步深入开展北方采暖地区既有居住建筑供热计量及节能改造工作的通知》（财建 [2011] 12 号），全面部署推进"十二五"北方采暖地区既有居住建筑供热计量及节能改造工作，如图 1-16 所示。

图 1-16　北方采暖地区既有居住建筑供热计量及节能改造推进路线图

（1）工作目标与进展

"十二五"以来，党中央、国务院高度重视既有居住建筑节能改造，对改造的目标提出了明确要求，总体目标要求为 7 亿 m^2，如表 1-9 所示。住房和城乡建设部会同财政部分年度下达了改造任务和计划，改造任务涉及北方采暖地区 15 个省（市、区），两个计划单列市和新疆生产建设兵团，包括严寒和寒冷两个气候区，如表 1-10 所示。其中，严寒地区包括内蒙古、辽宁（除大连）、吉林、黑龙江、甘肃、青海、宁夏、新疆和新疆生产建设兵团；寒冷地区包括北京、天津、河北、山西、大连、山东（含青岛）、河南、陕西。

国家层面对既有居住建筑节能改造的要求　　　　表 1-9

序号	政策文件	主要内容
1	《"十二五"节能减排综合性工作方案》（国发［2011］26 号）	实施北方采暖地区既有居住建筑供热计量及节能改造 4 亿 m^2 以上
2	《节能减排"十二五"规划》（国发［2012］40 号）	加大既有建筑节能改造力度，以围护结构、供热计量、管网热平衡改造为重点，大力推进北方采暖地区既有居住建筑供热计量及节能改造，加快实施"节能暖房"工程
3	《绿色建筑行动方案》（国办发［2013］1 号）	"十二五"期间，完成北方采暖地区既有居住建筑供热计量和节能改造 4 亿 m^2 以上，到 2020 年末，基本完成北方采暖地区有改造价值的城镇居住建筑节能改造
4	《国家新型城镇化规划（2014-2020 年）》	推进既有建筑供热计量和节能改造，基本完成北方采暖地区居住建筑供热计量和节能改造，积极推进夏热冬冷地区建筑节能改造和公共建筑节能改造
5	《大气污染防治行动计划》（国发［2013］37 号）	推进供热计量改革，加快北方采暖地区既有居住建筑供热计量和节能改造；新建建筑和完成供热计量改造的既有建筑逐步实行供热计量收费
6	《京津冀及周边地区落实大气污染防治行动计划实施细则》（环发［2013］104 号）	到 2017 年底，京津冀及周边地区 80% 的具备改造价值的既有建筑完成节能改造
7	《国务院关于加快发展节能环保产业的意见》（国发［2013］30 号）	推进既有居住建筑供热计量和节能改造；实施供热管网改造 2 万 km
8	《2014-2015 年节能减排低碳发展行动方案》（国办发［2014］23 号）	到 2015 年，完成北方采暖地区既有居住建筑供热计量及节能改造 3 亿 m^2
9	中共中央、国务院关于加快推进生态文明建设的意见	严格执行建筑节能标准，加快推进既有建筑节能和供热计量改造，从标准、设计、建设等方面大力推广可再生能源在建筑上的应用，鼓励建筑工业化等建设模式

"十二五"以来北方采暖地区既有居住建筑供热计量及节能改造年度任务　　表 1-10

年份	2011	2012	2013	2014	2015	合计
任务指标（亿 m^2）	1.72	2.80	1.98	1.75	1.62	9.87

（2）工作进展

2011～2013 年间，北方采暖地区有关省市区累计完成改造任务面积 5.31 亿 m^2，提前两年完成了国务院提出的改造 4 亿 m^2 的任务目标。2014～2015 年间，上述地区完成改造面积 2.74 亿 m^2。截至"十二五"期末，北方采暖地区既有居住建筑供热计量及节能改造累计完成验收备案面积 8.05 亿 m²。

（3）激励政策

一是中央带动地方，既有建筑节能改造稳妥推进。"十二五"期间，中央财政持续采用"以奖代补"的方式对既有居住建筑节能改造进行资金奖励，依据《北方采暖地区既有居住建筑供热计量及节能改造奖励资金管理暂行办法》（财建〔2007〕957 号）规定，对严寒和寒冷地区分别按照每平方米 55 元和 45 元的标准进行资金奖励。奖励资金支持的改造内容包括室内供热系统计量及温度调控改造、热源及管网热平衡改造、围护结构节能改造三项，对应权重分别为 30%、10% 和 60%。每年财政部会同住房和城乡建设部按照年度改造任务预拨部分工作量奖励资金到省级财政部门，待改造完成备案后再进行资金清算。财政持续投入有效带动了地方投入，有关地区纷纷出台了地方资金补贴政策，推进既有建筑节能改造工作。北京市逐步提高补助标准，并实施市区（县）两级同比例配套，市级补助约每平方米 200 元；天津市 2012 年开始实施大板楼节能改造工作，并予以每平方米 185 元的资金补贴；大连市 2014 年度安排 5 亿元奖励资金用于既有居住建筑综合改造工作；吉林、内蒙古、山西按照与中央同比例配套资金；宁夏、青海分别按照每平方米 45 元、82.55 元进行补贴；河北、山东、黑龙江、甘肃、河南也设置专项资金用于推进既有居住建筑节能改造工作。北方绝大部分地区均已形成了稳定、持续的省级财政资金投入机制。

二是探索政策创新，拓宽改造资金筹措渠道。有关地区将既有居住建筑节能改造融入住房、供热等相关政策体系，突破制度束缚，探索并形成了多样化的既有建筑节能改造资金筹措机制。北京市设置"归集账户"实现专款专户管理，并提出各区县可提取与自身配套资金等额的市级奖励资金，保障区县配套资金的到位；济南市提出居民承担的门窗等自身产权部分改造，可依据个人缴费凭证和项目实施单位证明，按缴费额提取住房公积金，并允许机关、企事业单位提取房屋修缮资金对房屋公共部分进行节能改造；山西省对于实施节能改造并增加供热面积的供热企业，政府将视同为新建同规模的热源厂，按对热源厂建设的相应政策给予支持。甘肃省榆中县采用"资金共同筹措、利益共同分享"的方法，引导用户分担既有建筑节能改造费用，通过实施供热计量收费，分享节能效益。这些既有建筑节能改造资金筹措模式的创新做法，为节能改造工作的开展注入了新的活力，并有效调动了房屋修缮资金等使用率偏低的政策资金，提高资金效率的同时，缓解融资压力，进一步激发了居民、供热企业参与改造的积极性。

三是整合政策资源，突出节能改造综合效益。经过不断摸索，有关地区形成了以城市综合整治为基础、以既有建筑改造为核心的推进模式，通过整合政策资源，形成政策合力，实现热舒适性改善与基础设施提升的双赢局面。北京市将既有建筑节能改造纳入老旧小区综合整治范畴，并同步实施水电气暖管线、小区环境卫生以及公共基础设施的整体改造，实现老旧小区室内外环境的全面更新；天津市推进中心城区旧楼区居住功能综合提升改造工程，提出"更新一个箱，安装两道门，改造三根管、实现四个化，完善五个功能、整修六设施"的工作要求；黑龙江省将既有居住建筑改造与主街区综合整治工作相结合，全面提升城市整体形象。吉林省推进既有居住建筑供热计量及节能改造的同时，要求同步实施小区环境综合整治。

（4）改造模式

一是政府主导。既有居住建筑节能改造作为一项民生工程，政府主导模式贯彻于改造工作的整个实施阶段，已占到改造项目总量的90％以上，是目前主要的改造模式。这种模式主要依靠的是基层政府的强大执行力，以国家奖励为基础、以地方配套为保障，以考核为抓手，基本解决了既有居住建筑节能改造的融资问题，确保了改造工程的顺利实施。但该模式是一种行政行为，而非市场行为，过渡依赖于政策的延续性，难以形成长期推进改造的运作机制。

二是供热企业主导。随着既有居住建筑节能改造工作的大规模推进，改造效果快速显现，主要体现在热源端，供热成本降低，而供热企业则成为最大的受益者，部分供热企业开始参与到既有建筑节能改造中来并承担少量改造资金，减轻了政府部门的负担。但与政府主导模式相比，供热企业参与改造项目大多以达到建筑节能50％标准要求但未安装热计量装置的既有居住建筑为主，围护结构改造较少或基本不改造，改造内容单一、节能收益有限。因此，部分地区出台相关优惠政策，刺激供热企业作为责任主体，实施全面改造，最大限度挖掘综合改造效益，缩短资金回收期。

三是能源服务公司主导。在既有建筑节能改造范围持续扩大、国家政策稳定支持，特别是合同能源管理模式的大力倡导下，一批受益主体如供热计量、保温材料、设备生产等材料供应企业开始主动转型成为能源服务公司，逐步激发既有建筑节能改造的市场潜力，催生了能源服务公司主导模式。该模式大多借助自身雄厚的技术团队、精良的运行水平以及强大的融资能力，与供热企业以合同能源管理形式付诸实施，通过节能效益共享来实现企业投资回收以及盈利的目的。但实际工程中，由于契约诚信、改造体制机制尚未健全等问题，致使能源服务公司的利益保障存在一定风险。

四是产权单位主导。在房地产大批量开发前，我国大部分住宅小区均是由大型企业集资建设并分配给员工，保障住房问题。随着"房改房"政策的出现，部分集体住房被投放到市场销售，转为个人产权，但仍有部分房屋依然归产权单位所有，这些房屋大多为非节能建筑，建筑保温缺失、供热管网破损严重，能耗高、舒适性差。为改善小区居民生活环境，降低产权单位运行维护成本，产权单位作为责任主体，实施节能改造便应运而生。产权单位主导的优势在于改造受益群体间信任度较高。

（5）取得的成效

一是改善民生效益突出。实施既有居住建筑节能改造的对象主要是城镇中低收入者，改造后房屋保温隔热性能和室内热舒适性明显提高，墙体发霉结露现象明显改善，冬季室内温度普遍提升3～5℃，夏季降低2～3℃，门窗气密性显著增强，隔声防尘效果提升，居民生活条件显著改善。许多城市在实施既有建筑改造后，同步进行供热计量收费和环境综合整治，居民节省了热费，小区环境焕然一新，实施既有建筑改造已成为"做在百姓心坎上的民生工程"。

二是节能环保效益明显。截至2015年年底，有关地区已累计完成既有居住建筑供热计量及节能改造面积近10亿 m^2。年节能标准煤可达884万 t 以上，减排二氧化碳2299万 t，减排二氧化硫177万 t，并减少了PM2.5的一次排放、抑制了PM2.5的二次形成，缓解了环境污染问题。实践表明，既有建筑节能改造后同步实施供热计量收费，供热企业在原有热源不增容的情况下即可增加1/3的供热面积，吸纳周边非集中供热建筑，降低单位面积供热能耗，同时提高了地区集中供热率。而且改造后的建筑使用寿命可以延长20年以上，有效减少了大拆大建的现象。

三是经济发展与产业拉动双赢。从节能改造的静态回收期看，15～20 年可收回节能改造的全部投资，完全在房屋使用寿命期内。从百姓角度来看，房屋改造后同步实施供热计量收费，促使居民行为节能，供暖燃煤费用明显减少。而且改造后住房价值每平方米普遍提升 500～1000 元，增加了百姓财产性收入。从产业拉动来看，建筑业每增加 1 元的投入，就可带动相关产业投入 2.1 元左右，2007 年以来既有居住建筑节能改造的投资拉动效应，就将带动相关产业投入 2500 亿元，提供劳动就业岗位达 130 多万个，并带动新型建材、仪表制造、建筑施工等相关产业发展，加快产业结构调整的步伐。

2. 夏热冬冷地区既有居住建筑节能改造

在我国夏热冬冷地区，普遍存在夏季高温高湿，冬季阴冷潮湿的情况，居民对室内舒适度满意率低。另一方面，住宅空调和供暖需求逐年上升，空调用电成为夏季居民用电的主要部分，用电高峰负荷已经对电网容量与安全形成挑战。冬季普遍采用电供暖，部分地区开始建设集中供暖设施为居住建筑供热，能耗大大增加。在这样的背景下，实施夏热冬冷地区既有居住建筑节能改造，一方面可以提升建筑用能效率，降低建筑用能需求，有效缓解建筑能耗增长压力；另一方面可以提高建筑室内热舒适性，有效改变建筑室内夏季过热、冬季过冷的状况，减少室内噪声，更好地惠及居民。

2011 年，《国务院关于印发"十二五"节能减排综合性工作方案的通知》（国发〔2011〕26 号）明确指出，"十二五"期间完成夏热冬冷地区既有居住建筑节能改造 5000万 m^2。2013 年 1 月 1 日，国务院办公厅以国办发〔2013〕1 号文转发国家发展改革委、住房和城乡建设部制定的《绿色建筑行动方案》，再次明确要实施夏热冬冷地区既有居住建筑节能改造。为贯彻落实国务院文件精神，财政部、住房和城乡建设部联合下发了《关于推进夏热冬冷地区既有居住建筑节能改造的实施意见》（建科〔2012〕55 号），决定在夏热冬冷地区试点既有居住建筑节能改造工作，探索适宜的技术路线和改造模式，并相继颁布了《夏热冬冷地区既有居住建筑节能改造技术导则（试行）》（建科〔2012〕173 号）、《夏热冬冷地区既有居住建筑节能改造补助资金管理暂行办法》（财建〔2012〕148 号）。这些文件的发布标志着夏热冬冷地区既有居住建筑节能改造进入试点起步阶段。

（1）工作目标、原则与进展

"夏热冬冷地区"是指长江中下游及其周边地区，确切范围由《民用建筑热工设计规范》GB 50176 规定。涉及的省份主要有：上海市、重庆市、江苏省、浙江省、安徽省、江西省、湖北省、湖南省、四川省、贵州省、福建省等。"十二五"期间，夏热冬冷地区既有居住建筑节能改造定位在起步探索阶段。开展改造试点的主要目标是积极探索适用夏热冬冷地区的既有居住建筑节能改造技术路径及融资模式，逐步建立并完善相关政策、标准、技术及产品体系，为大规模实施节能改造提供支撑。为此，住房和城乡建设部经过谨慎的调查研究决定在"十二五"时期，试点夏热冬冷地区改造 5000 万 m^2，这一数字约占夏热冬冷地区城镇居住建筑存量的 0.79%，约占有改造需求居住建筑的 2.4%。

夏热冬冷地区既有居住建筑节能改造与已取得经验和一定进展的北方采暖地区既有居住建筑供热计量及节能改造面临的情况有相同之处，例如，建筑形式复杂、地方政府财力不同、涉及部门多、组织困难等共性问题。但夏热冬冷地区居住建筑节能改造工作也有其特殊性，特别是围护结构保温隔热要求、居民用能习惯、改造需求迫切程度和节能改造后的效果等因素与北方采暖地区既有居住建筑节能改造有显著不同。上述因素决定推进这项工作所采用的原则、技术路线和措施将显著不同于北方采暖地区既有居住建筑节能改造，需要探索适宜的规模化改造推进路径。

从改造原则上看，夏热冬冷地区既有居住建筑节能改造强调五个原则，在技术路线和项目遴选上坚持"因地制宜、合理适用"，由于夏热冬冷地区覆盖区域大，区域内气候特点、建筑现状、居民生活习惯、用能习惯等不尽相同，因此在确定改造内容及技术路线时，强调优先选择投入少、效益明显的项目进行改造，有利于改造工作的顺利开展，并取得良好效果。在改造内容上强调以"窗改为主、适当综合"，通过调研先期改造试点的地区，以及衡量投入和效果的关系，并结合夏热冬冷地区的气候特点和实施的可操作性，夏热冬冷地区改造坚持应以门窗节能改造为主要内容，并在此基础上具备条件的，同步实施加装遮阳、屋顶及墙体保温等措施。在实施方式上要坚持"统筹兼顾、协调推进"的原则。改造区域内普遍实施旧城更新、城区环境综合整治、平改坡、房屋修缮维护、抗震加固等，将既有居住建筑节能改造与其相结合，不但能够整合政策资源，减少组织环节，发挥改造的最大效益，而且能够减少不同改造工程对群众生活的影响。在改造资金筹措方面，坚持"政府引导、多方投入"的原则，中央财政提供一定资金实施适当补贴，带动地方财政投入，并引导受益居民、产权单位及其他社会资金自愿投资改造，建立稳定、多元的投融资渠道。在推进路径上，借鉴北方采暖地区既有居住建筑供热计量及节能改造工作经验，坚持"点面结合、重点突破"的原则，选择积极性高、组织能力强、改造资金落实好的市县，优先安排节能改造任务，实现集中连片的推进效果，扩大改造的示范影响。

截至 2015 年年底，夏热冬冷地区有关省市已完成既有居住建筑节能改造备案面积达 1778.22 万 m^2。

（2）激励政策

为了促进夏热冬冷地区既有居住建筑节能改造工作顺利开展，财政部印发了《夏热冬冷地区既有居住建筑节能改造补助资金管理暂行办法》（财建〔2012〕148 号），明确中央财政支持夏热冬冷地区既有居住建筑节能改造的政策与要求。支持项目范围为 2012 年及以后开工实施的夏热冬冷地区既有居住建筑节能改造项目。支付方式采取中央财政对省级财政专项转移支付方式，项目实施管理由省级人民政府相关职能部门负责。

补助资金使用范围包括四类，即建筑外门窗节能改造支出、建筑外遮阳系统节能改造支出、建筑屋顶及外墙保温节能改造支出和财政部、住房和城乡建设部批准的与夏热冬冷地区既有居住建筑节能改造相关的其他支出。为了发挥财政资金的最大效应，同时综合考虑不同地区经济发展水平、改造内容、改造实施进度、节能及改善热舒适性效果，现行补助资金按如下公式计算：某地区应分配补助资金额＝所在地区补助基准×∑（单项改造内容面积×对应的单项改造权重）。考虑不同地区经济发展水平，补助基准按东部、中部、西部地区划分：东部地区 15 元/m^2，中部地区 20 元/m^2，西部地区 25 元/m^2。同时，依据调研结果，并考虑夏热冬冷地区的适宜改造技术、改造成本、改造效果等因素，单项改造内容：建筑外门窗改造、建筑外遮阳节能改造及建筑屋顶及外墙保温节能改造三项，对应的权重系数分别设置为 30％、40％、30％。夏热冬冷地区既有居住建筑节能改造实施计划管理，由省级财政部门会同住房和城乡建设部门分年度对本地区既有居住建筑节能改造面积、具体内容、实施计划等进行汇总，上报财政部、住房和城乡建设部。资金拨付采取核定改造任务和补贴资金额度后，按补助资金额度的 70％拨付补贴资金，并由地方财政会同住房和城乡建设主管部门落实到项目单位。根据各地每年实际完成的工作量、改造内容及实际效果核拨剩余补助资金，并在改造任务完成后，对当地补助资金进行清算。

（3）问题及障碍

与北方采暖地区既有居住建筑供热计量及节能改造大规模实施不同，"十二五"期间夏热冬冷地区既有居住建筑节能改造仍处在探索阶段，部分地区改造速度缓慢或改造内容较为单一。一是改造积极性不高。受生活习惯、地域气候等因素影响，夏热冬冷大多地区未实施集中供暖，冬季大多采用空调、电暖器等分散设备取暖，加上居民常年开窗通风的习惯，致使既有居住节能改造主要以门窗、外遮阳改造为主，节能效果受限，有关主体普遍缺乏进行节能改造的动力，有畏难情绪。二是组织机构不健全。作为一项系统工程，既有居住建筑节能改造涉及建设、规划、房管、财政等诸多部门和各级政府及企业，协调难度大，相关部门之间缺乏有效沟通和分工协作的长效管理机制。三是政策体系不完善。夏热冬冷地区既有居住建筑节能改造处于起步阶段，目前尚无具体管理办法，改造项目在招投标、设计、施工、验收等环节缺乏统一管理标准，工程质量参差不齐。四是缺乏成熟改造模式，补贴资金过于分散。相比北方采暖地区，夏热冬冷地区既有居住建筑除了实施节能改造外，居民对小区环境、房屋抗震、功能提升等综合改造需求更加强烈，加上目前节能改造主要依赖政府资金投入，国家补助资金过于分散，未实现多渠道和复合投入模式，无法支撑成熟模式、典型案例示范工程的打造。

1.2.4 公共建筑节能

1. 示范工作进展情况

2007 年至今，公共建筑节能工作逐步推向深入，由统计审计等机制建设，到在线监测等智能化管控，再到实施高性能节能改造，政策体系也随之健全完善，各专项工作进展顺利。

（1）省级公共建筑节能监测平台建设

全国共有 33 个地区开展省级公共建筑能耗监测平台建设，截至 2016 年底，完成监测建筑数量达到 1.1 万余栋，监测计量点超过 11 万个。北京、天津、重庆、江苏、上海、山东、深圳、安徽、黑龙江 9 个省市的公共建筑能耗监测平台已通过国家验收，大部分未验收的省级平台监测楼宇数量、面积及安装监测都已过半，监测点主要集中在电、水和供热方面，绝大部分为用电监测，河北、内蒙古、辽宁、陕西、福建、江西、四川、贵州、云南、海南、新疆、新疆生产建设兵团平台建设进展缓慢。2011～2016 年全国公共建筑能耗监测建筑数量如图 1-17 所示。

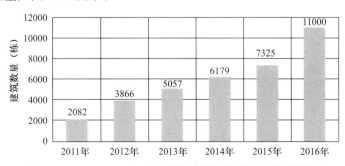

图 1-17　2011～2016 年全国公共建筑能耗监测建筑数量统计

（2）节约型校园、医院建设

住房城乡建设部会同有关部门批准了233所节约型校园节能监管体系建设示范，涵盖91所中央部门直属高校，截至2017年年底，中央直属高校已完成验收61所，地方高校验收百余所。2014年启动的44家节约型医院试点进展顺利，截至目前，35家医院通过了验收。

2. 公共建筑节能改造重点城市

2011～2012年，住房和城乡建设部批复天津、重庆、深圳、上海等4个公共建筑节能改造重点城市，每个城市改造任务量为400万 m²，按照20元/m² 的改造补贴标准，中央财政对每个城市补贴8000万元。截至2016年年底，首批4个重点城市均已全部完成改造任务：上海市完成了73个项目400万 m² 改造任务，每个项目节能率均超过20%，平均等效电节电率达25.1%；重庆市已完成99个项目408万 m² 改造面积，整体节能率在22.5%以上；深圳市和天津市均报送了验收申请，其中天津市完成102个项目405万 m²改造面积，改造后平均节能率为22.5%，深圳市完成419万 m² 改造面积，能效测评机构测评结果均达到10%以上。改造内容以建筑用能监测与控制系统、照明系统以及供暖通风空调系统改造为主，比例超过80%。

2015年，住房和城乡建设部又批准了哈尔滨等7个重点城市，城市任务量根据地区上报情况核定，并追加重庆节能改造任务350万 m²，共批复任务量2054万 m²。到2016年年底，重庆、济南、青岛、西宁改造推进顺利，厦门、哈尔滨、福州、百色改造工作进展较为缓慢，如图1-18所示。

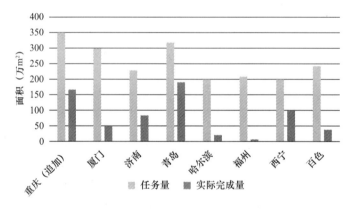

图1-18　第二批重点城市节能改造进展情况

3. 公共建筑节能监管体系建设及节能改造进展

公共建筑节能监管体系主要包含能耗统计、能耗监测、能源审计、能效公示和用能定额五大核心内容，能耗统计是对国家机关办公建筑和大型公共建筑的能源消耗进行调查统计与分析，是开展节能工作的数据基础；能耗监测是对能耗使用的全参数、全过程的管理和控制功能；能耗审计在能耗统计的基础上对用能建筑能源利用状况进行定量分析，对建筑能源利用效率、能源经济和环境效果等进行审计、诊断和评价，从而发现建筑节能潜力；能效公示是各级主管部门依据相关法律法规将建筑能耗和能效信息及时准确地向社会公布，方便公民、法人和其他组织获取和利用能耗和能效信息；能耗定额是以能耗限额的刚性约束来倒逼公共建筑的所有人或使用人规范节能行为，减低建筑在运行阶段的能耗。2007 年至今，公共建筑节能监管体系建设不断推向深入，2011 起基于节能监管工作中数据基础，推动对高能耗、低能效的公共建筑进行节能改造；同时，公共建筑能耗限额制定须基于长期的建筑能耗统计和能源审计，对比典型标杆建筑的合理用能水平才能得到，所以各地应结合本地实际，研究制定当地国家机关办公建筑和大型公共建筑的用能标准、能耗定额，逐步建立超定额加价制度。

（1）能耗统计

建筑能耗统计是建筑节能工作的基础，无论是判断我国建筑领域节能工作的开展方向、分析节能潜力、制定节能目标，还是落实节能责任、分解节能目标、制定能耗定额，都必须以能耗数据为依据。为此，我国自 2007 年开始在全国 23 个城市进行试行，2009 年，住房和城乡建设部印发了《民用建筑能耗和节能信息统计报表制度》，决定将能耗统计范围由 23 个试点城市扩大到全国范围内。2012 年，为了进一步保证统计工作的顺利实施，印发了《民用建筑能耗和节能信息统计暂行办法》，在办法中明确了各级住房和城乡建设主管部门的分工、职责、考核与奖励措施。2013 年、2015 年分别对其进行了修订，最终形成了《民用建筑能耗统计报表制度》，再次强调各地住房城乡建设主管部门要建立统计数据催报和审核机制。在政策文件的指导下，建筑能耗统计取得初步成效，截至 2016 年年底，全国共完成公共建筑能耗统计 29.5 万栋。

（2）能耗监测

随着我国城市化进程的加快，大型公共建筑在城镇建筑中的比例迅速增加，针对大型公共建筑的节能减排，我国政府及相关职能部门已相继出台了一系列大型公共建筑节能监管导则、规范、标准及方案，要求对高能耗建筑进行能耗监测，并建立能耗监测平台。2011 年，住房和城乡建设部组织编制并印发了《国家机关办公建筑和大型公共建筑能耗监测系统数据上报规范》，用以指导各省（市）级监测系统的数据上传工作，规范部级监测系统和省（市）级监测系统之间数据传输的内容、方式和格式，保证数据的统一性、完整性和准确性，2017 年修订完成了《省级公共建筑能耗监测系统数据上报规范》，进一步对数据上报的内容和要求做了规范，并给出了示例。截至 2016 年年底，共实现 1.1 万栋建筑的能耗动态监测，监测面积达 4.3 亿 m^2。

（3）能源审计

建筑能源审计是一种建筑节能的科学管理和服务的方法，其主要内容是对用能单位建筑能源使用的效率、消耗水平和能源利用的经济效果进行客观考察，对用能单位建筑能源利用状况进行定量分析，对建筑能源利用效率、消耗水平、能源经济和环境效果进行审计、监测、诊断和评价，从而发现建筑节能的潜力。为了进一步推进建筑节能审计工作，国家和地方都出台了相应的政策，对建筑节能审计工作做了详细的规定。2007 年 10 月，住房和城乡建设部印发了《国家机关办公建筑和大型公共建筑能源审计导则》，导则中对审计的内容、方法和程序进行了详细的规定；2016 年 12 月，住房和城乡建设部印发了《公共建筑能源审计导则》，将建筑能源审计按照审计等级分为一级、二级、三级能源审计；审计的程序分为审计准备阶段、审计实施阶段和审计报告阶段。审计方法方面主要规定了计算各分项指标所需参数的计算方法，包含建筑面积、空调面积、供暖面积、建筑分项面积、能耗总量的计算方法以及分项能耗指标的计算方法。

近年来，全国大部分省市相继开展了建筑能源审计工作，通过总结经验，先后出台了建筑能源审计管理性政策文件，进一步指导公共建筑节能审计工作。如：北京市出台了地方标准《公共建筑能源审计技术通则》，广东省发布了《〈国家机关办公建筑和大型公共建筑能源审计导则〉实施细则》，福建省出台了《国家机关办公建筑和大型公共建筑能耗统计、能源审计和能效公示管理办法（试行）》，江苏省发布了《公共建筑能源审计标准》（征求意见稿），湖南省发布了《公共建筑能源审计导则（试行）》等。截至 2016 年年底，全国累计完成审计 12941 栋公共建筑。

（4）能效公示

建筑能耗和能效信息公示主要是教育、科技、文化、卫生、体育等系统各级主管部门，以及建筑所有权人等依据相关法律法规将建筑能耗和能效信息及时准确地向社会公布，以方便公民、法人和其他组织获取和利用能耗和能效信息的活动。为了推动我国建筑能耗和能效信息公示工作，国家出台了一系列文件，建筑能耗和能效信息公示工作也得到了积极发展并取得了一定的效果。

2008 年，我国出台了《民用建筑节能条例》，条例中规定国家机关办公建筑和大型公共建筑的所有权人应当对建筑的能源利用效率进行测评和标识，并按照国家有关规定将测评结果予以公示，接受社会监督。国家机关办公建筑和大型公共建筑的所有权人或者使用权人应当建立健全民用建筑节能管理制度和操作规程，对建筑用能系统进行监测、维护，并定期将分项用电量报县级以上人民政府建设主管部门。国家机关办公建筑和大型公共建筑的供暖、制冷、照明的能源消耗情况应当依照法律、行政法规和国家其他有关规定向社会公布。《住房和城乡建设部建筑节能与科技司 2013 年工作要点》强调要继续深入开展公共建筑能耗统计、能源审计、能效公示及能耗监测平台建设工作。虽然我国未正式建立起公共建筑能耗和能效信息公示制度，但是出台了很多政策文件在指导能耗和能效信息公示工作的实施。截至 2016 年年底，全国累计公示建筑数量 2.5 万栋。

（5）用能定额

对公共建筑实施能耗限额管理，以能耗限额的刚性约束来倒逼公共建筑的所有人或使用人规范节能行为，对于提高建筑节能运行管理水平，降低建筑在运行阶段的能耗具有重要作用。随着建筑能耗统计、能源审计在全国范围的陆续开展，公共建筑节能监管平台建设示范范围的不断扩大，纳入平台监测的建筑楼宇数量不断增加，2010 年 6 月 10 日，住房和城乡建设部在发布的《关于切实加强政府办公和大型公共建筑节能管理工作的通知》（建科〔2010〕90 号）中提出：在能耗动态监测的基础上，各地要结合本地实际，研究制定当地国家机关办公建筑和大型公共建筑的用能标准、能耗定额，逐步建立超定额加价制度。2011 年 5 月 4 日，《财政部　住房和城乡建设部关于进一步推进公共建筑节能工作的通知》（财建〔2011〕207 号）中再次提出：实施能耗限额管理。各省（区、市）应在能耗统计、能源审计、能耗动态监测工作基础上，研究制定各类型公共建筑的能耗限额标准，并对公共建筑实行用能限额管理，对超限额用能建筑，采取增加用能成本或强制改造等措施。2012 年，住房城乡建设部建筑节能与科技司将"指导各地制定本地区公共建筑能耗限额标准，引导和约束用能单位的用能行为"纳入年度工作要点。2013 年 1 月，《国务院办公厅关于转发发展改革委和住房城乡建设部绿色建筑行动方案的通知》（国办发〔2013〕1 号）中明确重点工作包含建立完善的公共机构能源审计、能效公示和能耗定额管理制度；实施大型公共建筑能耗（电耗）限额管理，对超限额用能（用电）的，实行惩罚性价格；公共建筑业主和所有权人要切实加强用能管理，严格执行公共建筑空调温度控制标准。2014年，住房和城乡建设部建筑节能与科技司进一步将"指导各地分类制定公共建筑能耗限额标准，研究建立基于能耗限额的公共建筑节能管理制度"纳入年度工作要点。部分省市根据地区实际情况，在国家大力倡导推进能耗限额管理以及制定能耗限额的条件日趋成熟的形势下，探索实施了公共建筑能耗限额管理，为国家层面的建筑能耗限额的制定与实施作出了探索。

（6）节能改造

截至2016年年底，全国累计完成节能改造公共建筑约为3700余栋，改造面积超过1.8亿 m^2，其中山东、上海、江苏、湖北、广东、广西2016年度节能改造面积都达到了200万 m^2，河北、内蒙古、辽宁、黑龙江、兵团、四川、贵州、云南公共建筑节能改造进展较慢，北京、山东、江苏、广东、广西累计公共建筑节能改造面积均超过1000万 m^2。2017年7月，为进一步强化公共建筑节能管理，充分调动市场力量，住房城乡建设部会同银监会发布了《住房城乡建设部办公厅 银监会办公厅关于深化公共建筑能效提升重点城市建设有关工作的通知》（建办科函〔2017〕409号），在文件《住房城乡建设部办公厅 银监会办公厅关于批复2017年公共建筑能效提升重点城市建设方案的通知》（建办科〔2017〕72号）中，共批复了28个公共建筑能效提升重点城市，改造面积共计达6359万 m^2。

4. 当前问题及障碍

（1）某些建筑能耗监测平台尚未得到有效运用。很多地区和单位只重视平台建设任务的完成和建筑能耗实时监测功能的实现，忽略了监测数据的统计、对比和分析，平台的使用效果尚有大幅提升空间；建设与运营脱钩，系统缺乏运行维护，不能充分发挥功能；社会公众节能意识有待提高。

（2）标准规范体系不完备。针对公共建筑节能运行管理、能耗定额/限额等方面的标准规范至今还未出台，现有的标准还不成体系；目前的标准制定过程大都是政府主导、科研院所专家为主体的过程，缺乏多层次的专家参与，存在建筑节能标准与市场的结合度不强，实际可操作性不高的问题。

（3）经济激励政策不健全。在节能减排强制要求下，为推动公共建筑的节能改造，政府出台了若干经济激励政策，设立了多项建筑节能领域专项资金。但大量公共建筑的节能需求和较高的改造成本投入与有限的财政补贴激励的矛盾十分突出，且相对于市场机制，强制性和激励性制度在低能效建筑方节能治理方面普遍存在信息不对称问题，单纯行政手段难以有效发挥作用，因此难以有效解决政府节能治理困境。

（4）建筑节能市场发育程度不足。目前，我国的建筑节能仍以政府行政力量推动为主，市场机制作用发挥不明显。建筑能效测评、第三方节能量评估、建筑节能服务公司等市场力量发育不足，难以适应市场机制推进建筑节能的要求；同时，节能服务公司等社会资本不仅规模小而且发展相对缓慢，没有形成成熟的运作体系，需要政府的扶持和培育。

1.2.5 可再生能源建筑应用

面对能源供需格局新变化、国际能源发展新趋势，为保障国家能源安全，国家主席习近平于 2014 年提出：积极推动能源生产和消费革命，坚决控制能源消费总量，推动能源体制革命。为此，我国须着力加快清洁能源发展，大力发展可再生能源。

根据《国务院办公厅关于印发能源发展战略行动计划（2014—2020 年）的通知》，到 2020 年，我国一次能源消费总量控制在 48 亿 tce 左右，其中，非化石能源占一次能源消费比重达到 15%，天然气比重达到 10% 以上，煤炭消费比重控制在 62% 以内。到那时力争常规水电装机达到 3.5 亿 kW 左右，风电装机达到 2 亿 kW，风电与煤电上网电价相当，光伏装机达到 1 亿 kW 左右，光伏发电与电网销售电价相当；地热能利用规模达到 5000 万 tce。

根据我国国家能源局统计数据，截至 2016 年年底，我国预计全年能源生产总量为 34.3 亿 tce，能源消费总量约为 43.6 亿 tce，其中煤炭消费仍占主要，占到 64.4%，非化石能源消费比重达到 13.3%。

2017 年中央财经领导小组第十四次会议指出：推进北方地区冬季清洁取暖，要按照企业为主、政府推动、居民可承受的方针，宜气则气，宜电则电，尽可能利用清洁能源，加快提高清洁供暖比重。国家层面的能源发展战略及行动计划的发布，引领着可再生能源行业的发展壮大，推动了可再生能源在建筑中的规模化应用。

1. 发展历程与现状

我国可再生能源利用技术发展起源于 20 世纪 70 年代，但真正实现快速发展是自 2006 年住房和城乡建设部会同财政部在全国范围内开展可再生能源建筑应用示范起，示范工作采取积极稳妥的"三步走"战略，即从项目示范，到区域示范，再到全面推广，从低端应用到一体化、集成应用，从单个项目到区域规模化应用，如图 1-19 所示。

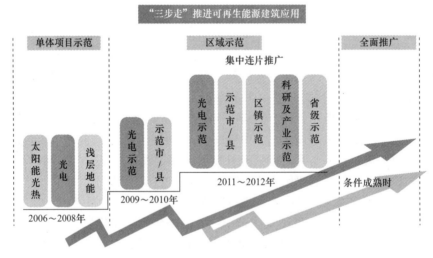

图 1-19 "三步走"推进可再生能源建筑应用示范情况

在"三步走"推进可再生能源建筑应用示范的过程中，我国可再生能源建筑应用发展大致经历了三个阶段的发展。

起步阶段（2006～2008 年）：从无到有，实现突破

2006 年，为贯彻落实《中华人民共和国可再生能源法》和《国务院关于加强节能工

作的决定》，推进可再生能源在建筑领域的规模化应用，带动相关领域技术进步和产业发展，原建设部、财政部联合颁布《关于推进可再生能源在建筑中应用的实施意见》（建科〔2006〕213 号）和《财政部、建设部关于可再生能源建筑应用示范项目资金管理办法》（财建〔2006〕460 号），开始启动可再生能源建筑应用示范项目。示范项目历经 3 年，共实施了 386 个项目，技术类型涵盖了与建筑结合的太阳能热水、太阳能供暖、地源热泵和少量的太阳能光伏发电技术，示范项目总建筑面积累计 4049 万 m^2，其中，地源热泵应用面积 3200 多万 m^2、太阳能光热与建筑结合应用面积约 800 万 m^2、光伏发电装机容量 6.2MW。在地域分布上，覆盖了全国 27 个省（区）、4 个直辖市、5 个计划单列市及新疆生产建设兵团。相关数据表明，自 2006 年开始实施示范工程以来，可再生能源在建筑上的应用实现了高速的增长，太阳能光热建筑应用面积从 2006 年的 2.3 亿 m^2 发展到 2008 年的 10.3 亿 m^2，增长了 348％，地源热泵建筑应用面积从 2006 年的 2650 万 m^2，增长到 1 亿 m^2，增长了 277％。

推广阶段（2009～2010 年）：由点连线，深入发展

2009 年，根据党中央、国务院"扩内需、保增长、调结构、促民生"的战略部署和可再生能源建筑应用发展形势的需要，住房城乡建设部、财政部联合发布《关于加快推进太阳能光电建筑应用的实施意见》（财建〔2009〕128 号）和《太阳能光电建筑应用财政补助资金管理暂行办法》（财建〔2009〕129 号），启动了太阳能光伏建筑应用示范项目，即"太阳能屋顶计划"，通过示范，突破与解决光电建筑一体化设计能力不足、光电产品与建筑结合程度不高等问题，从而激活市场供求，启动国内应用市场，实现可再生能源建筑应用的深入发展。同年，为贯彻国务院关于节能减排战略部署，深入做好建筑节能工作，进一步放大政策效应，更好地推动可再生能源在建筑领域的大规模应用，住房城乡建设部、财政部启动了可再生能源建筑应用城市示范和农村地区县级示范，这标志着我国推进可再生能源建筑应用工作从抓单个项目示范到抓区域整体推进，实现了将"点连成线"的阶段性发展。

铺开阶段（2011 年后）：由线到面，全局展开

2011 年，财政部、住房和城乡建设部联合发布《关于进一步推进可再生能源建筑应用的通知》，其中明确指出"十二五"期间可再生能源建筑应用推广目标及内容。从 2011 年开始，在可再生能源建筑应用示范市县的基础上，新增了集中连片推广示范区镇、科技研发及产业化示范项目。2012 年，继续创新示范形式，新增了省级集中推广重点区、太阳能综合利用示范等形式。同时，两部委下发《关于完善可再生能源建筑应用政策及调整资金分配管理方式的通知》（财建〔2012〕604 号），明确将实施可再生能源建筑应用省级推广，由各省级管理部门来开展可再生能源建筑应用的推广，由此，可再生能源建筑应用发展正式进入了区域化、规模化发展的新阶段。

回顾整体示范情况，住房城乡建设部、财政部共实施 386 个可再生能源建筑应用示范项目；608 个太阳能光电建筑应用示范项目，总装机容量约 864MW；可再生能源建筑应用示范城市 93 个、农村地区示范县 198 个、示范区 6 个、示范镇 16 个，8 个太阳能综合利用省级示范、25 个省级推广和 21 科技研发及产业化项目。中央财政补助资金支持太阳能热水应用建筑面积 2.8 亿 m^2，地源热泵应用面积 1.7 亿 m^2，地源热泵与太阳能复合技术应用面积 0.8 亿 m^2。

2. 实施成效显著

（1）技术标准方面

目前国家已出台关于太阳能光热、光伏建筑应用和地源热泵的标准达 10 余部，如《民用建筑太阳能热水系统应用技术规范》GB 50364—2005、《太阳热水系统设计、安装及工程验收技术规范》GB/T 18713—2002、《太阳能供热采暖工程技术规范》GB 50495—2009、《民用建筑太阳能空调工程技术规范》GB 50787—2012、《地源热泵系统工程技术规范》GB 50366—2009、《民用建筑太阳能光伏系统应用技术规范》JGJ 203—2010、《光伏建筑一体化系统运行与维护规范》JGJ/T 264—2012、《太阳能光伏玻璃幕墙电气设计规范》JGJ/T 365—2015、《建筑太阳能光伏系统设计与安装》10J 908—5、《可再生能源建筑应用工程评价标准》GB/T 50801—2013 等，基本涵盖太阳能光热、光伏建筑应用和地源热泵的设计、施工、验收及评价等方面。同时，全国大部分省市的地方标准体系也在不断完善，基本涵盖设计、施工、验收和运行管理各环节。

天津、河北、黑龙江、辽宁、吉林、上海、江苏、浙江、安徽、福建、山东、河南、湖南、重庆、广西、新疆等地方标准体系涵盖面广，针对太阳能光热/光伏利用、地源热泵等技术基本建立相应标准规范与图集。在以上地方已发布的地源热泵技术方面的标准中，天津市以地埋管和污水源热泵系统为主，黑龙江省以地下水源和污水源热泵为主，吉林省以地源与低温余热水源热泵系统为主，辽宁、上海新编《地源热泵系统工程技术规程》和《可再生能源建筑应用测试评价标准》，修编《民用建筑太阳能应用技术规程（热水系统分册）》，山东省则分别以海水源热泵和太阳能-地源热泵复合系统为亮点，重庆市以地表水源为主，厦门市以海水源热泵为主，新疆以土壤源和地下水源热泵为主。

山东、安徽、江苏、浙江、内蒙古、广东、陕西、甘肃、宁夏等地方标准体系以太阳能光热/光伏应用技术为主。其中，山东省正在研究编制《高层建筑太阳能热水系统一体化应用技术规程》、《太阳能光伏建筑一体化技术规程》、《太阳能采暖工程技术规程》等标准；广东省正在编制的有《广东省太阳能光伏系统与建筑一体化设计施工标准》、《广东省太阳能热水与建筑一体应用图集》、《广东省太阳能光伏与建筑一体应用图集》；江苏省出台了太阳能热水系统、太阳能光伏与建筑一体化等方面的多项标准；浙江省除了出台太阳能热水系统相关规范，还出台了《太阳能结合地源热泵空调系统设计、安装及验收规范》；宁夏除了出台太阳能热水、光伏发电系统相关标准外，还发布了《宁夏农村被动式太阳能暖房技术图解》。同时，关注农村太阳能利用的除了宁夏以外，还有北京、天津、陕西、青海省等地方已经发布相关标准。福建省正在编制《空气源热泵热水供应系统技术规程》。

另外，安徽、广东、吉林、陕西、四川、重庆已经出台可再生能源建筑应用检测、监测、验收、评价等方面相关标准，如安徽省出台《民用建筑太阳能热水系统工程检测与评定标准》、《可再生能源建筑能耗在线监测技术导则》；广东省出台《广东省太阳能热水系统检测标准》；吉林省正在编制《吉林省可再生能源施工质量验收规程》；陕西省正在编写《陕西省可再生能源建筑应用项目验收规程》；四川省正在编写《民用建筑太阳能热水系统评价标准》；重庆市 2014 年发布《可再生能源建筑应用项目系统能效检测标准》DBJ 50/T—183—2014 和《区域能源供应系统能效检测与评价技术导则》等。

（2）科技研发方面

为了促进可再生能源建筑应用市场的健康发展，需要开展相关科研作为支撑，包括对资源的基础数据摸底、评估，对太阳能光热利用、光伏发电和浅层地热能开发技术的系统研究，技术的地域、建筑类型等的适用性研究等。山东省积极探索可再生能源新技术或多项技术复合应用于建筑的供暖制冷。如烟台、威海、潍坊的海水源、污水源供暖制冷项目，东营、德州乐陵的深层地热能梯级利用项目，临沂的太阳能和燃气壁挂炉复合供暖项目。安徽省不断增强可再生能源科技创新能力，安徽省住房城乡建设厅陆续指导成立了太阳能光热综合利用研究发展中心等 10 余家可再生能源建筑应用科研创新与技术开发的机构，组织开展了"安徽省水、地源热泵工程地质资源调查、评估及适应性应用研究"、"安徽省太阳能光热建筑一体化技术标准体系建设研究与编制"、"能效测评技术与标准体系研究与制定"等 10 多项研究。厦门市设立专项科研课题"厦门海水源热泵技术应用规划研究"，对厦门地区不同形式的海水源热泵的热工性能进行分析，对其经济适应性进行评价。广西目前已具有自主研发的亚热带地区浅层地热能-太阳能耦合的冷热联供等多项重大技术，开展的可再生能源建筑应用的相关课题主要有 20 多项。新疆先后开展了"新疆可再生能源建筑应用后评估及对策研究"、"被动式太阳能房在新疆的适应性研究"、"太阳能与地热能复合供暖技术研究"、"乌鲁木齐地区沙砾石和泥岩地质条件下地源热泵技术应用研究"等方面的课题研究。重庆市重点围绕开展的"重庆市既有可再生能源建筑应用项目运行后评估"、"重庆市可再生能源建筑应用系统性能监测与控制系统研发与应用"、"可再生能源区域供冷供热项目运营模式、定价机制研究与实践"、"可再生能源区域供冷供热项目能源管理优化与节能运行关键技术研究"、"江水源热泵与冰蓄冷复合系统在区域供冷供热项目中应用关键技术研究"、"区域供冷供热系统能效检测与评价技术导则"等多项课题，取得了较好的研究成果。

（3）产业发展方面

可再生能源建筑规模化应用拉动了产业的发展，产业的强大又助推可再生能源的规模化应用。目前，我国已形成以江苏、河北、河南、浙江、江西、上海、广东等地区的太阳能光伏产业聚集布局，形成以江苏、浙江、山东、广东等地区的太阳能光热产业聚集布局，形成以山东、北京、天津、上海等地区的热泵产业聚集布局。

（4）应用模式方面

各地在大力推进可再生能源建筑应用的同时，因地制宜，创新推广模式。江苏省利用省级建筑节能专项引导资金并通过支持建设区域集中冷站方式，发挥区域能源规划作用，创新项目建设和运营模式，实现规模经济效应。山东省阳信县采用合同能源管理的方式，实施地源热泵系统为新城商务中心建筑群供暖制冷，既减少了建设单位资金、技术和运营管理水平的制约，又保证了工程质量和应用效果，推动了可再生能源建筑应用示范工作的开展，为其他市、县提供了很好的借鉴。湖南省通过建设江水源大型集中式能源站试点，促进可再生能源技术从单体向集中连片发展。湖北省采用合同能源管理方式推广应用地源热泵系统和集中集热分户供热太阳能热水系统，由住宅开发商或设备供应商投资建设，用户按计量分期付费，市场效果不错。在高校中以合同能源管理模式大规模推广应用太阳能热水系统，学校不需要投入，合同能源管理公司还有收益，真正实现了三赢。重庆市推进可再生能源区域集中供冷供热项目建设，以特许经营模式进行可再生能源区域集中供冷供热应用的示范。河南省鹤壁市率先制定了《鹤壁市地源热泵供热特许经营管理暂行办法（试行）》、《鹤壁市地源热泵供热特许经营企业考核办法》和《地源热泵供热维修基金管理管理和使用办法》，这些配套政策的出台有利于项目建设完成后的规范化管理和后期运营质量。

（5）应用规模方面

截止到 2016 年年底，全国累计太阳能光热应用集热面积达到 4.7 亿 m^2，约合应用建筑面积 47 亿 m^2；全国累计浅层地能应用面积达到 4.8 亿 m^2。自 2006 年至今的逐年累计应用面积如图 1-20 所示。

根据国家能源局的统计数据，2016 年全年太阳能光伏电力总部署量为 34.54GW，其中分布式光伏发电 4.23GW。截至 2016 年年底，分布式太阳能光伏发电累计装机容量 77.42GW，其中太阳能光伏发电建筑应用装机容量累计达 5200MW。

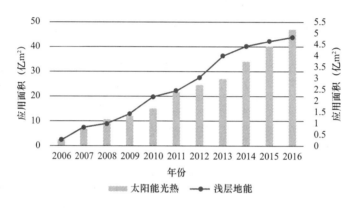

图 1-20　2006～2016 年可再生能源建筑应用面积

可再生能源建筑应用量多面广，形成节能减排效益明显。对于太阳能光热利用技术，通过对检测数据整理分析发现，与建筑结合的太阳能光热利用技术中，制取生活热水占绝大多数，占到约 84%，全年太阳能保证率普遍在 60% 左右，太阳能光热系统单位建筑面积年常规能源替代量为 5.2kgce/m^2。截至 2016 年年底，全国累计太阳能光热应用建筑面积近 47 亿 m^2，太阳能光热建筑应用可实现每年常规能源替代量约 2400 万 tce。

太阳能光伏发电技术的应用自 2009 年以来迅速发展，应用规模逐步扩大。我国实施的"太阳能光电建筑应用示范项目"和"金太阳示范工程"都属于分布式光伏发电。截至 2016 年年底，分布式太阳能光伏发电累计装机容量 77.42GW，其中太阳能光伏发电建筑应用装机容量累计达 5200MW。按照发电煤耗法对发电量进行换算，太阳能光伏建筑应用则可实现每年常规能源替代量约 600 万 tce。

地源热泵技术涵盖土壤源、地下水源、地表水源、淡水源、海水源、污水源等多个形式。严寒、寒冷地区应用较为广泛，约占 80%，其主要技术形式以地下水源热泵和土壤源热泵为主，夏热冬冷地区主要以应用土壤源热泵和地表水源热泵为主，项目比例约占 18%。通过对检测数据分析，单位建筑面积的平均年常规能源替代量为：冬季供暖工况平均为 8.2kgce/m^2，夏季制冷工况平均为 8kgce/m^2，考虑到北方部分系统只进行冬季供暖工况运行，而非双工况运行，同时结合样本相应系统的平均性能系数，则全国的平均年常规能源替代量折算为 12.7kgce/m²。截至 2016 年年底，全国累计浅层地能应用面积达到近 5 亿 m²，地源热泵建筑应用则可实现每年常规能源替代量约 630 万 tce。

综上，截止到 2016 年年底，我国可再生能源建筑应用则可形成年常规能源替代量约 3600 万 tce，节能效益十分显著。

1.2.6 绿色建材

1. 政策法规

国家和地方主管部门高度重视绿色建材的发展，为加强绿色建材推广和应用，相继出台了鼓励和支持政策，为其发展提供了强有力的制度保障。

（1）国家层面

1）国际人居奖。2016 年 5 月 20 日，住房城乡建设部印发《关于中国人居环境奖评价指标体系和中国人居环境范例奖评选主题的通知》（建城〔2016〕92 号），公布了新版《中国人居环境奖评价指标体系》和《中国人居环境范例奖评选主题及申报材料编制导则》。其中，第六方面 "F、资源节约" 中提到关于 "绿色建筑和装配式建筑" 的要求，明确绿色建材使用比例≥30%。

2）"十三五" 装配式建筑行动方案。其中提出：促进绿色发展；积极推进绿色建材在装配式建筑中应用；编制装配式建筑绿色建材产品目录；推广绿色多功能复合材料，发展环保型木质复合、金属复合、优质化学建材及新型建筑陶瓷等绿色建材。到 2020 年，绿色建材在装配式建筑中的应用比例达到 50% 以上。

3）建筑业发展 "十三五" 规划。"坚持科学发展" 的基本原则，必须把握发展新特征，加快转变建筑业生产方式，推广绿色建筑和绿色建材，全面提升建筑节能减排水平，实现建筑业可持续发展。"十三五" 时期主要任务包括：推进建筑节能与绿色建筑发展加快推进绿色建筑、绿色建材评价标识制度；建立全国绿色建筑和绿色建材评价标识管理信息平台；选取典型地区和工程项目，开展绿色建材产业基地和工程应用试点示范；大力发展和使用绿色建材，充分利用可再生能源，提升绿色建筑品质。

4）促进绿色建材生产和应用行动方案。为贯彻落实《中国制造 2025》、《国务院关于化解产能严重过剩矛盾的指导意见》和《绿色建筑行动方案》，促进绿色建材生产和应用，推动建材工业稳增长、调结构、转方式、惠民生，更好地服务于新型城镇化和绿色建筑发展，2015 年 8 月 31 日，工业和信息化部、住房城乡建设部印发《促进绿色建材生产和应用行动方案》（工信部联原〔2015〕309 号）。方案提出了绿色建材生产的总体要求和行动目标，确定了促生产、拓市场的十大行动计划，为推广和应用绿色建材提供措施保障。

（2）地方层面

绿色建材评价标识是绿色建材推广应用的基础性工作，住房和城乡建设部、工业和信息化部建立了绿色建材评价标识工作的管理机制，明确了绿色建材评价标识的重点工作内容，并带动了全国多个省市区绿色建材的评价与推广。表 1-11 所示为地方出台的有关绿色建材鼓励和推广政策。

地方出台的绿色建材相关推广和鼓励政策

表 1-11

省（市、区）	政策文件	推广政策
北京市	—	北京城市副中心等重点工程所使用的预拌混凝土、预拌砂浆须获得三星级标识
重庆市	《重庆市城乡建设委员会 重庆市经济和信息化委员会关于印发重庆市绿色建材评价标识管理办法的通知》（渝建发〔2016〕38号）	将绿色建材的推广应用纳入新建建筑节能（绿色建筑）行政管理体系一并实施，从初设审查、施工图备案、现场监管、能效测评、工程竣工验收等环节，加强对新建建筑应用绿色建材的监督管理，全面推动绿色建材工程应用
吉林省	《吉林省工业和信息化厅 吉林省住房和城乡建设厅关于印发吉林省促进绿色建材生产和应用实施方案的通知》（吉工信办联〔2016〕20号）	到2018年，全省绿色建材生产比重明显提升，发展质量明显改善。绿色建材在行业主营业务收入中占比提高到20%，品种质量较好满足绿色建筑需要，与2015年相比，建材工业单位增加值能耗下降8%，氮氧化物和粉尘排放总量削减8%；绿色建材应用占比稳步提高。新建建筑中绿色建材应用比例达到30%，绿色建筑应用比例达到50%，试点示范工程应用比例达到70%，既有建筑改造应用比例提高到80%
辽宁省	《辽宁省住房和城乡建设厅 辽宁省工业和信息化委员会关于开展绿色建材评价标识和高性能混凝土推广应用工作的通知》（辽住建〔2016〕128号）	推广应用高性能混凝土
山东省	《山东省住房和城乡建设厅 山东省经济和信息化委员会关于印发山东省绿色建材评价标识管理实施细则的通知》	鼓励企业研发、生产、推广应用绿色建材。鼓励新建、改建、扩建的项目使用获得评价标识的绿色建材。政府办公建筑、保障性住房、公益性建筑等使用财政资金的项目、大型公共建筑以及绿色建筑、绿色生态城区，应优先使用获得评价标识的绿色建材
安徽省	《安徽省住房和城乡建设厅 安徽省经济和信息化委员会关于加快推进绿色建材评价标识工作的通知》（建科〔2017〕238号）	做好绿色建材技术指导和推广应用工作；在绿色建筑、保障性安居工程、绿色生态城区、既有建筑节能改造、装配式建筑等各类试点示范工程和推广项目中大力推广应用绿色建材，引导建筑业和消费者科学选用绿色建材
河南省	《河南省工业和信息化委员会 河南省住房和城乡建设厅关于印发河南省促进绿色建材发展和应用行动实施方案的通知》（豫工信联原〔2016〕135号）	鼓励企业研发、生产、推广应用绿色建材。鼓励新建、改建、扩建的建设项目优先使用获得评价标识的绿色建材。绿色建筑、绿色生态城区、政府投资和使用财政资金的其他建设项目，应使用获得评价标识的绿色建材
湖南省	《株洲市财政局 株洲市住房和城乡建设局关于印发株洲市建筑节能与绿色建筑专项资金管理办法》（株财发〔2017〕5号）《株洲市财政局 株洲市住房和城乡建设局关于印发株洲市2017年建筑节能与绿色建筑专项资金补助标准的通知》（株建联字〔2017〕4号）	获得一星级绿色建材评价标识，标准6万元；获得二星级绿色建材评价标识，标准12万元；获得三星级绿色建材评价标识，标准18万元
海南省	《海南省住房和城乡建设厅关于积极使用绿色建材标识产品的通知》	要求省各有关业务主管部门及各有关单位应积极选用已通过绿色建筑评级标识的建材产品

省（市、区）	政策文件	推广政策
四川省	《四川省住房和城乡建设厅关于印发四川省绿色建材评价标识管理实施细则的通知》（川建勘设科发〔2014〕581号）	鼓励企业研发、生产、推广应用绿色建材。新建、改建、扩建的建设项目应优先使用获得绿色评价标识的建材。绿色建筑、绿色生态城市、保障性住房等政府投资或使用财政资金的建设项目，2万㎡以上的公共建筑项目，15万㎡以上的居住建筑项目，应当使用获得标识的绿色建材
宁夏回族自治区	《宁夏回族自治区住房和城乡建设厅 宁夏回族自治区经济和信息化委员会关于印发宁夏绿色建材评价标识管理办法（试行）的通知》（宁建（科）发〔2017〕8号）	鼓励新建、改建、扩建的建设项目使用获得绿色评价标识的建材。绿色建筑、绿色生态城区、保障性住房等政府投资或使用财政资金的建设项目，2万㎡以上的公共建筑项目，应当使用获得标识的绿色建材

2. 标准规范

（1）绿色建材评价技术导则

为切实落实《绿色建筑行动方案》和《促进绿色建材生产和应用行动方案》有关要求，推动绿色建筑和建材工业转型升级、推进新型城镇化，做好《绿色建材评价标识管理办法》的实施工作，2015年10月14日，住房城乡建设部、工业和信息化部印发了《绿色建材评价技术导则（试行）》（第一版），规定了评价标识工作的组织实施，以及砌体材料、保温材料、预拌混凝土、建筑节能玻璃、陶瓷砖、卫生陶瓷、预拌砂浆七类建材产品的评价技术要求，为全面启动评价标识工作奠定基础。

（2）绿色建材评价标准

为推广和应用绿色建材，促进建材工业转型升级，支撑绿色建筑发展，由住房城乡建设部科技与产业化发展中心主编申报的《绿色建材评价标准》列入《2017年第一批工程建设协会标准制订、修订计划》。根据专家意见和建议，采用系列标准模式编制，即一个技术通则加多个具体单类建材产品相应评价技术要求构成的"1+n"标准模式，采用开放式标准体系构架，根据开展绿色建材评价标识工作的实际需要，不断及时增补完善各类建材产品评价技术要求，以满足行业发展的需要。

3. 评价工作

自2013年住房城乡建设部、工业和信息化部成立绿色建材推广和应用协调组以来，积极推动绿色建材评价工作，建立了绿色建材评价标识工作的管理机制，三星级绿色建材标识产品评价初见成效，信息平台等基础性工作取得重要进展，为推动绿色建材在特色小镇建设中的推广和应用奠定了基础。

（1）顶层制度和组织管理框架基本建立

绿色建材日常管理机构主要承担本地区绿色建材评价标识的日常事务运转工作，受理本地区一、二星级绿色建材评价机构的备案申请。截至2017年12月，北京、天津、浙江、贵州、重庆、湖北、吉林、海南、云南、湖南、青海、河南、宁夏、山西、内蒙古、辽宁、新疆、河北、黑龙江、上海、安徽、江西、山东、广西、四川、青岛、厦门27省、市、区已落实日常管理机构，为绿色建材发展提供了基本的组织保障。

绿色建材评价机构是独立的第三方法人机构，根据《绿色建材评价标识管理办法实施细则》和《绿色建材评价技术导则（试行）》的要求，受理、组织开展评价工作。截至2017年12月，北京、天津、浙江、贵州、重庆、湖北、吉林、海南、云南、湖南、青海、河南、宁夏、山西、内蒙古、辽宁、新疆、河北、上海、青岛、厦门21省、市、区公布了一、二星评价机构82个，为绿色建材评价提供了有力的技术支撑，如图1-21所示。

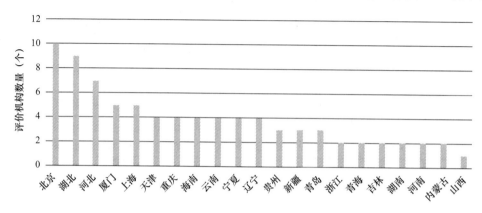

图1-21 部分地区一、二星级绿色建材评价机构数量

（2）绿色建材评价成效逐渐显现

据不完全统计，截至2017年12月，累计395个产品获得三星绿色建材评价标识，其中保温材料37个，建筑节能玻璃1个，砌体材料25个，陶瓷砖82个，卫生陶瓷28个，预拌混凝土169个，预拌砂浆53个；累计52个产品获得二星绿色建材评价标识，其中保温材料1个，砌体材料10个，陶瓷砖1个，预拌混凝土30个，预拌砂浆10个；累计9个产品获得一星绿色建材评价标识，砌体材料1个，砂浆1个，混凝土6个，保温材料1个。

（3）信息平台建设取得阶段性进展

为做好绿色建材评价标识工作的日常管理，住房城乡建设部、工业和信息化部组织搭建了全国绿色建材评价标识管理信息平台（以下简称"信息平台"），如图1-22所示。

信息平台是评价工作各流程控制、相关业务管理的唯一对外窗口、相关信息发布的重要平台。主要利用CA数字认证技术、电子签章文档管理与基于物联网追溯标签（RFID/NFC/QR码）技术相结合，实现对绿色建材产品的评价、生产、流通、销售以及使用维护等全生命周期可追溯式闭环管理。主要包含对评价机构的备案与监督管理，标识的申请、评价、监督与管理，获评产品的监督、追溯，注册账户的维护管理以及其他绿色建材相关的信息发布等。

评价标识工作遵循企业自愿和公益性原则，政府倡导，市场化运作。评价技术要求和程序全国统一，标识全国通用，在信息平台统一发布，这为绿色建材评价日常事务运转提供了管理保障。

（4）绿色建材宣传力度逐步加强

组织召开了京津冀地区、江苏省、西北五省、内蒙古、海南等地区的绿色建材评价交流和培训活动，宣讲绿色建材相关政策和技术；协助出版了《建设科技》绿色建材主题专刊，解读了绿色建材相关政策和技术文件，阐述了绿色建材评价标识工作进展、课题研究、技术发展以及应用情况等；通过"绿色建材评价标识"微信公众号，及时推送行业发展和工作动态消息，提高全社会对绿色建材发展的关注与认可，为绿色建材发展提供宣传和社会舆论支持。

图 1-22　全国绿色建材评价标识管理信息平台

第2章 我国"十三五"建筑节能与绿色建筑规划解读

从国际视角来看，推进建筑节能和绿色建筑工作是发达国家应对气候变化、实现可持续发展战略的重要抓手。从国内实际看，推进建筑节能和绿色建筑是落实国家能源生产和消费革命战略的客观要求，是加快生态文明建设、走新型城镇化道路的重要体现，是推进节能减排和应对气候变化的有效手段，是创新驱动增强经济发展新动能的着力点，是全面建成小康社会，增加人民群众获得感的重要内容，对于建设节能低碳、绿色生态、集约高效的建筑现代用能体系，推动住房城乡建设领域供给侧结构性改革，实现绿色发展具有重要的现实意义和深远的战略意义。

为此，住房城乡建设部于2017年3月印发了《关于印发建筑节能与绿色建筑发展"十三五"规划的通知》（建科〔2017〕53号）。为了更好地学习理解和贯彻规划要求，本章从规划基础、背景、目标、任务和措施对该规划进行系统的解读。

2.1 面临障碍、机遇与挑战

《建筑节能与绿色建筑发展"十三五"规划》（以下简称《规划》）是在"十二五"的发展基础上谋划新的发展，因此，系统分析建筑节能与绿色建筑发展不足，是科学规划编制的关键。一是建筑节能标准要求与发达国家相比仍然偏低。特别是北方住宅供暖能耗指标、公共建筑供冷供热全年能耗指标分别为发达国家的 1.5～2.0 倍、1.2～1.5 倍，标准执行质量参差不齐。二是绿色建筑发展水平仍然不高。主要表现为总量规模偏少，地区发展不平衡，实际运行效果普遍达不到设计预期，对居住者的真实需求关切不够。三是既有建筑中不节能建筑比例仍然较高。城镇既有非节能建筑占比超过 60%，大量老旧住宅保温隔热性能不足、房屋使用功能欠缺、配套设施不全，节能宜居改造压力巨大。四是可再生能源建筑应用水平较低。主要表现为应用形式比较单一，缺乏多种形式的联合与互补应用。应用水平不高，多数项目运行效果不佳，与预期效果差距明显。五是农村建筑节能尚未实质启动，绿色发展的欠账较多。六是建筑材料性能水平较低，建造方式落后。支撑和引领节能及绿色发展要求的能力不强，建造方式仍以现场砌（浇）筑、手工作业为主，缺乏完善的装配式建筑体系，钢结构、木结构等新型可循环建筑结构的发展明显滞后。七是市场配置资源机制不完善。推动建筑节能和绿色建筑发展仍主要依靠行政力量推动，市场配置资源的机制尚不完善。上述 7 个方面的不足既是发展的短板，也是"十三五"期间发力的重点。

同时，规划对"十三五"期间建筑节能与绿色建筑的发展形势进行了分析，论述面临的机遇与潜力。"十三五"期间，我国仍将处于城镇化进程的"窗口期"，经济发展的"转型期"，人民群众生活水平的"提升期"，主要表现为建筑总量仍将持续增长，依托建筑提供服务场所的第三产业将快速发展，对居住生活舒适度及环境健康性能的要求也不断提高，三期叠加效应，对做好建筑节能与绿色建筑发展工作提出了更高的挑战，也是推进建筑节能和绿色建筑发展的重要机遇期。城镇化是未来节能潜力最大领域，其中建筑和交通节能是重点。据估算，未来5年，建筑节能和绿色建筑工作将实现节能量1亿tce以上，对完成全社会节能目标将做出重要贡献。

2.2　总体思路、基本原则与战略目标

《规划》的指导思想是：全面贯彻党的十八大和十八届三中、四中、五中、六中全会精神，深入学习贯彻习近平总书记系列重要讲话精神，牢固树立创新、协调、绿色、开放、共享发展理念，紧紧抓住国家推进新型城镇化、生态文明建设、能源生产和消费革命的重要战略机遇，以增强人民群众获得感为工作出发点，提高建筑节能标准促进绿色建筑全面发展为工作主线，落实"适用、经济、绿色、美观"建筑方针，完善法规、政策、标准、技术、市场、产业支撑体系，全面提升建筑能源利用效率，优化建筑用能结构，改善建筑绿色宜居性能，为住房城乡建设领域绿色发展提供有力支撑。

此次规划编制强调了贯彻落实五大发展理念，其基本原则是：坚持全面推进；坚持统筹协调；坚持突出重点；坚持以人为本；坚持创新驱动。

综合考虑资源、能力、技术、经济等因素，2020年建筑节能和绿色建筑发展的主要目标是：

——建筑能源消费总量。控制在全社会能源消费总量控制目标允许范围内；

——建筑能效进一步提升。城镇新建建筑能效水平比2015年提升20%；经济发达地区及重点发展区域农村建筑节能取得突破，采取节能措施的比例超过10%；

——重点领域用能强度下降。北方城镇居住建筑平均供暖能耗强度下降15%左右，城镇公共建筑能耗强度降低5%左右；

——能源结构进一步调整。城镇建筑中可再生能源替代常规能源比例超过6%；

——节能建筑、绿色建筑、装配式建筑和绿色建材应用比例大幅提升。全国城镇既有居住建筑中节能建筑面积所占比例超过60%；城镇绿色建筑面积占新建建筑面积比重超过50%，部分省市城镇绿色建筑面积占新建建筑面积比重基本达到100%；装配式建筑面积占城镇新建建筑面积的比例达到15%以上。城镇新建建筑中绿色建材应用比例超过40%。

2.3　重点任务

《规划》提出了五项重点任务，分别是：加快提高新建建筑节能标准及执行质量，全面推动绿色建筑发展量质齐升，稳步提升既有建筑节能水平，深入推进可再生能源建筑应用，积极推进农村建筑节能。

（1）加快提高新建建筑节能标准及执行质量。针对新建建筑节能标准要求与同等气候条件发达国家相比仍然偏低，标准执行质量参差不齐等问题，《规划》从提高新建建筑节能

能标准要求、严格控制节能标准执行质量两个方面提出了任务，强调进一步提高城镇新建建筑相关节能设计标准，进一步完善新建建筑在规划、设计、施工、竣工验收等环节的节能监管。全面提高新建建筑能效。

（2）全面推动绿色建筑发展量质齐升。针对绿色建筑发展水平不高，总量规模偏少，地区之间发展不平衡，实际运行效果普遍达不到预期等情况，《规划》提出实施建筑全领域绿色倍增、建筑全过程质量提升和建筑全产业链绿色供给三个行动。着力加大城镇新建建筑中绿色建筑标准强制执行力度、将民用建筑执行绿色建筑标准纳入工程建设管理程序和推动绿色建筑产业链全面发展3个方面开展工作。推动绿色建筑规模、质量、效益和产业全面发展。

（3）稳步提升既有建筑节能水平。针对城镇既有建筑中不节能建筑占比仍然较高，大量老旧建筑能源利用效率及居住舒适度偏低等问题，通过持续推进既有居住建筑节能改造和有序推进老旧小区节能宜居综合改造两个重点工作发力。结合旧城更新及环境整治、老旧小区改造、棚户区改造及危房改造等工作，推进既有居住建筑节能改造。以城市为平台，开展以老旧小区建筑节能改造、多层建筑加装电梯、增设坡道等适老设施改造、环境综合整治等同步实施的综合性改造试点。提高老旧小区节能与绿色化水平。通过强化公共建筑节能监管体系建设，发挥数据对用能限额标准制定、电力需求侧管理等方面的支持作用，引导重点城市建立公共建筑用能限额指标体系。通过开展公共建筑节能重点城市建设，推动有条件城市实施公共建筑规模化改造。通过持续推动节约型学校、医院、科研院所建设，并将优秀经验推广其他公益行业，强化公益行业公共建筑节能管理。促进公共建筑能效水平的大幅提升。

（4）深入推进可再生能源建筑应用。针对可再生能源应用形式比较单一，水平不高，部分项目运行效果不佳等问题，《规划》提出扩大可再生能源建筑应用规模、提升可再生能源建筑应用质量等2个重点工作。着力做好可再生能源发展规划、建立专项论证制度，并进一步扩大太阳能、浅层地能和空气热能的应用规模。同时，做好可再生能源建筑应用示范实践总结及后评估，强化可再生能源建筑应用运行管理，加强关键设备、产品质量管理，并加快设计、施工、运行和维护阶段的技术标准制定和修订。推动可再生能源建筑应用规模与质量双提升。

（5）积极推进农村建筑节能。针对农村建筑节能和绿色建筑的发展短板，着力从引导农房按节能与绿色的要求建设和引导农村建筑用能结构调整2个重点领域开展工作。鼓励农村居住建筑按节能和绿色的标准等进行设计和建造。鼓励政府投资的农村公共建筑、示范农房项目率先执行节能及绿色建设标准、导则。结合农村危房改造继续推进农房节能改造。总结保持传统文化特色的乡土绿色节能技术，并编制技术导则、设计图集及工法等。研究适应农村资源条件和建筑特点的用能体系，引导农村建筑用能清洁化、无煤化。积极采用太阳能、生物质能、空气热能等可再生能源解决农房供暖、炊事、生活热水等用能需求。

2.4 保 障 措 施

为落实建筑节能和绿色建筑"十三五"规划的发展任务，《规划》还从健全法律法规体系、加强标准体系建设、提高科技创新水平、增强产业支撑能力和构建数据服务体系五个方面提出了保障措施，确保《规划》目标与任务顺利完成。

（1）针对法律法规体系，《规划》提出五个重点举措。一是结合《建筑法》、《节约能源法》修订安排，将实践证明切实有效的制度、措施上升为法律制度。二是加强立法前瞻性研究，评估《民用建筑节能条例》十年以来的实施效果，适时启动条例修订工作，推动绿色建筑发展相关立法工作。三是积极推进地方法律法规的完善，借鉴江苏等地出台绿色建筑发展条例的经验，引导地方根据本地实际，出台建筑节能及绿色建筑地方法规。四是不断完善覆盖建筑工程全过程的建筑节能与绿色建筑配套制度，落实法律法规确定的各项规定和要求，实现全环节制度保障。五是强化依法行政，特别是着力提高违法违规行为的惩戒力度。

（2）针对标准体系建设，《规划》提出三个方面的措施。一是针对现有标准要适时制修订相关设计、施工、验收、检测、评价、改造等工程建设标准。二是结合工程建设标准化改革要求，形成新时期建筑节能与绿色建筑标准体系。主要包括重点编制好建筑节能全文强制标准，并充分发挥作用。优化完善推荐性标准，鼓励各地方编制更严格的地方节能标准。积极培育发展团体标准，引导企业制定企业标准，增加标准供给。三是积极与国际先进标准对标，加强标准国际合作，并加快转化为适合我国国情的标准。《规划》还提出了建筑节能与绿色建筑部分标准的编制计划。

（3）针对科技创新，《规划》提出五个方面的重点举措。一是依托"绿色建筑与建筑工业化"等重点专项，集中攻关一批建筑节能与绿色建筑关键技术产品，重点在超低能耗、近零能耗和分布式能源领域取得突破。二是积极推进建筑节能和绿色建筑重点实验室、工程技术中心建设。三是引导建筑节能与绿色建筑领域的"大众创业、万众创新"，实施建筑节能与绿色建筑技术引领工程。四是健全建筑节能和绿色建筑重点节能技术推广制度，发布技术公告，组织实施科技示范工程，加快成熟技术和集成技术的推广应用。五是加强国际合作，积极引进、消化、吸收国际先进理念、技术和管理经验，增强自主创新能力。《规划》还提出了建筑节能与绿色建筑重点技术方向。

（4）产业是保障建筑节能和绿色建筑行业发展的重要支撑，《规划》提出四点举措。一是针对产品与产业。强化建筑节能与绿色建筑材料产品产业支撑能力，推进建筑门窗、保温体系、绿色建材等关键产品的质量升级工程。二是在产业链与示范区方面。提出开展绿色建筑产业集聚示范区建设，推进产业链整体发展，促进新技术、新产品的标准化、工程化、产业化。三是在科研、服务机构支撑方面，提出促进建筑节能和绿色建筑相关咨询、科研、规划、设计、施工、检测、评价、运行维护企业和机构的发展，并重点提出进一步加强建筑能效测评机构能力建设。四是在检测能力方面，提出增强建筑节能关键部品、产品、材料的检测能力。《规划》还就建筑节能与绿色建筑产业发展重点方向进行了说明。

（5）数据服务体系是支撑和保障建筑节能与绿色建筑发展重要工具，《规划》提出三点举措。一是在统计体系建立方面，强调要健全建筑节能与绿色建筑统计体系，增强统计数据的准确性、适用性和可靠性。二是数据应用方面，强化统计数据的分析应用，提升建筑节能和绿色建筑宏观决策和行业管理水平。三是信息发布与行业应用方面。建立并完善建筑能耗数据信息发布制度。加快推进建筑节能与绿色建筑数据资源服务，利用大数据、物联网、云计算等信息技术，整合政府数据、社会数据、互联网数据资源，实现数据信息的搜集、处理、传输、存储和数据库的现代化，深化大数据关联分析、融合利用，逐步建立并完善信息公开和共享机制，提高全社会节能意识，最大限度激发微观活力。

2.5　方 案 实 施

为了确保规划的顺利实施，《规划》提出了要完善政策保障机制、强化市场机制创新、深入开展宣传培训、加强目标责任考核，确保规划目标的全面实现。

（1）针对规划实施，《规划》提出了进一步完善政策保障机制。提出要会同有关部门积极开展财政、税收、金融、土地、规划、产业等方面的支持政策创新。研究建立事权对等、分级负责的财政资金激励政策体系，重点向具有全局性、公益性、先进性特点的领域进行投入。各地区应因地制宜创新财政资金使用方式，放大资金使用效益，充分调动社会资金参与的积极性。研究对超低能耗建筑、高性能绿色建筑项目在土地转让、开工许可等审批环节设置绿色通道。

（2）针对市场机制创新方面，《规划》提出了充分发挥市场配置资源的决定性作用，积极创新节能与绿色建筑市场运作机制，积极探索节能绿色市场化服务模式，鼓励咨询服务公司为建筑用户提供规划、设计、能耗模拟、用能系统调适、节能及绿色性能诊断、融资、建设、运营等"一站式"服务，提高服务水平。提出会同相关部门大力推进绿色金融在绿色建筑领域的应用。引导采用政府和社会资本合作（PPP）模式、特许经营等方式投资、运营建筑节能与绿色建筑项目。积极搭建市场服务平台，实现建筑领域节能和绿色建筑与金融机构、第三方服务机构的融资及技术能力的有效连接。改进和完善金融服务，鼓励和引导政策性银行、商业银行加大信贷支持，将满足条件的建筑节能与绿色建筑项目，纳入绿色信贷支持范围。

（3）针对能力建设，《规划》提出了深入开展宣传培训。结合"节俭养德全民节约行动"、"全民节能行动"、"全民节水行动"、"节能宣传周"等活动，开展建筑节能与绿色建筑宣传，引导绿色生活方式及消费方式。加大对相关技术及管理人员培训力度，提高执行有关政策法规及技术标准能力。强化技术工人专业技能培训。鼓励行业协会等对建筑节能设计施工、质量管理、节能量及绿色建筑效果评估、用能系统管理等相关从业人员进行职业资格认定。引导高等院校根据市场需求设置建筑节能及绿色建筑相关专业学科，做好专业人才培养。

（4）针对目标责任考核，《规划》强调对各省级住房城乡建设主管部门要加强本规划目标任务的协调落实，重点加强约束性目标的衔接，制定推进工作计划，完善由地方政府牵头，住房城乡建设、发展改革、财政、教育、卫生计生等有关部门参与的议事协调机制，落实相关部门责任、分工和进度要求，形成合力，协同推进，确保实现规划目标和任务。组织开展规划实施进度年度检查及中期评估，以适当方式向社会公布结果，并把规划目标完成情况作为国家节能减排综合考核评价、大气污染防治计划考核评价的重要内容，纳入政府综合考核和绩效评价体系。对目标责任不落实、实施进度落后的地区，进行通报批评，对超额完成、提前完成目标的地区予以表彰奖励。

2.6 "十三五"以来的工作进展

2.6.1 总体情况

2016 年是"十三五"规划开局之年，我国建筑节能与绿色建筑继续推进。截至 2016 年年底，全国城镇新建建筑全面执行节能强制性标准，累计建成节能建筑面积超过 150 亿 m²，节能建筑占比 47.2%，其中 2016 年城镇新增节能建筑面积 16.9 亿 m²；全国城镇累计建设绿色建筑面积 12.5 亿 m²，其中 2016 年城镇新增绿色建筑面积 5 亿 m²，占城镇新建民用建筑比例超过 29%；全国城镇累计完成既有居住建筑节能改造面积超过 13 亿 m²，其中 2016 年完成改造面积 8789 万 m²；全国城镇太阳能建筑应用集热面积 4.76 亿 m²，浅层地热能应用建筑 4.78 亿 m²，太阳能光电装机容量 29420MW。全国各省（区、市和新疆生产建设兵团）2016 年完成公共建筑能源审计 2718 栋，能耗公示 6810 栋，对 2373 栋建筑的能耗情况进行监测，实施公共建筑节能改造面积 2760 万 m²。

2.6.2 重点工作进展情况

"十三五"以来，各项重点工作也在"十三五"开局之年取得了阶段性进展。

一是新建建筑强制性标准执行比例进一步提高，超低能耗建筑规模不断扩大。2016 年，全国城镇新建建筑执行节能强制性标准的比例为 98.8%。北京出台《推动超低能耗建筑发展行动计划（2016—2018 年）》，计划用 3 年时间建设完成 30 万 m² 超低能耗建筑。河北在全国率先公布实施《被动式低能耗居住建筑节能设计标准》，编制完成《被动式低能耗公共建筑设计标准》、《被动式低能耗建筑施工及验收规程》等地方标准，已累计建成超低能耗建筑 13.8 万 m²。

二是绿色建筑推广规模不断扩大，水平不断提高。从绿色建筑的强制推广来看，全国省会以上城市保障性住房、政府投资公益性建筑以及大型公共建筑开始全面执行绿色建筑标准。北京、天津、上海、重庆、江苏、浙江、山东等地进一步加大推动力度，已在城镇新建建筑中全面执行绿色建筑标准。截至 2016 年年底，全国累计竣工强制执行绿色建筑标准项目超过 2 万个，面积超过 5 亿 m²。北京、上海、江苏、浙江、广东、河北、吉林、云南、海南、新疆生产建设兵团等地绿色建筑占城镇新建民用建筑的比例超过了全国平均水平。从绿色建筑标识项目来看，截至 2016 年年底，全国累计有 7235 个建筑项目获得绿色建筑评价标识，建筑面积超过 8 亿 m²；其中，2016 年获得绿色建筑评价标识的建筑项目 3164 个，建筑面积超过 3 亿 m²。除新疆生产建设兵团外，各地均设立了绿色建筑评价机构，上海、天津、江苏、湖南、湖北、四川、新疆等地探索开展了绿色建筑第三方评价。25 个省（区、市）已发布地方绿色建筑评价标准。

三是既有居住建筑节能改造继续推进。天津、吉林已实现具有改造价值非节能居住建筑的应改尽改，北京、河北、内蒙古、辽宁、山东、河南、陕西、宁夏、新疆、新疆生产建设兵团已完成改造面积占具有改造价值非节能居住建筑面积的比例超过 50%。2016 年，夏热冬冷地区各省（市）共计完成既有居住建筑节能改造面积 1527 万 m²，上海、江苏、安徽、湖北、湖南改造规模较大。安徽推动合肥、池州、铜陵、滁州等市结合旧城改造和老旧小区综合整治开展既有居住建筑改造，完成改造面积 585 万 m²。

四是公共建筑节能取得新的进展。北京、天津、重庆、江苏、上海、山东、安徽、深圳能耗动态监测平台建设工作加快推进，并通过住房城乡建设部验收。北京、山东、江苏、广东、广西等地公共建筑节能改造规模较大，累计改造面积超过 1000 万 m²，山东、上海、江苏、湖北、广东、广西 2016 年完成改造面积超过 200 万 m²。上海、重庆、深圳、天津等第一批公共建筑节能改造重点城市均完成改造任务并顺利通过住房和城乡建设部验收；第二批重点城市中，重庆（追加任务）、济南、青岛、西宁改造任务完成率超过 35%。

五是可再生能源建筑应用规模不断扩大。2016 年，全国新增太阳能光热应用面积 2 亿 m² 以上、浅层地能建筑应用面积 3725 万 m²、太阳能光电建筑应用装机容量 1127MW。

六是建筑节能与绿色建筑保障体系进一步完善。在法规体系建设方面，截至 2016 年年底，全国有 30 个省（区、市）制定了专门的建筑节能地方法规，河北、山西、山东、陕西、上海、湖北、湖南、重庆、贵州、广东、广西 11 个省市出台了民用建筑节能条例，江苏、浙江出台了绿色建筑发展条例。天津、吉林、黑龙江、甘肃、安徽、福建、海南 7 省（区、市）编制的节约能源条例中都包含建筑节能有关内容。在经济激励方面，2016 年，地方省级财政落实建筑节能专项预算资金超过 63 亿元，其中，北京、天津、吉林、山东、上海、江苏等地资金投入力度较大。山东、上海、江苏等地省级财政安排支持绿色建筑专项资金超过 1 亿元，除财政奖励外，山西、内蒙古、福建等 23 个省（区、市）还出台了贷款利率优惠、容积率奖励等其他绿色建筑经济激励政策。

总而言之，在"十三五"开局之年，地方住房城乡建设主管部门高度重视建筑节能与绿色建筑工作，采取有效措施，建筑节能与绿色建筑工作实现了良好的开局。

第3章 建筑总量与能耗现状*

3.1 研究背景

3.1.1 建筑能耗研究的重要性

建筑节能是解决未来全球能源困境、实现 CO_2 减排目标的重要途径。如今世界各国对节能减排相当重视，对可持续发展的呼声越来越高。中国作为一个负责任的大国，也提出了到 2020 年和 2030 年的节能减排目标。目前在中国，建筑与工业、交通成为能源使用的三大主力行业，其中又以建筑行业节能的潜力最大。2015 年我国建筑总商品能源消费为 8.2 亿 tce，占一次能源消费约为 19.6%。

3.1.2 建筑能耗的界线与方法

与建筑能耗相类似的概念有"建筑业能耗"，"建筑行业能耗"，"建筑领域能耗"，"广义建筑能耗"，"建筑全寿命周期能耗"等，各个概念使用较为混乱，不同的建筑能耗界定导致计算结果差异很大。目前国际上通行的定义和惯例指的是建筑运行能耗，本章的建筑能耗界定也是建筑运行能耗。

目前国际上计算建筑能耗的基本思路是通过建立能耗模型，运用可获得的数据信息，对国家或地区建筑能源消费总量进行评估。这些模型或方法大体可分为两类：自上而下型和自下而上型。不同的计算方法会导致建筑能耗结果有明显的差异。由于我们有了大量的统计数据，采取了自上而下型和自下而上型相结合的方式，尽量真实、全面反映全国建筑能耗情况。

3.1.3 能耗数据质量筛选方法

为提高统计数据的有效性和代表性，准确地分析我国城镇民用建筑能耗状况，本书借助于直方图、箱形图、聚类三种方法，对建筑能耗统计数据进行了筛选，对异常的能耗强度数据进行了剔除。用上述三种方法对 2009～2016 年的原样本数据进行依次筛选，得出能耗信息的有效数据，筛选情况如图 3-1 所示。

＊ 本章由住房和城乡建设部科技与产业化发展中心与北京理工大学共同完成。

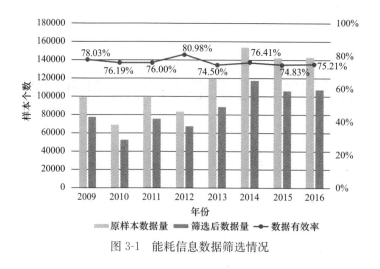

图 3-1　能耗信息数据筛选情况

3.2　我国民用建筑能耗计算方法

3.2.1　计算模型

本章将民用建筑能耗分为城镇民用建筑能耗和农村民用建筑能耗，又将城镇民用建筑能耗细分为城镇住宅能耗（不包括北方城镇集中供暖能耗）、城镇公共建筑能耗（不包括北方城镇集中供暖能耗）和北方城镇集中供暖能耗三部分。农村民用建筑能耗方面只考虑农村住宅能耗。如图 3-2 所示为民用建筑能耗计算模块。

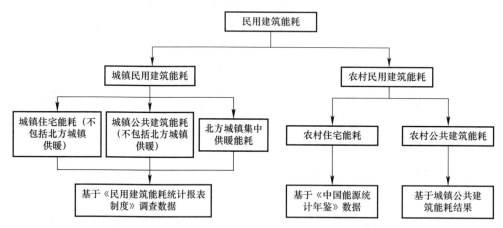

图 3-2　民用建筑能耗计算模块

3.2.2　建筑面积计算方法

1. 城镇住宅建筑面积

（1）计算方法的选取

采用逐年递推法：上年城镇年末实有住宅建筑面积＋本年住宅竣工面积－本年住宅拆除面积。

虽然城镇年末实有房屋（住宅）建筑面积只统计到 2006 年，但每年的房屋（住宅）建筑竣工面积时间统计范围是 1995～2015 年，所以可采用逐年递推法进行逐年累计计算。

（2）竣工面积指标选取

竣工面积指标采用固定资产投资（不含农户）住宅竣工面积。指标是从业主角度统计房屋建筑面积，统计范围全面，但该指标在 2011 年的统计起点由计划总投资 50 万元及以上提高到 500 万元及以上，统计口径的变化对结果有一定的影响。

通过以上对各竣工面积存在的问题进行对比分析，认为固定资产投资（不含农户）住宅竣工面积的影响最小，最接近真实情况，因此，竣工面积选取该指标。另外，通过计算《中国统计年鉴》中 2010 年两种口径的建筑面积比 1.0491❶，应用等比例换算法将 2011 年之后的竣工面积统一折算成 50 万口径的竣工面积，尽可能减小统计偏差。

（3）拆除建筑面积

《中国统计年鉴》没有专门统计年拆除建筑面积，因此通过专家咨询计算拆除面积。城市（县）居住建筑年均拆除比约为 0.5%，公共建筑年均拆除比约为 1%。

2. 城镇公共建筑面积方法

公共建筑面积采用倒推法，由城镇年末实有房屋建筑面积扣除城镇年末住宅建筑面积和生产性建筑面积，剩下的为公共建筑面积。其中，生产性建筑面积主要由生产性建筑用地面积与其容积率相乘获得。

3. 乡村建筑面积

农村住宅面积为乡房屋住宅面积与村房屋住宅面积累加获得。

通过上述方法计算可知，2015 年末，我国民用建筑总面积 614.56 亿 m²，其中城镇实有民用建筑面积 338.01 亿 m²，农村实有民用建筑面积 276.55 亿 m²。城镇民用建筑中，城镇公共建筑面积 111.8 亿 m²，城镇住宅面积 226.21 亿 m²。农村民用建筑中，农村公共建筑面积 12.61 亿 m²，农村住宅面积 263.94 亿 m²。2009～2015 年我国民用建筑面积如表 3-1 所示。

2009～2015 年我国民用建筑面积（单位：亿 m²） 表 3-1

年份	城镇公共建筑	城镇住宅建筑	城镇民用建筑	乡村住宅建筑	乡村公共建筑	全国民用建筑
2009	39.26	172.54	211.80	246.19	13.34	471.33
2010	43.65	179.74	223.39	251.99	12.92	488.30
2011	58.30	189.67	247.97	254.29	22.97	525.23
2012	75.82	199.89	275.71	257.14	12.61	545.46
2013	86.18	209.24	295.42	259.95	12.40	567.77
2014	98.84	218.29	317.12	262.41	12.48	592.01
2015	111.80	226.21	338.01	263.94	12.61	614.56

3.2.3 建筑能耗计算方法

1. 建筑能耗计算方法

应用民用建筑能耗统计在全国范围内获取的 14 万栋样本建筑，采用自上而下与自下而上相结合的方法全面分析我国建筑能耗发展水平。

---

❶ 数据来源于《中国统计年鉴 2012》计算所得。

（1）城镇民用建筑能耗：自下而上法

样本数据基于住房和城乡建设部印发的《民用建筑能耗统计报表制度》调查获得。根据调查数据计算得到各省（市、区）城镇住宅、城镇公共建筑及北方城镇集中供暖能耗强度，再与各省（市、区）城镇住宅面积、城镇公共建筑面积及北方城镇集中供暖面积相乘便得到城镇住宅、城镇公共建筑及北方城镇集中供暖总能耗，最后各省能耗汇总得到全国城镇民用建筑总能耗。

（2）农村民用建筑能耗：自上而下法

从《中国能源统计年鉴》能源平衡表中获取各省（市、区）乡村生活能源消耗实物量，将实物量折算成标准量，得到乡村生活总能耗。参考王庆一的文章《中国建筑能耗统计和计算研究》的计算方法，需要从乡村生活总能耗中扣除交通能耗部分，乡村生活总能耗扣除全部的汽油和95%的柴油，得到农村住宅建筑能耗。由于统计年鉴尚未统计农村公共建筑能耗，考虑到公共建筑能耗强度在农村和城镇差异不大，因此将城镇公共建筑能耗强度代替农村公共建筑能耗强度，再乘以农村公共建筑面积（来源《城乡建设统计年鉴》）得到农村公共建筑能耗。中国民用建筑能耗计算方法如图 3-3 所示。

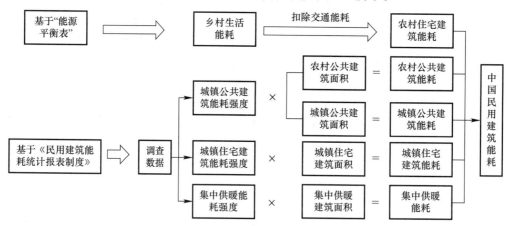

图 3-3　中国民用建筑能耗计算方法

2. 镇建筑能耗及乡村公共建筑能耗估算

从中国国情出发，考虑到镇的实际生活水平更偏向于农村，因此，镇居住建筑能耗按照乡村居住建筑能耗强度乘以镇住宅建筑面积计算得到；而镇的公共建筑能耗水平更倾向于城市，因而镇的公共建筑能耗按照统计调查得到的城镇公共建筑能耗强度乘以镇公共建筑面积得到。

由于乡村公共建筑能耗强度缺失，考虑到公共建筑能耗强度在乡村和城镇的整体情况应该差别不大，因此，采用城镇公共建筑能耗强度估算乡村公共建筑能耗。

3.3　全国民用建筑能耗现状

3.3.1　全国民用建筑能耗总体情况

2015 年，我国民用建筑能耗总量为 8.20 亿 tce，占全社会终端能耗总量 19.6%。其中，城镇住宅能耗为 1.72 亿 tce，占能耗总量的 21.0%；集中供暖能耗为 2.65 亿 tce，占能耗总量的 32.3%；公共建筑能耗 2.18 亿 tce，占能耗总量的 26.6%；乡村住宅建筑能耗为 1.65 亿 tce，占能耗总量的 20.1%。

2009~2015 年，我国民用建筑能耗总量从 5.68 亿 tce 增长到 8.20 亿 tce，年均增速为 6.3%。2009~2015 年，城镇住宅建筑能耗、集中供暖能耗、公共建筑能耗和乡村住宅能耗占比结构发生变化，其中城镇住宅建筑能耗占比和乡村住宅建筑能耗占比基本不变，均在 20%~21%；而公共建筑能耗占比逐年增加，从 17.6% 增至 26.6%；供暖能耗占比逐年下降，从 39.3% 下降至 32.3%。

其中，"十二五"期间，我国民用建筑能耗总量在全社会终端能耗总量占比从 17.4% 提升到 19.6%，比重略有提升，如图 3-4 所示。"十二五"期间，全社会终端能耗增速得到有效控制，年均增速 4.3%。民用建筑能耗年均增速为 6.9%，高于全社会终端能耗增速，如表 3-2 所示。

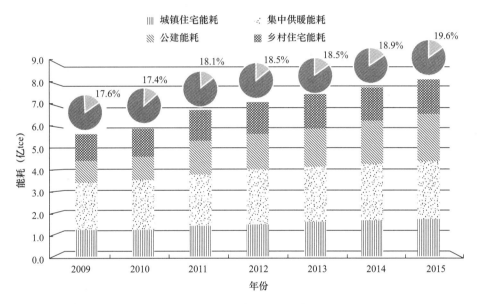

图 3-4 全国民用建筑能耗总体情况

"十二五"期间民用建筑能耗和全社会终端总能耗情况   表 3-2

年份	建筑能耗（亿 tce）	年增速（%）	全社会终端总能耗（亿 tce）	年增速（%）
2011	6.75	15.0	37.33	10.6
2012	7.16	6.1	38.69	3.6
2013	7.48	4.5	40.38	4.4
2014	7.81	4.4	41.32	2.3
2015	8.19	4.9	41.75	1.0
年均增速（%）	—	6.9	—	4.3

民用建筑能耗与国内生产总值变化趋势基本一致。以 2009 年不变价处理国内生产总值，剔除通货膨胀因素后，探究我国民用建筑能耗和 GDP 之间的关系。2009~2015 年，GDP 年均增速为 8.3%，民用建筑能耗年均增速为 6.2%。我国民用建筑能耗增速与 GDP

增速变化趋势基本同步，体现建筑能耗和经济发展水平的相关性，如图 3-5 所示。

民用建筑能耗总量增速与建筑面积增速基本持平。近几年，随着节能工作的展开，建筑能耗总量增速大幅下降，与建筑面积增速基本持平，增速基本维持在 4%～5%，从而有效缓解了建筑能耗的增长。

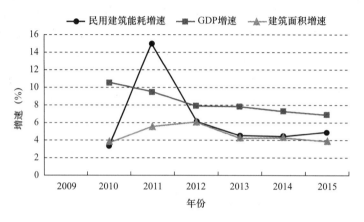

图 3-5 我国民用建筑能耗与 GDP 增长率情况

3.3.2 城镇民用建筑能耗总体情况

1. 城镇民用建筑能耗总量

2009～2015 年，我国城镇民用建筑能耗总量从 4.20 亿 tce 增至 6.33 亿 tce，年均增速 7%，如图 3-6 所示。

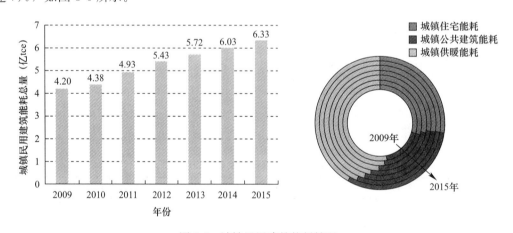

图 3-6 城镇民用建筑能耗情况

2. 城镇民用建筑除集中供暖外的能源结构

电力和天然气是城镇民用建筑除集中供暖外的主要能耗来源。从统计的电力、煤炭、天然气、液化石油气和人工煤气五种能源中，电耗占比达 90%，是城镇民用建筑（除集中供暖外）最主要的能源。除电力以外，天然气占有较大的比重，其他三种能源占比非常小，都不足 1%。与 2009 年相比，2015 年的电耗占比略有下降，降低了 0.7 个百分点，天然气占比增长明显，提高了 2.4 个百分比，如图 3-7 所示。

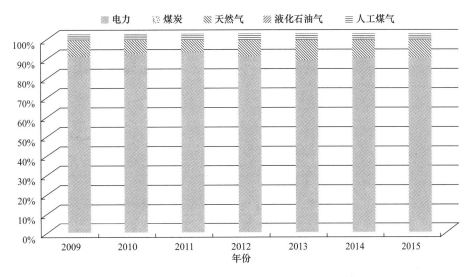

图 3-7　城镇民用建筑除集中供暖外能源结构

3. 城镇民用建筑除集中供暖外能耗强度

我国城镇居住建筑能耗强度逐年缓慢增长，公共建筑能耗强度呈下降趋势。从时间趋势上看，2009～2015年城镇居住建筑能耗强度从 7.06kgce/m² 增长到 7.59kgce/m²，增速平稳，是城镇生活水平提高的体现。我国公共建筑能耗强度从 19.19kgce/m² 下降到 17.50kgce/m²，其中大型公共建筑能耗强度下降最快，从 32.58kgce/m² 下降到 27.75kgce/m²；中小型公共建筑和国家机关办公建筑能耗强度呈缓慢下降趋势，如图 3-8 所示。数据体现了国家对公共建筑节能措施得到有效推动，政策效果明显。从建筑类型上看，大型公共建筑能耗强度是其他建筑类型能耗强度的 2～4 倍，因此，大型公共建筑具有较大的节能潜力。

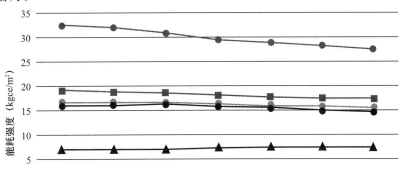

	2009年	2010年	2011年	2012年	2013年	2014年	2015年
居住建筑	7.06	7.10	7.31	7.41	7.50	7.53	7.59
公共建筑	19.19	18.90	18.70	18.38	17.87	17.72	17.50
其中：大型	32.58	32.24	31.11	29.75	28.92	28.33	27.75
其中：中小型	16.84	16.56	16.52	16.39	15.93	15.87	15.71
其中：国家机关	16.21	16.26	16.28	15.77	15.56	14.94	14.78

图 3-8　城镇民用建筑除集中供暖外能耗强度

4. 城镇集中供暖能耗强度

2009～2015 年，我国城镇集中供暖能耗强度从 25.76kgce/m² 下降到 18.61kgce/m²，呈现逐年下降趋势。从热源类型上看，主要供暖锅炉为燃煤锅炉、燃气锅炉和热电联产，燃煤锅炉强度最高，其次是热电联产、燃气锅炉。2009～2015 年，燃煤锅炉和热电联产能耗强度呈下降趋势，燃煤锅炉强度从 26.18kgce/m² 下降至 19.78kgce/m²，热电联产强度从 19.35kgce/m² 下降到 14.92kgce/m²，主要因为我国对集中供暖节能技术的大力推广，技术进步带来节能效果，如图 3-9 所示。

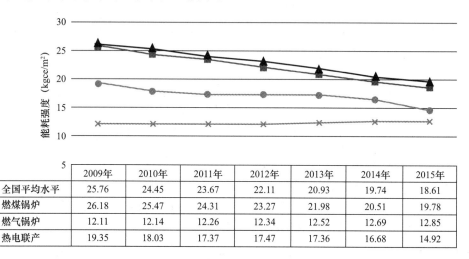

	2009年	2010年	2011年	2012年	2013年	2014年	2015年
全国平均水平	25.76	24.45	23.67	22.11	20.93	19.74	18.61
燃煤锅炉	26.18	25.47	24.31	23.27	21.98	20.51	19.78
燃气锅炉	12.11	12.14	12.26	12.34	12.52	12.69	12.85
热电联产	19.35	18.03	17.37	17.47	17.36	16.68	14.92

—■— 全国平均水平　—▲— 燃煤锅炉　—✕— 燃气锅炉　—●— 热电联产

图 3-9　城镇集中供暖能耗强度

3.3.3　乡村居住建筑能耗总体情况

1. 乡村居住建筑能耗总量

2009～2015 年，我国乡村居住建筑能耗总量从 1.22 亿 tce 增长到 1.65 亿 tce，增长了 34.1%。从年增长率看，年均增速 5.0%，2011 年能耗增速最快，为 11.4%，如图 3-10 所示。

图 3-10　乡村住宅能耗概况

2. 乡村居住建筑能源结构

2009～2015 年，农村住宅电耗占比逐年增长，由 2009 年的 51.9％增长到 2015 年的 57.1％，煤耗占比不断下降，由 2009 年的 37.1％下降至 2015 年的 30.1％，二者占比之和达 90％左右。天然气能耗占比非常小，2009～2015 年由 0.08％增至 0.43％。数据表明，农村能源结构向着清洁能源方向发展，但仍有巨大的提升空间，如图 3-11 所示。

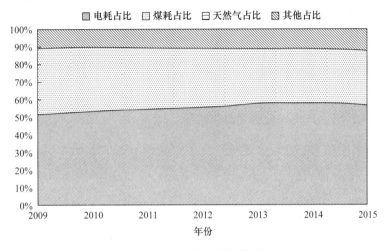

图 3-11 乡村住宅能源结构

3. 乡村居住建筑能耗强度

2009～2015 年，我国农村居住建筑能耗强度从 4.99kgce/m² 增至 6.24kgce/m²，增长了 25.1％，远高于城镇居住建筑能耗强度增长幅度，与城镇居住建筑能耗强度之间的差距逐步缩小，体现了我国农村人民生活水平逐步提高。但与城镇生活相比，仍处于较低水平，其中 2015 年度农村居住建筑能耗强度较城镇居住建筑能耗强度低 17.8％，有一定的增长空间，如图 3-12 所示。

图 3-12 乡村住宅能耗强度

3.4 不同经济区民用建筑能耗对比分析

根据《中共中央、国务院关于促进中部地区崛起的若干意见》、《国务院发布关于西部大开发若干政策措施的实施意见》等文件精神，我国的经济区域划分为东部、中部、西部和东北四大地区，如表 3-3 所示。我们依据经济区域的划分方式，分析不同经济区域的能耗情况，判断建筑能耗与经济发展水平的相关性。

我国经济区划分 表 3-3

经济区域	省（自治区、直辖市）
东北地区	辽宁、吉林、黑龙江
东部地区	北京、天津、河北、上海、江苏、浙江、福建、山东、广东、海南
中部地区	山西、安徽、江西、河南、湖北、湖南
西部地区	内蒙古、广西、重庆、四川、贵州、云南、西藏、陕西、甘肃、青海、宁夏、新疆

3.4.1 四大经济区民用建筑能耗总体情况

东部经济区民用建筑能耗增速最快。2009～2015 年，四大经济区民用建筑能耗总量增速由大到小依次为：东部地区、东北地区、中部地区、西部地区增速为 7.5%、5.8%、5.4% 和 5.2%。主要原因是四大经济区经济发展水平不同，建筑能耗增速与经济发展有一定的正向关系，如图 3-13 所示。

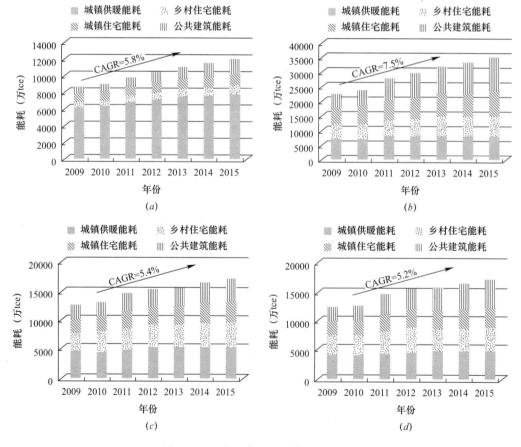

图 3-13 四大经济区民用建筑能耗情况

（a）东北地区；（b）东部地区；（c）中部地区；（d）西部地区

城镇公共建筑能耗占比均逐年提升。2009～2015年，东北地区公共建筑能耗占比从9.42%增至15.46%，东部地区从20.14%增至32.24%，中部地区从18.82%增至27.38%，西部地区从17.42%增至21.87%。经济发展必然使得公共建筑能耗增加，所以要合理控制公共建筑能耗，将公共建筑作为节能重点。

3.4.2 四大经济区城镇民用建筑除集中供暖外能耗情况

1. 四大经济区城镇民用建筑除集中供暖外的能源结构

东部地区电力消耗占比高于其他地区。经济发展水平不同，能源结构差异很大。四大经济区的电力消耗占比由高到低依次为：东部、东北、中部、西部。电耗占比最高的东部地区达93%以上，且逐年增加，西部地区在85%以下，且有所下降，如图3-14所示。

中部和西部地区天然气消耗占比明显高于其他地区。尤其是西部地区，得益于天然的资源禀赋优势，天然气资源丰富。2009～2015年，西部地区天然气消耗占比从14.5%增至22.2%，而东部和东北地区始终在7%以下，如图3-14所示。

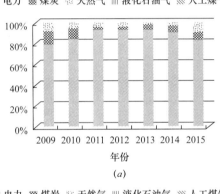

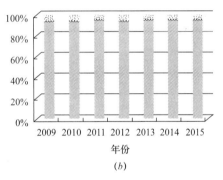

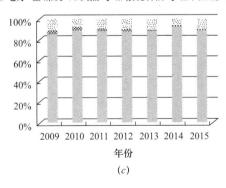

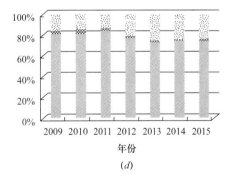

图 3-14　四大经济区民用建筑除集中供暖外能源结构

(a) 东北地区；(b) 东部地区；(c) 中部地区；(d) 西部地区

2. 四大经济区城镇民用建筑除集中供暖外能耗强度

东部地区各建筑类型除集中供暖外能耗强度普遍高于其他地区。居住建筑类型中，东部地区在2012年之后能耗强度大幅度提升，2009～2015年约提升了0.5kgce/m²，其他地区强度比较平稳，变化不大；公共建筑类型中，四大经济区中的三类公共建筑类型能耗强度基本呈现下降趋势，尤其是东部和中部的大型公共建筑降幅明显，显示出四大经济区公共建筑节能工作效果显著，如图3-15所示。

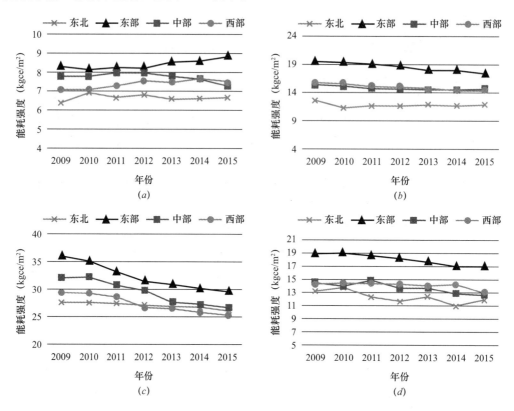

图3-15 四大经济区民用建筑非集中供暖能耗强度情况
(a) 居住建筑；(b) 中小型公共建筑；(c) 大型公共建筑；(d) 国家机关建筑

3.4.3 四大经济区乡村居住建筑能耗总体情况

1. 四大经济区乡村居住建筑能源结构

东部经济区的乡村居住建筑电力消耗比重最高，其他地区仍有很大的提升空间，如图3-16所示。近几年，东部地区乡村电耗占比一直保持在70%左右。东北地区的电耗占比反而有明显的下降，下降12%。中部地区农村电耗占比逐年略有提升，2009~2015年提升了10%，但煤炭占比仍较高，2015年占34.5%，能源结构改善仍有很大空间。西部地区农村虽然煤耗占比很高，但能源结构改善效果最好，煤耗占比降低了20%，电耗占比提升了11%。

2. 四大经济区乡村居住建筑能耗强度

乡村居住建筑能耗强度分化。四大经济区的乡村居住建筑能耗强度分成两组，东北和东部地区为强度较高的一组，中部和西部地区为强度较低的一组，且组内两个地区的强度基本一致，如图3-17所示。从时间范围上看，两组的强度差距越来越大，主要是由于两组的经济水平差异造成的。

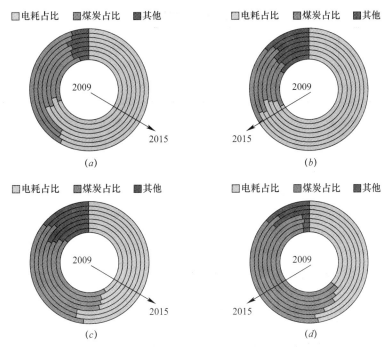

图 3-16　四大经济区乡村居住建筑能源结构

(*a*) 东北地区；(*b*) 东部地区；(*c*) 中部地区；(*d*) 西部地区

图 3-17　四大经济区乡村居住建筑能耗强度

3.5　不同气候区民用建筑能耗对比分析

3.5.1　五大气候区民用建筑能耗总体情况

2009～2015 年，夏热冬冷、夏热冬暖地区民用建筑能耗增速最快，年均增速分别为 8.6% 和 8.5%，而严寒、寒冷地区建筑能耗增速相对较小，如表 3-4 所示。原因是南方地区没有集中供暖，主要使用空调取暖、制冷。随着人民生活水平的提高，空调使用增加导致南方民用建筑能耗增速较大。

五大气候区民用建筑能耗总体情况   表 3-4

年份 \ 能耗总量（万 tce） \ 气候区	严寒	寒冷	夏热冬冷	夏热冬暖	温和
2009	13818.60	22646.38	14003.62	3835.95	1383.85
2010	14404.54	23337.81	14694.92	3893.15	1424.93
2011	15846.55	26596.46	17514.34	5040.76	1654.06
2012	16703.36	27846.42	19022.21	5260.87	1765.04
2013	17484.85	29555.19	20031.00	5313.43	1722.82
2014	17903.78	30455.48	21424.75	5779.50	1843.65
2015	18659.12	31264.37	22931.42	6255.82	1980.70
年均增速（%）	5.1	5.5	8.6	8.5	6.2

3.5.2 五大气候区城镇民用建筑能耗情况

1. 五大气候区城镇民用建筑除集中供暖外的能源结构

南方地区电力消耗占比明显高于北方地区。由于各地区资源禀赋不均衡，各地区城镇民用建筑除集中供暖外能源结构存在一定的差异。南方地区城镇民用建筑电耗占比基本在90%以上，北方地区低于90%，如图 3-18 所示。

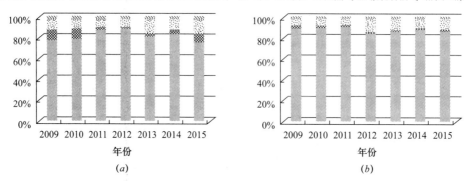

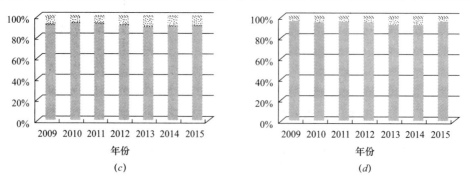

图 3-18　五大气候区民用建筑除集中供暖外能源结构（一）

（a）严寒地区；（b）寒冷地区；（c）夏热冬冷地区；（d）夏热冬暖地区

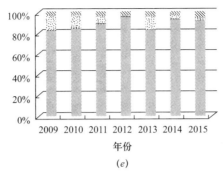

图 3-18 五大气候区民用建筑除集中供暖外能源结构（二）

（e）温和地区

2. 五大气候区城镇民用建筑除集中供暖外的能耗强度

夏热冬冷和夏热冬暖地区能耗强度明显高于其他地区。无论是居住建筑还是公共建筑，夏热冬冷地区和夏热冬暖地区的建筑能耗强度趋势线整体上都处于其他地区能耗强度趋势线之上，如图 3-19 所示，主要原因在于这两个地区没有集中供暖，空调使用量大，导致单位面积用能大。相反，严寒地区和温和地区各建筑类型能耗强度普遍低于其他地区。

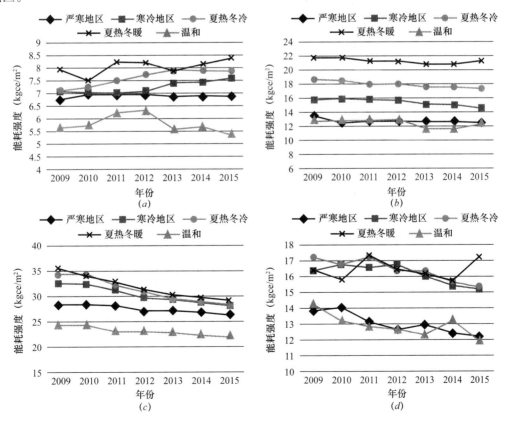

图 3-19 五大气候区民用建筑除集中供暖外能耗强度情况

（a）居住建筑；（b）中小型公共建筑；（c）大型公共建筑；（d）国家机关建筑

3. 严寒、寒冷地区民用建筑集中供暖能耗强度

2009～2015 年，严寒地区和寒冷地区集中供暖能耗强度都在下降，下降幅度基本一致。严寒地区的集中供暖能耗强度比寒冷地区大 7kgce/m² 左右，如图 3-20 所示。主要是由于严寒地区比寒冷地区气温更低，提供室内适宜温度消耗的能源更多。

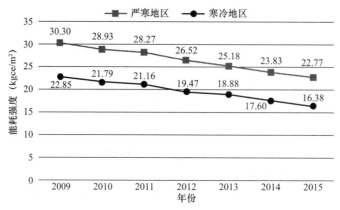

图 3-20 严寒、寒冷地区集中供暖能耗强度

4. 五大气候区乡村居住建筑能耗总体情况

（1）五大气候区乡村居住建筑能源结构

五大气候区的乡村居住建筑能源结构基本体现出电耗占比逐渐增长、煤耗占比逐渐减小的趋势，能源结构在逐渐优化。由于资源禀赋的差异，北方地区农村冬季取暖多靠燃煤，而南方地区多靠空调，所以夏热冬冷地区和夏热冬暖地区的乡村居住建筑电耗占比远超过煤耗占比，能源结构明显优于北方地区，尤其是夏热冬暖地区，煤耗占比仅5%左右，建筑用能基本靠电，如图 3-21 所示。

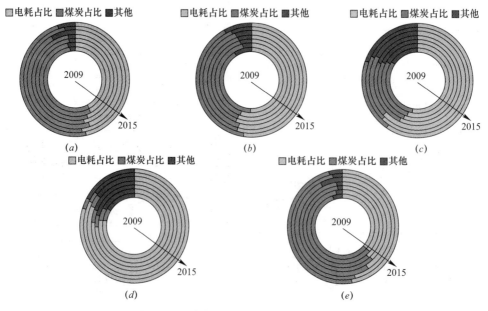

图 3-21 五大气候区乡村居住建筑能源结构

（a）严寒地区；（b）寒冷地区；（c）夏热冬冷地区（d）夏热冬暖地区；（e）温和地区

（2）五大气候区乡村居住建筑能耗强度

不同气候区的乡村居住建筑能耗强度可以分为两个等级，严寒地区、寒冷地区、夏热冬暖地区的农村居住建筑能耗强度较其他两个地区高，如图 3-22 所示。2015 年，严寒地区、寒冷地区、夏热冬暖地区的农村居住建筑能耗强度分别为 7.16kgce/m²，7.44kgce/m²、7.24kgce/m²；夏热冬冷地区和温和地区农村居住建筑能耗强度分别为 5.29kgce/m²，4.86kgce/m²。主要是各地区气候差异导致的用能强度不同，严寒地区和寒冷地区冬季气温低，乡村没有集中供暖，居民靠燃煤等方式取暖导致居住建筑能耗强度较大。而夏热冬暖地区夏季温度高，空调用量大，居住建筑能耗强度大。

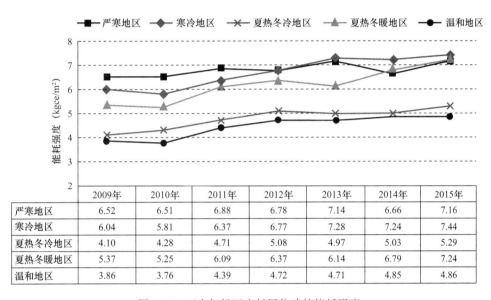

	2009年	2010年	2011年	2012年	2013年	2014年	2015年
严寒地区	6.52	6.51	6.88	6.78	7.14	6.66	7.16
寒冷地区	6.04	5.81	6.37	6.77	7.28	7.24	7.44
夏热冬冷地区	4.10	4.28	4.71	5.08	4.97	5.03	5.29
夏热冬暖地区	5.37	5.25	6.09	6.37	6.14	6.79	7.24
温和地区	3.86	3.76	4.39	4.72	4.71	4.85	4.86

图 3-22　五大气候区乡村居住建筑能耗强度

下　篇

我国区域节能发展情况

第4章 区域节能的工作现状

4.1 区域节能的概念

一般来说，所谓能源主要是指煤炭、石油、天然气、生物质能和电力、热力以及其他直接或者通过加工、转换而取得有用能的各种资源。按照能源生成方式的不同，可分为一次能源和二次能源。一次能源是指可以从自然界直接获取的能源，如煤、天然气、水能、太阳能、风能等；二次能源是指无法从自然界直接获取，必须经过加工、转换才能获得的能源，如汽油、煤气、电力、热力等。按照是否可再生，可分为可再生能源和不可再生能源。可再生能源是指可以在自然界中不断再生、永续利用的能源，如太阳能、风能、水能、生物质能、地热能、海洋能等；不可再生能源是指一旦使用难以再生的能源，如煤炭、石油等。按照利用状况，能源又可以分为常规能源（传统能源）和新能源。常规能源是指已经大规模生产和广泛利用的能源，如煤炭、石油、天然气等；新能源是指尚未大规模利用、有待进一步开发的能源，如地热能、太阳能等。

根据《中华人民共和国节约能源法》的规定，节约能源可以简称为"节能"，是指加强用能管理，采用技术上可行、经济上合理以及环境和社会可以承受的措施，从能源生产到消费的各个环节，降低消耗、减少损失和污染物排放、制止浪费，有效、合理地利用能源。

综合考虑我国相关法律法规、标准规范及文献资料的定义，本书中所述的"区域建筑节能"（简称为"区域节能"）主要是指在一定规模的区域范围内，将技术上可行、经济上合理、环境和社会可承受的保障措施应用于建筑，来提高区域内建筑领域的能源与资源的利用效率。这里的保障措施是指在建筑建造与使用的各个环节，从能源与资源的开采、加工、转换、输送到利用，从管理、经济、技术、法律、宣传、培训等方面采取的保障措施，消除能源的浪费，实现一定区域范围内建筑领域能源节约。这里的区域主要用于泛指建筑的体量和规模，其既可以是小区级、城区级，也可以是城市级、气候区。

4.2 区域节能的内涵和外延

从实施层面来看，区域节能的内涵主要包括四个方面，即减量、增效、替代和互补。其中，减量是从需求侧角度出发的，在保证用户舒适度的情况下，利用一系列高效节能的技术措施，降低区域内建筑用户的供暖、空调、生活热水、照明等用能强度，如围护结构保温隔热技术、自然采光措施、风环境模拟、室内气流组织优化；增效是从供给侧角度出发，在满足用户需求的情况下，通过技术进步等途径，提高用能设备的效率如高效照明、节能电器及设备等；替代是从区域节能全过程角度出发的，强调使用清洁高效的能源、设备和材料等技术替代污染性的能源、设备和材料等技术，它既包括需求侧的替代如绿色建材替代传统建材的应用，也包括供给侧的替代如新能源与可再生能源替代常规能源的应用。区别于减量、增效和替代，互补是基于区域范围内特有的内涵，其提倡的是在一定范围内能源的协调和联动，如区域能源站、光伏发电向一定区域内供热、供冷和供电，公共建筑和居住建筑的用能规律的相互补充等。在实际应用中，减量、增效、替代和互补的内涵往往不是相互独立的，而是有机融合、相辅相成的，即通过供给侧和需求侧技术措施的集成和优化，双管齐下，实现一定区域内节约能源的目的。

从应用效果来看，区域节能的外延就是减排，即通过区域节能的减量、增效、替代和互补等一系列技术措施的应用，使建筑建造、使用及拆除等过程中尽量减少废气、废水、废渣的排放，保护生态环境，促进可持续发展。

4.3 区域节能的渊源与发展

4.3.1 区域节能的渊源与开端

20 世纪 70 年代世界能源危机后，发达国家陆续制定了本国的节能法规，用于控制能源浪费和保护生态环境。我国于 20 世界 70 年代末开始，对燃料、动力、热力等分别制定了一系列指令和规定，以缓解能源供应的紧张局面。在总结全国节能经验和规定执行情况的基础上，1986 年 1 月国务院颁布了《节约能源管理暂行条例》，这对加强能源管理、推广节能技术、挖掘节能潜力、节约能源消耗、保护环境和促进经济的增长发挥了重大作用。该条例共 10 章 60 条，其中第六章"城乡生活用能管理"中要求"建筑物设计，在保证室内合理生活环境的前提下，应当妥善确定建筑体形和朝向、改进围护结构、选择低耗能设施以及充分利用自然光源等综合措施，减少照明、采暖和制冷的能耗；发展集中供热。凡新建采暖住宅以及公共建筑，应当统一规划，采用集中供热。对现有的分散供热系统，必须积极采取措施，逐步淘汰低效锅炉，实行集中供热。建筑物的采暖措施，应当根据经济合理的原则，采用或者改为热水采暖。城乡居民用电、水和煤气，应当装表计量收费，取消包费制和无偿转供"。

由于长期以来我国未对建筑物从围护结构和用能系统的节能方面提出要求，导致建筑物冬季供暖、夏季制冷和照明、通风等能耗很大。1987 年 1 月 10 日，原城乡建设环境保护部印发《城市建设节约能源管理实施细则》，从节能建筑供暖用能的角度要求"三北地区居民和公共建筑采暖要利用多种热源，发展城市集中供热。要积极利用工业余热和地热资源，凡城市附近新建的热电厂都应向城市供热。凡新建住宅和公共建筑都必须实行连片供热，不准再建分散锅炉房。对现有分散供热的低效锅炉，要逐步淘汰。城市居民用煤气、热力、自来水都应当装表，计量收费，取消包费制和无偿转供。对工业用煤气、热力、自来水要装表计量，按定额供应，超定额用量实施累进加价收费的办法。"以上政策法规的出台以及 1986 年 3 月颁布的《民用建筑节能设计标准（采暖居住建筑部分）》JGJ 26—86 的实施，标志着我国建筑节能事业的兴起，也标志着以北方采暖地区为起点区域节能工作的启动。

4.3.2 区域节能的发展历程

我国在1986年以前建造的建筑普遍未采取节能措施，其建筑的保温隔热性能欠佳、供暖系统效率偏低，单位建筑面积的供暖能耗达到发达国家的3倍以上。因此，尽管在当时的经济条件下，供暖区范围仅限于北方城镇，但在当时城镇建筑每年仅供暖一项需要耗能就达全国能源消费总量的11.5%左右，占供暖地区全社会能源消费的20%以上，在一些严寒地区，城镇建筑能耗则高达当地社会能源消费的50%左右；乡村建筑使用非商品能耗约2.48亿~2.6亿tce。同时，以煤炭、柴薪、秸秆等为主的能源结构，大量排放二氧化硫、二氧化碳和粉尘等污染物，破坏生态环境。

随着人民生活水平的提高，人们对建筑热环境舒适性的要求日益迫切。过去作为"非供暖区"的过渡地区，城镇和农村建筑越来越广泛地使用供暖设施。而南方炎热地区逐步开始普及安装空调等设备用于改善夏季室内环境品质，在一些城市空调安装率已超过90%。建筑能耗快速增长，区域能源供需矛盾日益明显，区域节能工作已势在必行。

由于在当时注意到以上情况的严重性，原城乡建设环境保护部作为政府管理工程建设与建筑业、城市建设与市政公用事业、城乡住宅与房地产、村镇建设等的职能部门，早在1980年开始就制定了一系列政策措施推进城乡建设领域的区域节能工作。根据我国区域节能的发展历程，我国区域节能工作大体经历了如下四个阶段：

第一阶段（~1986年）：探索阶段；

第二阶段（1987~2000年）：试点阶段；

第三阶段（2001~2005年）：转型阶段；

第四阶段（2006年至今）：全面推广阶段。

本节将对我国区域节能工作各个阶段颁布的主要政策、法规、标准、规范等进行详细的阐述。

1. 第一阶段（~1986年）：探索阶段

（1）政策法规

我国区域节能的探索阶段是从20世纪80年代初伴随着改革开放政策以后才逐步开始的。考虑到当时我国能源不足，特别是电力供应紧张，解决能源消耗高、经济效益低的问题，国务院于1986年1月12日颁布《节约能源管理暂行条例》，以行政区划为区域，明确提出"省、自治区、直辖市的重点耗能厅、局和地、市，应当有主要负责人主管节能工作，并明确相应的管理机构。地方和部门的节能管理机构，主要负责贯彻执行国家有关节能的方针、政策、法规和标准，制定本地区、本行业或者本部门的节能技术政策和规划，组织、指导节能的技术开发、技术改造，检查、督促本地区、本行业或者本部门的企业和其他单位改进节能管理，统筹、协调完成节能工作任务。"其中，专门设置独立章节，即第六章"城乡生活用能管理"，要求"生活用煤应当逐步实现型煤化，大力推广蜂窝煤；有条件的地区应当积极开发和利用沼气、太阳能、风能、地热能等新能源；凡新建采暖住宅以及公共建筑，应当统一规划，采用集中供热。对现有的分散供热系统，必须积极采取措施，逐步淘汰低效锅炉，实行集中供热。建筑物的采暖设施，应当根据经济合理的原则，采用或者改为热水采暖。"

（2）标准规范

在原国家经委、原国家计委的支持下，原建设部组织开展了民用建筑能耗调查、节能技术及标准研究等工作，并确定以北方采暖地区为区域节能工作的重点予以推进。由中国建筑科学研究院牵头，中国建筑技术发展中心、南京大学、原哈尔滨建筑工程学院、辽宁建筑材料科学研究所、北京市建筑设计院6家单位组成了编写组，在充分调查研究并吸取国内外经验的基础上，编制完成了《民用建筑节能设计标准（采暖居住建筑部分）》JGJ 26—86。根据城乡建设环境保护部（83）城设建字第114号通知要求，于1986年3月正式颁布并于1986年8月起施行。这部标准是我国首次编制的民用建筑节能设计标准，建筑节能率目标为30%，即新建的供暖居住建筑的能耗应在1980～1981年当地住宅通用设计耗热水平的基础上降低30%。该标准主要由总则、采暖期度日数及室内计算温度、建筑物耗热量指标及采暖能耗估算、建筑热工设计、供暖设计、经济评价6章和8个附录组成，从我国社会主义现代化建设的需要和当时的技术经济水平出发，强调在保证使用功能和建筑质量，并符合经济原则的条件下，通过在建筑设计和供暖设计中供用适当的符合国情的技术措施，将供暖能耗控制在规定的水平上。

该标准主要是从区域节能中减量和提效的角度出发而制定的。其中，围护结构平均传热系数如图4-1所示；建筑物耗热量指标和典型地区满足建筑耗热量指标要求的围护结构传热系数如图4-2和表4-1所示；锅炉最低额定效率如表4-2所示。同时，在JGJ 26—86中还给出了在计算耗煤量指标时采用节能措施前后的室外管网输送效率和锅炉运行效率的经验值。

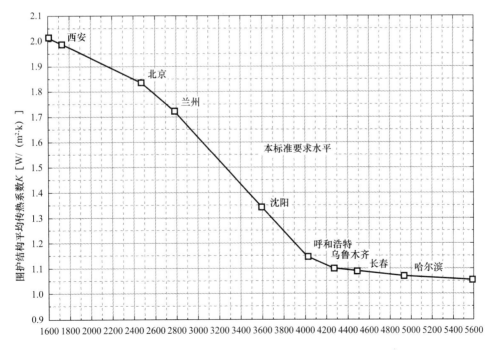

图4-1　JGJ 26—86围护结构平均传热系数

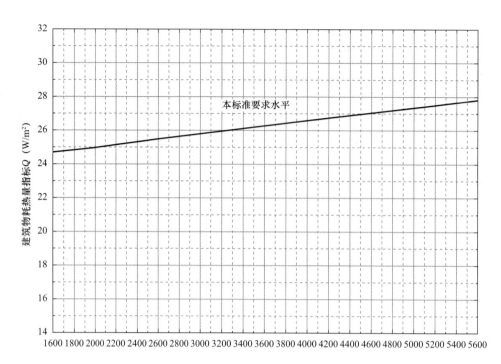

图 4-2　JGJ 26—86 建筑物耗热量指标

满足图 4-2 建筑物耗热量指标要求的供暖居住建筑各部分围护结构传热系数 K_i ［W/（m² · K）］

表 4-1

地区	平均传热系数 K_m	屋顶 K_R	外墙 K_W	窗户（包括阳台门下面）			阳台门下部 K_B	地面		外门 K_D	楼梯间墙 $K_S · W$	户门 $K_S · D$
				南 $K_O · S$	东、西 $K_O · E (W)$	北 $K_O · N$		端头 K_{F1}	非端头 K_{F2}			
西安	1.99 (1.71)	1.00 (1.86)	1.60 (1.38)	6.4 (5.5)	6.40 (5.5)	6.40 (5.5)	1.72 (2.0)	0.52 (0.45)	0.3 (0.26)		1.83 (1.57)	2.91 (2.5)
北京	1.84 (1.58)	0.91 (0.78)	1.28 (1.1)	6.4	6.4	6.4	1.72	0.52	0.3		1.83	2.91
兰州	1.72 (1.48)	0.85 (0.73)	1.05 (0.9) / 1.35 (1.16)	6.4	6.4	6.4 / 3.26	1.72	0.52	0.3		1.42 (1.22)	2.91
沈阳	1.34 (1.15)	0.6 (0.52)	1.05 (0.9)	3.26	3.26	3.26	1.36 (1.17)	0.52	0.3		1.42	2.91
呼和浩特	1.15 (0.99)	0.7 (0.6)	1 (0.86)	3.26	3.26	3.26	1.36	0.52	0.3	5.82 (5.0)		
乌鲁木齐	1.10 (0.95)	0.68 (0.58)	0.94 (0.81)	3.26	3.26	3.26	1.36	0.52	0.30	5.82		
长春	1.09 (0.94)	0.67 (0.58)	0.88 (0.77)	3.26	3.26	3.26	1.36	0.52	0.3	3.26		

JGJ 26—86锅炉最低额定效率 表4-2

燃料种类		发热值 （kJ/kg）	锅炉容量（W）			
			$<0.7\times10^6$	1.4×10^6	$2.79\sim4.58\times10^6$	$\geqslant6.97\times10^6$
烟煤	I	$>15491.2\sim19678.0$	62	70	72	74
	II	>19678.0	64	72	74	78

2. 第二阶段（1987～2000年）：试点阶段

（1）政策法规

为贯彻国务院《节约能源管理暂行条例》，促进城市建设各行业企事业单位和用户单位合理利用能源，降低能源消耗，不断提高社会效益、经济效益和环境效益，原城乡建设环境保护部于1987年1月10日颁布实施了《城市建设节约能源管理实施细则》，该细则旨在城乡建设领域通过技术进步、合理利用、科学管理等途径，以最小的能源消耗取得最大的社会效益、经济效益和环境效益。其中，在区域节能方面，特别是节约建筑供暖用能方面，明确提出："三北地区居民和公共建筑采暖要利用多种热源，发展城市集中供热。要积极利用工业余热和地热资源，凡城市附近新建的热电厂都应向城市供热。凡新建住宅和公共建筑都必须实行连片供热，不准再建分散锅炉房。对现有分散供热的低效锅炉，要逐步淘汰；城市居民用煤气、热力、自来水都应当装表，计量收费，取消包费制和无偿转供；地方城建节能管理部门，应根据行业节能技术政策，编制城市建设节能改造中长期计划和年度计划，列入国家和地方节能技术改造计划"等一系列具体要求。

1991年4月，《中华人民共和国固定资产投资方向调节税暂行条例》（国务院第82号令）颁布实施。其中，附件《固定资产投资方向调节税税目税率表》中明确将"北方节能住宅，即达到《民用建筑节能设计标准（采暖居住建筑部分）》的住宅，其固定资产投资方向调节税税率为零"，用于引导投资方向，调整投资结构，加强重点建设，促进经济持续、稳定、协调发展。

为推动建筑和各固定资产投资工程的节能工程化进展，保证工程项目做到合理利用能源和节约能源，原国家计委、原国家经委和原建设部于1992年联合制定了《关于基本建设和技术改造项目可行性研究报告增列"节能篇（章）"的暂行规定》，并于1993年1月1日正式施行。其中，明确规定："基本建设新建、改建、扩建工程项目及技术改造综合性工程项目的可行性研究报告中必须增列'节能篇（章）'作为可行性研究报告的组成部分；'节能篇（章）'应提出采用合理用能的先进工艺和设备，主要产品单耗指标，要以国内先进水平或参照国际上该产品的先进能耗水平作为设计依据；凡不符合工程项目建设标准和设计规范中节能要求的工程项目，审批单位不予批准建设。"

为促进节能的法制化，1997年11月1日《中华人民共和国节约能源法》经第八届全国人民代表大会常务委员会第二十八次会议通过，其从节能管理、合理使用能源、节能技术进步、法律责任等角度对区域节能进行了规定。根据《中华人民共和国节约能源法》要求，原国家计委、原国家经委和原建设部于1997年又对《关于基本建设和技术改造项目可行性研究报告增列"节能篇（章）"的暂行规定》进行了修改，并印发了《关于固定资产投资工程项目可行性研究报告"节能篇（章）"编制及评估的规定》，进一步明确了节能的要求和评估的标准。

1998 年 2 月 27 日，为提高供热质量、增加电力供应，从区域节能，特别是北方冬季取暖的角度，原国家计委、原国家经贸委、原电力工业部和原建设部联合印发《关于发展热电联产的若干规定》（计交能［1998］220 号），明确提出"热电联产的建设必须按照统一规划、分步实施的原则进行，并符合节约能源、改善环境和提高供热质量的要求；在进行热电联产项目规划时，应积极发展城市热水供应和集中制冷，扩大夏季制冷负荷，提高全年运行效率。"2000 年 8 月，相关部门颁布《关于印发＜关于发展热电联产的规定＞的通知》（计基础［2000］1268 号），对原文件进行了修订和补充。其中，明确规定："在已建成的热电联产集中供热和规划建设热电联产集中供热项目的供热范围内，不得再建燃煤自备热电厂或永久性燃煤锅炉房，当地环保与技术监督部门不得再审批其扩建小锅炉。在热电联产集中供热工程投产后，在供热范围内经批准保留部分容量较大、设备状态较好的锅炉作为供热系统的调峰和备用外，其余小锅炉应由当地政府在三个月内明令拆除。在现有热电厂供热范围内，不应有分散燃煤小锅炉运行。已有的分散烧煤锅炉应限期停运。在城市热力网供热范围内，居民住宅小区应使用集中供热，不应再采用小锅炉等分散供热方式；在有稳定热负荷的地区，进行中小凝汽机组改造时，应选择预期寿命内的机组安排改造为供热机组；鼓励使用清洁能源，鼓励发展热、电、冷联产技术和热、电煤气联供，以提高热能综合利用效率。"

为加强民用建筑节能管理，提高能源利用效率，改善室内热环境，原建设部于 1999 年 10 月 28 日通过了《民用建筑节能管理规定》，以建设部部长令第 76 号发布，自 2000 年 10 月 1 日起施行。其中，该规定从区域节能的角度，聚焦于《建筑气候区域标准》划定的严寒和寒冷地区设置集中供暖的新建、扩建的居住建筑及其附属设施，以及新建、改建和扩建的旅游旅馆及其附属设施的审批、设计、施工、工程质量控制、竣工验收和物业管理。第 76 号令作为国家部委部门一级首次对建筑节能，特别是区域节能的各项任务内容以及相关责任主体的职责、违反的处罚形式和标准做出了规定。其中，明确要求"严寒和寒冷地区设置集中采暖的新建、扩建的居住建筑设计，应当执行中华人民共和国《民用建筑节能设计标准（采暖居住建筑部分）》"。同时，在规定适用的一定区域内，还鼓励发展下列建筑节能技术（产品）：

1）新型节能墙体和屋面的保温、隔热技术与材料；
2）节能门窗的保温隔热和密闭技术；
3）集中供热和热、电、冷联产联供技术；
4）供暖系统温度调控和分户热量计量技术与装置；
5）太阳能、地热能等可再生能源应用技术及设备；
6）建筑照明节能技术与产品；
7）空调制冷节能技术与产品；
8）其他技术成熟、效果显著的节能技术和节能管理技术。

虽然我国太阳能在建筑上的应用已有很长一段时间，但总体上水平不高、发展不快。为进一步推动太阳能在建筑中的应用，原建设部于 2000 年开始酝酿并初步制定"中国住宅阳光计划"项目，并采取 10 项具体行动措施。其中，从区域节能的角度出发，支持太阳能商业城和太阳能科技园的建设。

（2）标准规范

建立和健全标准规范体系，对于推动区域节能工作走向标准化、规范化轨道至关重要。在试点阶段，先后颁布了促进区域节能的有关标准包括《建筑气候区划标准》GB 50178—93、《采暖通风与空气调节设计规范》GBJ 19—87、《民用建筑照明设计标准》GBJ 133—90、《旅游旅馆建筑热工与空气调节节能设计标准》GB 50189—1993、《城市热力网设计规范》GJJ 34—90、《民用建筑热工设计规范》GB 50176—1993、《民用建筑节能设计标准（采暖居住部分）》JGJ 26—1995 和《既有采暖居住建筑节能改造技术规程》JGJ 129—2000 等多部国家标准。

其中，《建筑气候区划标准》GB 50178—93 采用综合分析和主导因素相结合的原则，将建筑气候的区划系统分为一级区和二级区两级。其中，一级区划分为 7 个，二级区划分为 20 个。

《民用建筑热工设计规范》GB 50176—1993 根据最冷月平均温度、日平均温度持续天数等主要指标和辅助指标，将我国建筑热工设计分区分为严寒地区、寒冷地区、夏热冬冷地区、夏热冬暖地区和温和地区 5 个气候区，如表 4-3 所示。该标准还对不同区域室外计算参数、建筑热工设计要求、围护结构保温设计、围护结构隔热设计和供暖建筑围护结构防潮设计等提出了具体要求。

建筑热工设计分区及设计要求 表 4-3

分区名称	分区指标		设计要求
	主要指标	辅助指标	
严寒地区	最冷月平均温度≤−10℃	日平均温度≤5℃的天数≥145d	必须充分满足冬季保温要求，一般可不考虑夏季防热
寒冷地区	最冷月平均温度 0～−10℃	日平均温度≤5℃的天数 90～145d	应满足冬季保温要求，部分地区兼顾夏季防热
夏热冬冷地区	最冷月平均温度 0～−10℃，最热月平均温度 25～30℃	日平均温度≤5℃的天数 0～90d，日平均温度≥25℃的天数 40～110d	必须满足夏季防热要求，适当兼顾冬季保温
夏热冬暖地区	最冷月平均温度＞10℃，最热月平均温度 25～29℃	日平均温度≥25℃的天数 100～200d	必须充分满足夏季防热要求，一般可不考虑冬季保温
温和地区	最冷月平均温度 0～13℃，最热月平均温度 18～25℃	日平均温度≤5℃的天数 0～90d	部分地区应考虑冬季保温，一般可不考虑夏季防热

JGJ 26—86 仅对围护结构保温隔热的最低要求作出规定，由于其是我国区域节能起步阶段的标准，节能率为 30%，围护结构保温水平提高的幅度并不大，保温水平低、热环境差、供暖能耗大的状况仍然存在。将国内外建筑围护结构保温水平进行比较，如表 4-4 所示可知，我国供暖建筑围护结构保温隔热水平与发达国家相比，仍有较大差距，故在 JGJ 26—86 的基础上，《民用建筑节能设计标准（采暖居住部分）》JGJ 26—1995 颁布实施。本次修订的基本目标是，通过在建设设计和供暖设计中采取有效的技术措施，将供暖能耗从当地 1980～1981 年住宅通用设计的基础上节能 50%（其中建筑物约承担 30%、供暖系统约承担 20%），但用于加强建筑保温和提高门窗气密性的投资，不超过土建工程造价的 10%，投资回收期不超过 10 年；在供暖系统中采用节能措施而节约吨标准煤的投资不超过开发吨标准煤的投资。图 4-3 所示为 1980～1981 年住宅通用设计水平、JGJ 26—86 标准和 JGJ 26—95 标准住宅建筑耗热量的比较。表 4-5 为 JGJ 26—95 锅炉最低额定效率的要求。

当时国内外建筑围护结构保温水平对比 [单位：W/(m²·K)]　　　表 4-4

国别			屋顶	外墙	窗户
中国	北京	按原规程	1.26	1.7	6.4
		按原标准	0.91	1.28	6.4
		按本标准	0.8，0.6	1.16，0.82	4
	哈尔滨	按原规程	0.77	1.28	3.26
		按原标准	0.64	0.73	3.26
		按本标准	0.5，0.3	0.52，0.4	2.5
瑞典，南部地区（含斯德哥尔摩）			0.12	0.17	2
加拿大	度日数相当于哈尔滨地区		0.17（可燃的） 0.31（不可燃的）	0.27	2.22
	度日数相当于北京地区		0.23（可燃的） 0.4（不可燃的）	0.38	2.86
丹麦			0.2	0.3（重量≤100kg/m²） 0.35（重量＞100kg/m²）	2.9
英国			0.45	0.45	
日本	北海道		0.23	0.42	2.33
	青森，岩手县等		0.51	0.77	3.49
	宫城，山形县等		0.66	0.77	4.65
	东京都		0.66	0.87	6.51
德国			0.22	0.5	1.5

注：1. 国外数据为该国现行标准规定限值。
　　2. 瑞典，加拿大，丹麦，英国资料据原建设部《建筑节能技术政策大纲背景材料》1992 年 9 月；日本资料据日本《住宅心洁能标准与指南》1992 年 2 月；德国资料据《新节能规范》1995 年 1 月。

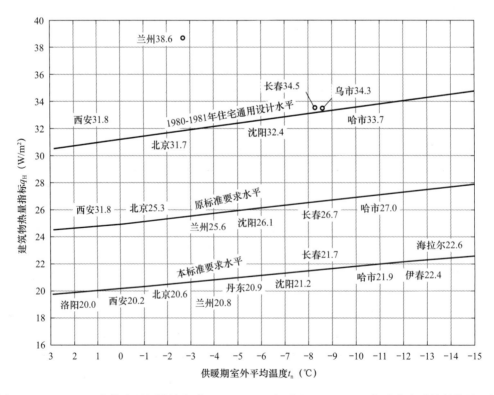

图 4-3　1980～1981 年住宅通用设计水平、JGJ 26—86 标准和 JGJ 26—95 标准住宅建筑耗热量比较

燃料种类		发热值 （kJ/kg）	锅炉容量（MW）				
			2.8	4.2	7.0	14.0	28.0
烟煤	I	15500～19700	72	73	74	76	78
	II	>19700	74	76	78	80	82

为进一步改变我国严寒和寒冷地区建筑供暖能耗高、热环境质量差的现状，当时以严寒寒冷地区建筑供暖为主的区域节能工作，逐步开始从新建建筑节能转向既有建筑节能，旨在通过采取有效的节能改造技术措施，实现既有建筑节约能源、改善环境的目的。2000年10月，由北京中建建筑设计院主编，中国建筑科学研究院、中国建筑一局（集团）有限公司技术部参与的《既有采暖居住建筑节能改造技术规程》JGJ/129—2000正式发布，并于2001年1月1日起施行。该标准以我国严寒及寒冷地区为适用区域，对设置集中供暖的既有居住建筑节能改造分别从建筑节能改造的判定原则及方法、围护结构保温改造、供暖系统改造等方面提出了具体要求。其中，明确规定"既有采暖居住建筑，当其建筑物耗热量指标、围护接结构保温和门窗气密性等不能满足《民用建筑节能设计标准（采暖居住部分）》JGJ 26的要求时，应进行节能改造；既有采暖供暖系统的锅炉年运行效率低于0.68及（或）室外管网的输送效率低于0.90，并由此造成室温达不到要求的，应予以改造。"

3. 第三阶段（2001～2005年）：转型阶段

进入21世纪，区域节能工作也开始了新的阶段，开始由北方严寒、寒冷地区节能，发展至过渡带的夏热冬冷地区、南方的夏热冬暖地区，从居住建筑发展到公共建筑。区域节能也开始从减量、提效逐步向替代、互补等方向发展。

（1）政策法规

随着区域节能工作的深入开展，《民用建筑节能管理规定》（建设部令第76号）已经不能完全适应新形势的需求，存在建筑工程建设过程中节能管理程序不能衔接、管理体制不完善，特别是在适应范围上，区域太小，难以满足夏热冬冷地区、夏热冬暖地区居住和公共等民用建筑节能管理工作的需求。

为解决区域节能面临的新问题和新挑战，及时适应夏热冬冷地区、夏热冬暖地区的居住建筑节能以及各个气候区公共建筑特别是单体建筑面积超过2万 m^2 的大型公共建筑节能，加强在设计、施工、监理、质量监督、竣工验收等各环节相关责任主体的监管，原建设部于2005年组织对原有《民用建筑节能管理规定》进行了修订，在总结国内推行经验和做法的基础上，搜集、借鉴和分析了国外特别是发达国家的成功实践，经过多次讨论修改，新的《民用建筑节能管理规定》以建设部第143号令予以发布，自2006年1月1日起施行。其中，对区域范围进行了调整：

1）扩大了适用范围。首先是扩大了气候区范围。随着人们生活水平的提高，对建筑舒适度的要求越来越高，夏热冬冷地区要求冬季供暖、夏季制冷，夏热冬暖地区夏季制冷成为普遍现象，造成区域内建筑能耗持续上涨。新规定中把《民用建筑节能管理规定》的适用范围扩大到了全国所有气候区。其次是扩大了适用建筑类型。过去几个阶段，原建设部只颁布实施了居住建筑节能设计标准，2005年4月4日《公共建筑节能设计标准》GB 50189—2005颁布，全面加强民用建筑节能管理的条件已经具备。因此，新规定中把使用范围扩大到所有居住建筑和公共建筑等民用建筑。

2）扩大了能耗统计范围。建设部令第 76 号只规定对供热设备的能耗进行统计和上报。新规定中针对各气候区建筑物能源利用的不同，规定供热单位、房屋产权单位或其委托的物业管理单位等有关单位应做好建筑物能源系统节能工作，接受对耗能设备运行的检测，严明管理环节。

（2）标准规范

根据我国区域节能的发展趋势和实践需求，在这一阶段，区域节能有关的技术标准和规范得到进一步完善和健全。其中，新制定的标准包括《夏热冬冷地区居住建筑节能设计标准》JGJ 134—2001、《采暖居住建筑节能检测标准》JGJ 132—2001、《夏热冬暖地区居住建筑节能设计标准》JGJ 75—2003、《外墙外保温工程技术规程》JGJ 144—2004、《民用建筑太阳能热水系统应用技术规范》GB 50364—2005、《公共建筑节能设计标准》GB 50189—2005 和《地源热泵系统工程技术规范》GB 50366—2005 等一系列标准规范。

其中，《夏热冬冷地区居住建筑节能设计标准》JGJ 134—2001 于 2001 年 7 月颁布并于 2001 年 10 月 1 日起施行。该标准将区域节能工作从严寒寒冷地区扩展到了夏热冬冷地区，其从建筑热工性能和暖通空调设计方面提出了夏热冬冷地区居住建筑的节能措施要求，即规定性控制指标和性能性控制指标。规定性控制指标是指规定该地区居住建筑围护结构传热系数限值，便于操作和实施；性能性控制指标是为给设计者更多、更灵活的余地，可应用动态模拟软件进行全年逐时能耗计算。与严寒寒冷地区保持一致，该标准的节能率也是 50%，但基准不完全一致。夏热冬冷地区的基准能耗是根据该地区居住建筑传统的围护结构，在保证主要居室：温度冬季 18℃、夏天 26℃ 的条件下，冬季采用能效比为 1 的电暖器供暖，夏季用额定制冷工况时的能效比为 2.2 的空调器降温，计算出一个全年供暖、空调能耗，将这个供暖、空调能耗作为基础能耗。在这个基础上确定的节能居住建筑全年供暖、空调能耗降低 50% 的节能目标，再按这一节能目标对建筑热工、供暖和空调设计提出节能的措施要求。表 4-6 所示为夏热冬冷地区建筑围护结构各部分的传热系数 K 和热惰性指标 D 的限值。

夏热冬冷地区建筑围护结构各部分的传热系数 K 和热惰性指标 D 的限值　　表 4-6

围护结构部位		传热系数 K $[W/(m^2 \cdot K)]$	
		热惰性指标 $D \leqslant 2.5$	热惰性指标 $D > 2.5$
体形系数 ≤0.40	屋面	0.8	1.0
	外墙	1.0	1.5
	底面接触室外空气的架空或外挑楼板	1.5	
	分户墙、楼板、楼梯间隔墙、外走廊隔墙	2.0	
	户门	3.0（通往封闭空间） 2.0（通往非封闭空间或户外）	
体形系数 >0.4	屋面	0.5	0.6
	外墙	0.89	1.0
	底面接触室外空气的架空或外挑楼板	1.0	
	分户墙、楼板、楼梯间隔墙、外走廊隔墙	2.0	
	户门	3.0（通往封闭空间） 2.0（通往非封闭空间或户外）	

在《夏热冬冷地区居住建筑节能设计标准》JGJ 134—2001 的基础上，区域节能的标准规范进一步向南移动，《夏热冬暖地区居住建筑节能设计标准》JGJ 75—2003 于 2003 年 7 月颁布并于 2003 年 10 月 1 日起施行。该标准以一月份平均温度 11.5℃ 为分界线，将夏热冬暖地区进一步细分为两个区，等温线的北部为北区，区内建筑要兼顾冬季供暖，其供暖能耗占全年供暖空调总能耗的 20% 以上，部分地区更是占到 45% 左右；南部为南区，区内建筑可不考虑冬季供暖。与夏热冬冷地区相比，该标准的节能率也为 50%，但没有对某一地区给定一个固定的每平方米允许的空调、供暖设备能耗指标，而是给出一个相对的能耗限值。具体做法是，首先根据建筑师设计的建筑形状，按照规定性指标中规定参数计算出该建筑的供暖空调能耗限值。然后，根据建筑实际参数，改变围护结构传热系数、窗的类型等计算能耗，直到小于能耗限值。这样，不管是单层的别墅、低层连体别墅，还是多层及高层住宅，都有一个合理的计算能耗限值的基础。表 4-7 所示为夏热冬暖地区屋顶和外墙的传热系数和热惰性指标。

夏热冬暖地区屋顶和外墙的传热系数 $[K：W/(m^2 \cdot K)]$ 和热惰性指标（D）　　表 4-7

屋顶	外墙
$K \leqslant 1.0$，$D \geqslant 2.5$	$K \leqslant 2.0$，$D \geqslant 3.0$ 或 $K \leqslant 1.5$，$D \geqslant 3.0$ 或 $K \leqslant 1.0$，$D \geqslant 2.5$
$K \leqslant 0.5$	$K \leqslant 0.7$

注：$D \leqslant 2.5$ 的轻质屋顶和外墙，还应满足国家标准《民用建筑热工设计规范》GB 50176—93 所规定的隔热要求。

在此阶段，区域节能也开始从居住建筑向公共建筑延伸。2005 年 7 月 1 日，由中国建筑科学研究院、中国建筑业协会建筑节能专业委员会主编的《公共建筑节能设计标准》GB 50189—2005 正式实施，按该标准进行的建筑节能设计，在保证相同的室内环境参数条件下，与未采取节能措施前相比，全年供暖、通风、空气调节和照明的总能耗应减少 50%。该标准节能目标的 50% 是由改善围护结构热工性能、提高空调供暖设备和照明设备效率来分担，并与 20 世纪 80 年代改革开放初期建造的公共建筑作为比较能耗的基础（即基准建筑）而得到的。通过编制标准过程中的计算、分析，按该标准进行建筑设计，由于改善了围护结构热工性能，提高了空调供暖设备和照明设备效率，从北方到南方，围护结构分担节能率约 25%～13%，空调供暖系统分担节能率约 20%～16%，照明设备分担节能率 7%～18%，由此保证全国总体节能率可达到 50%。

随着区域节能工作的深入推进，区域节能也在传统的减量和提效以外，增加了替代的内涵。其中，《民用建筑太阳能热水系统应用技术规范》GB 50364—2005 于 2006 年 1 月 1 日起实施。该标准适用于城镇使用太阳能热水系统的新建、扩建和改建的民用建筑，以及改造既有建筑上已安装的太阳能热水系统和在既有建筑上增设太阳能热水系统，规范太阳能热水系统的设计、安装和工程验收，保证工程质量；《地源热泵系统工程技术规范》GB 50366—2005 也于 2006 年 1 月 1 日起实施。该标准适用于以岩土体、地下水、地表水为低温热源，以水或添加防冻剂的水溶液为传热介质，采用蒸汽压缩热泵技术进行供热、空调或加热生活热水的系统工程的设计、施工和验收。

4. 第四阶段（2006 年至今）：全面推广阶段

随着区域节能工作的全面、深入开展，区域节能工作开始走向法制化、制度化、规范化的道路。

（1）政策法规

2006 年上半年，《中华人民共和国节约能源法》的修订工作启动并于 2007 年 10 月 28 日经第十届全国人民代表大会常务委员会第三十次会议通过，自 2008 年 4 月 1 日起施行。其中，第三章"合理使用与节约能源"中将"建筑节能"列为第三节，并对建筑节能的监督管理机构、建筑节能规划编制、建筑节能标准的执行、节能技术信息的公示、公共建筑室内供暖空调温度的控制、实行按用热量计量收费制度、加强城市节能用电管理、新型节能墙体建筑材料和节能设备的推广、太阳能等可再生能源利用等做出了明确的规定，并在法律责任一章中对于违反的行为规定了相应的处罚措施。根据第十二届全国人民代表大会常务委员会第二十一次会议通过的《全国人民代表大会常务委员会关于修改〈中华人民共和国节约能源法〉等六部法律的决定》修改，《中华人民共和国节约能源法》于 2016 年进行再次修订。在建筑节能的上位法《中华人民共和国节约能源法》的指导下，《民用建筑节能条例》于 2008 年 7 月经国务院第 18 次常务会议通过，自 2008 年 10 月 1 日起施行。该条例共分为 6 章 45 条，详细规定了区域节能的监督管理、工作内容和责任，并确定了一系列推进区域节能工作的制度。与此同时，《中华人民共和国可再生能源法》、《公共机构节能条例》也相继出台，进一步指导了区域节能工作的开展。

在全面推广过程中，我国区域节能有关政策发展还可按照"十一五"期间、"十二五"期间和"十三五"以来分为三个阶段。

1）"十一五"期间

《中华人民共和国国民经济和社会发展第十一个五年规划纲要》提出了"十一五"期间单位国内生产总值能耗降低 20％左右，主要污染物排放总量减少 10％的约束性指标。为实现工作目标，《节能减排综合性工作方案》（国发〔2007〕15 号）于 2007 年正式颁布。其中，对区域节能明确提出"组织实施低能耗、绿色建筑示范项目 30 个，推动北方采暖区既有居住建筑供热计量及节能改造 1.5 亿 m^2，开展大型公共建筑节能运行管理与改造示范，启动 200 个可再生能源在建筑中规模化应用示范推广项目"的要求。

为进一步落实工作任务，原建设部、财政部相继印发了《关于推进可再生能源在建筑中应用的实施意见》（建科〔2006〕213 号）、《关于加强国家机关办公建筑和大型公共建筑节能管理工作的实施意见》（建科〔2007〕245 号）、《关于推进北方采暖地区既有居住建筑供热计量及节能改造工作的实施意见》（建科〔2008〕95 号）、《关于加快推进太阳能光电建筑应用的实施意见》（财建〔2009〕128 号）等 10 余份政策文件，从北方采暖地区既有居住建筑节能改造、公共建筑节能、可再生能源建筑应用等角度，分解并落实任务，指导有关地区有序开展各专项工作。

2）"十二五"期间

经历了"十一五"期间的试点示范，进入"十二五"，国家进一步加大了建筑节能，特别是从"项目节能示范"向"区域节能示范"的转变。《国务院关于印发"十二五"节能减排综合性工作方案的通知》（国发〔2011〕26 号）于 2011 年颁布，对建筑节能，特别是不同区域的节能，提出了更高的要求，实现"从北向南、从少变多"的转变。其中，明确提出"北方采暖地区既有居住建筑供热计量和节能改造 4 亿 m^2 以上，夏热冬冷地区既有居住建筑节能改造 5000 万 m^2，公共建筑节能改造 6000 万 m^2"的工作要求。

根据任务要求，住房和城乡建设部相继印发了《关于进一步深入开展北方采暖地区既有居住建筑供热计量及节能改造工作的通知》（财建〔2011〕12号）、《关于进一步推进可再生能源建筑应用的通知》（财建〔2011〕61号）等政策文件，在既有建筑节能改造、可再生能源建筑应用、公共建筑节能、绿色建筑发展等方面从工作目标、支持政策和保障措施等方面提出了具体的要求。

其中，《关于加快推动我国绿色建筑发展的实施意见》（财建〔2012〕167号）提出："以新建单体建筑评价标识推广、城市新区集中推广为手段，实现绿色建筑的快速发展，到2014年政府投资的公益性建筑和直辖市、计划单列市及省会城市的保障性住房全面执行绿色建筑标准；鼓励城市新区按照绿色、生态、低碳理念进行规划设计，充分体现资源节约环境保护的要求，集中连片发展绿色建筑。中央财政支持绿色生态城区建设，申请绿色生态城区示范应具备以下条件：新区已按绿色、生态、低碳理念编制完成总体规划、控制性详细规划以及建筑、市政、能源等专项规划，并建立相应的指标体系；新建建筑全面执行《绿色建筑评价标准》中的一星级及以上的评价标准，其中二星级及以上绿色建筑达到30%以上，2年内绿色建筑开工建设规模不少于200万 m^2；中央财政对经审核满足上述条件的绿色生态城区给予资金定额补助。资金补助基准为5000万元，具体根据绿色生态城区规划建设水平、绿色建筑建设规模、评价等级、能力建设情况等因素综合核定。"2012年11月，住房和城乡建设部对首批申报的26个绿色生态城区进行了评审，批准了8个项目成为全国首批绿色生态示范城区，包括中新天津生态城、唐山市唐山湾生态城、无锡市太湖新区、长沙市梅溪湖新区、深圳市光明新区、重庆市悦来绿色生态城区、贵阳市中坦未来方舟生态新区和昆明市呈贡新区。

2013年4月，《"十二五"绿色建筑和绿色生态城区发展规划》（建科〔2013〕53号）提出："实施100个绿色生态城区示范建设。选择100个城市新建区域（规划新区、经济技术开发区、高新技术产业开发区、生态工业示范园区等）按照绿色生态城区标准规划、建设和运行；政府投资的党政机关、学校、医院、博物馆、科技馆、体育馆等建筑，直辖市、计划单列市及省会城市建设的保障性住房，以及单体建筑面积超过2万 m^2 的机场、车站、宾馆、饭店、商场、写字楼等大型公共建筑，2014年起率先执行绿色建筑标准；引导商业房地产开发项目执行绿色建筑标准，鼓励房地产开发企业建设绿色住宅小区，2015年起，直辖市及东部沿海省市城镇的新建房地产项目力争50%以上达到绿色建筑标准。"

3）"十三五"以来

经历了"十一五"的项目节能示范和"十二五"的区域节能示范，进入"十三五"，区域节能逐步开始多元化、系统化的发展。《国务院关于印发"十三五"节能减排综合工作方案的通知》（国发〔2016〕74号）于2016年印发，明确提出"实施建筑节能先进标准领跑行动，开展超低能耗及近零能耗建筑建设试点，推广建筑屋顶分布式光伏发电。编制绿色建筑建设标准，开展绿色生态城区建设示范，到2020年，城镇绿色建筑面积占新建建筑面积比重提高到50%。实施绿色建筑全产业链发展计划，推行绿色施工方式，推广节能绿色建材、装配式和钢结构建筑。强化既有居住建筑节能改造，实施改造面积5亿平方米以上，2020年前基本完成北方采暖地区有改造价值城镇居住建筑的节能改造。推动建筑节能宜居综合改造试点城市建设，鼓励老旧住宅节能改造与抗震加固改造、加装电梯等适老化改造同步实施，完成公共建筑节能改造面积1亿 m^2 以上。推进利用太阳能、浅层地热能、空气热能、工业余热等解决建筑用能需求。推进节能及绿色农房建设，结合农村危房改造稳步推进农房节能及绿色化改造，推动城镇燃气管网向农村延伸和省柴节煤灶更新换代，因地制宜采用生物质能、太阳能、空气热能、浅层地热能等解决农房采暖、炊事、生活热水等用能需求，提升农村能源利用的清洁化水平。"

住房和城乡建设部相继出台《关于印发开展气候适应型城市建设试点的通知》（发改气候〔2016〕1687号）、《关于印发建筑节能与绿色建筑发展"十三五"规划的通知》（建科〔2017〕53号）等一系列政策文件，加快任务的分解与落实。其中，北方地区冬季清洁取暖工作是为缓解北方地区大气污染问题而启动的一项新的专项工作，以"京津冀大气污染传输通道的2+26个重点城市"为重点区域，要求从热源侧的清洁替代和用户侧的能效提升，推进清洁方式取暖替代散煤燃烧取暖，并同步开展既有建筑节能改造，鼓励地方政府创新体制机制、完善政策措施，引导企业和社会加大资金投入，实现试点地区散烧煤供暖全部"销号"和清洁替代，形成示范带动效应。

（2）标准规范

2006年以来，我国区域节能相关标准规范体系进一步建立健全，区域范围从"城镇"向"农村"延伸，建筑类型从"新建"向"既有"转变，节能指标从"设计"向"运行"发展。其中，2006～2016年间区域节能主要标准规范如表4-8所示。

2006～2016年间区域节能主要标准规范制定和修订情况 表4-8

序号	名称	文号
1	严寒和寒冷地区居住建筑节能设计标准	JGJ 26—2010
2	民用建筑供暖通风与空气调节设计规范	GB 50736—2012
3	夏热冬冷地区居住建筑节能设计标准	JGJ 134—2010
4	公共建筑节能设计标准	GB 50189—2015
5	民用建筑热工设计规范	GB 50176—2016
6	农村居住建筑节能设计标准	GB/T 50824—2013
7	民用太阳能光伏系统应用技术规范	JGJ 203—2010
8	公共建筑节能改造技术规范	JGJ 176—2009
9	既有居住建筑节能改造技术规程	JGJ/T 129—2012
10	既有建筑绿色改造评价标准	GB/T 51141—2015
11	绿色建筑评价标准	GBT 50378—2014
12	民用建筑能耗标准	GB/T 51161—2016
13	供热计量技术规程	JGJ 173—2009
14	建筑节能工程施工质量验收规范	GB 50411—2007
15	民用建筑太阳能热水系统评价标准	GB/T 50604—2010

其中，《严寒和寒冷地区居住建筑节能设计标准》是在《民用建筑节能设计标准（采暖居住建筑部分）》JGJ 26—95的基础上修订而来的。该标准将居住建筑的供暖能耗进一步控制，比当地1980～1981年住宅通用设计标准降低65%左右，并按此目标对建筑、热工、供暖设计提出一系列节能措施的要求。

《夏热冬冷地区居住建筑节能设计标准》是根据当时夏热冬冷地区居住的实际需求而进行修订的，其从建筑、围护结构和暖通空调设计等方面提出节能措施，并对供暖和空调能耗规定了控制指标。该标准的要求是在保证室内热环境质量、提高人民的居住水平的同时要提高供暖、空调能源利用效率，贯彻执行国家的可持续发展战略。与修订前的标准相同，该标准的节能率目标仍然为 50％左右。

参考发达国家建筑节能标准编制的经验，根据我国实际情况，《公共建筑节能设计标准》于 2015 年进行修订。该标准修订后，与 2005 版相比，由于围护结构热工性能的改善，供暖空调设备和照明设备能效的提高，全年供暖、通风、空气调节和照明的总能耗减少 20％～23％。其中从北方至南方，围护结构分担节能率 4％～6％；供暖空调系统分担节能率 7％～10％；照明设备分担节能率 7％～9％。该节能率仅体现了围护结构热工性能、供暖空调设备及照明设备能效的提升，不包含热回收、全新风供冷、冷却塔供冷、可再生能源等节能措施所产生的节能效益。由于给水排水、电气和可再生能源应用的相关内容为本次修订新增内容，没有比较基准，无法计算此部分所产生的节能率，所以未包括在内。该节能率是考虑不同气候区、不同建筑类型加权后的计算值，反映的是该标准修订并执行后全国公共建筑的整体节能水平。

修订后的《既有居住建筑节能改造技术规程》将原标准的适用范围从严寒和寒冷地区拓展到了严寒地区、寒冷地区、夏热冬冷地区和夏热冬暖地区，并从节能诊断、节能改造方案、建筑围护结构节能改造、严寒和寒冷地区集中供热系统与计量改造等方面提出了明确的技术要求。

鉴于 2006 年版编制时，考虑到我国当时建筑业市场情况，侧重于评价总量大的住宅建筑和公共建筑中能源资源消耗较多的办公建筑、商场建筑、旅馆建筑。《绿色建筑评价标准》在修订中将适用范围扩展至覆盖民用建筑的各主要类型，并兼具通用性和可操作性，以适应现阶段绿色建筑实践及评价工作的需要。评价标准也将采用达标条款数量的方式更改为总得分的方式来确定绿色建筑的等级。当绿色建筑总得分分别达到 50 分、60 分、80 分时，绿色建筑等级分别为一星级、二星级、三星级。

为适用绿色建筑的发展趋势，构建区别于新建建筑、体现既有建筑绿色改造特点的评价指标体系，《既有建筑绿色改造评价标准》于 2015 年颁布施行。充分考虑到我国各地域在气候、环境、资源、经济与文化等方面都存在较大差异，该标准从规划、建筑、结构、材料、暖通空调、给水排水、电气、施工管理、运营管理等各个专业出发，综合考虑，统筹兼顾，总体平衡，提出了一系列具体的技术措施。

区别于传统设计、施工、验收和运行管理标准，2016 年印发的《民用建筑热工能耗标准》明确给出了区域节能的最终效果，促进我国从"过程节能"向"结果节能"的转变。其中，该标准以城市为区域范围，明确提出了建筑耗热量指标、燃煤供暖和燃气供暖建筑能耗的约束值和引导值等一系列区域节能的指标要求，如表 4-9～表 4-11 所示。

建筑供暖能耗指标的约束值和引导值（燃煤为主）　　　　　　　表 4-9

城市	建筑供暖能耗指标 [kgce/(m² · a)]			
	约束值		引导值	
	区域集中供暖	小区集中供暖	区域集中供暖	小区集中供暖
北京	7.6	13.7	4.5	8.7
天津	7.3	13.2	4.7	9.1
石家庄	6.8	12.1	3.6	6.9

城市	建筑供暖能耗指标〔kgce/(m²·a)〕			
	约束值		引导值	
	区域集中供暖	小区集中供暖	区域集中供暖	小区集中供暖
太原	8.6	15.3	5.0	9.7
呼和浩特	10.6	19.0	6.4	12.4
沈阳	9.7	17.3	6.4	12.3
长春	10.7	19.3	7.9	15.4
哈尔滨	11.4	20.5	8.0	15.5
济南	6.3	11.1	3.4	6.5
郑州	6.0	10.6	3	5.6
拉萨	8.4	15.2	3.6	6.9
西安	6.3	11.1	3	5.6
兰州	8.3	14.8	4.8	9.2
西宁	10.2	18.3	5.7	11
银川	9.1	16.3	5.7	11
乌鲁木齐	10.6	19.0	6.9	13.3

建筑供暖能耗指标的约束值和引导值（燃气为主） 表 4-10

城市	建筑供暖能耗指标〔Nm³/(m²·a)〕					
	约束值			引导值		
	区域集中供暖	小区集中供暖	分栋分户供暖	区域集中供暖	小区集中供暖	分栋分户供暖
北京	9	10.1	8.7	4.9	6.6	6.1
天津	8.7	9.7	8.4	5.1	6.9	6.4
石家庄	8	9.0	7.7	3.9	5.3	4.8
太原	10	11.2	9.7	5.3	7.3	6.7
呼和浩特	12.4	13.9	12.1	6.8	9.3	8.6
沈阳	11.4	12.7	11.1	6.8	9.3	8.6
长春	12.7	14.2	12.4	8.5	11.7	10.9
哈尔滨	13.4	15.0	13.1	8.5	11.7	10.9
济南	7.4	8.2	7.1	3.6	4.9	4.5
郑州	7.0	7.9	6.7	3.1	4.2	3.8
拉萨	10.0	11.2	9.7	3.9	5.3	4.8
西安	7.4	8.2	7.1	3.1	4.2	3.8
兰州	9.7	10.9	9.4	5.1	6.9	6.4
西宁	12.0	13.5	11.8	6.1	8.3	7.7
银川	10.7	12.0	10.4	6.1	8.3	7.7
乌鲁木齐	12.4	13.9	12.1	7.3	10.0	9.3

城市	建筑耗热量指标 [GJ/(m³·a)]	
	约束值	引导值
北京	0.26	0.19
天津	0.25	0.2
石家庄	0.23	0.15
太原	0.29	0.21
呼和浩特	0.36	0.27
沈阳	0.33	0.27
长春	0.37	0.34
哈尔滨	0.39	0.34
济南	0.21	0.14
郑州	0.2	0.12
拉萨	0.29	0.15
西安	0.21	0.12
兰州	0.28	0.20
西宁	0.35	0.24
银川	0.31	0.24
乌鲁木齐	0.36	0.29

建筑耗热量指标的约束值和引导值　　表 4-11

4.4 区域节能的主要技术

4.4.1 区域能源规划

分布式能源是城市能源系统的发展趋势，未来城市能源系统可能会是一种城市尺度分散—区域多源集中—终端用能系统的模式。因此，对于区域尺度的能源需求和供应而言，需要使用区域能源规划的方式对能源系统进行优化整合，以期达到区域节能的目的。区域能源规划遵循以下主要步骤：

一是设定节能目标。首先设定区域的节能目标以及环境目标、社会目标等。常见的节能目标有：低于本地区同类建筑能耗平均水平；低于国家建筑节能标准的能耗水平；达到某一具体的目标，如绿色建筑等；确定可再生能源建筑应用比例；明确减排的温室气体量等。

二是甄别和估计可用资源量。对区域或城市可用资源量进行识别和估算，其中可用资源包括来自于电网、热网和气网的能源；可再生能源如太阳能、风能、水能、地热能和生物质能等；未利用能源如温差能、工厂废热等；潜在的需求侧节约的能源；考虑负荷参差率而降低的能源消耗等。

三是对区域或城市内能源系统负荷的预测。目前用于预测的方法很多，如趋势预测法、回归预测法、滤波理论、灰色理论、神经元网络、情景分析法等，可根据实际情况选取适当的预测方法对区域或城市内能源系统负荷进行预测。

四是针对需求侧的能源管理。在摸清资源和能源系统负荷后，需要研究并了解需求侧的资源能够满足多少要求。

五是能源系统的优化配置。常规能源加上可再生能源、未利用能源以及需求侧节省的能源等，满足区域或城市能源系统的要求。

六是其他相关配套措施，如能源输送管网的优化布置、区域全程节能管理等。

4.4.2 智慧能源微网

智慧能源微网是一种利用信息化网络手段与能源生产、传输、存储、消费以及能源市场深度融合的能源产业发展新形态，具有设备智能、多能协同、信息对称、供需分散、系统扁平、交易开放等主要特征。

在全球科技革命和产业变革中，网络理念、先进信息技术与能源产业深度融合，正在推动智慧能源微网新技术、新模式和新业态的兴起，通过不断技术创新和制度变革，在能源开发利用和生产消费的全过程中，建立和完善符合生态文明和可持续发展要求的能源技术和能源制度体系。

智慧能源微网对于促进能源生产和消费革命，提高可再生能源比重，促进化石能源清洁高效利用，提升能源综合效率，推动能源市场开放和产业升级，提升能源国际合作水平具有重要意义。智慧能源微网系统基于集中式和分布式互相协同的多元能源结构，通过信息技术手段实现多种能源系统供需互动、有序配置，进而促进社会经济低碳、智能、高效的平衡发展。

4.4.3 分布式区域热电冷联产技术

分布式能源在建筑领域的应用一般可以认为是区域热电冷联产或者建筑热电冷联产的统称。对于用户来说，分布式能源优化整合了建筑能源供应系统，实现了能源的梯级利用，大大降低了运行成本，同时实现了较低的碳排放水平。分布式能源的潜在市场非常大，包括广大家庭的制冷、供暖、供电市场和小型商业建筑等冷、热、电负荷需求较少的能源市场等。

分布式区域热电冷联产技术的原理是锅炉产生的蒸汽在背压汽轮机或抽汽汽轮机发电，除满足各种热负荷外，其排汽或抽汽还可作为吸收式制冷机的工作蒸汽，生产6~8℃的冷水用于空调或工艺冷却，如图4-4所示。它的优点在于：一是蒸汽不在降压或经减温减压后供热，而是先发电，然后用抽汽或排汽满足供热制冷的需要，可以提高能源利用率；二是增大背压机负荷率，增加机组发电，减少冷凝损失，降低煤耗；三是保证生产工艺，改善生活质量，减少从业人员，提高劳动生产率；四是代替数量大、形式多的分散空调，改善环境景观，减少多点能耗，避免热岛现象。

小型区域热电联产或热电冷联产（DCHP），一般有中小型热电联产机组向一个区域（如住宅、工业商业建筑群或大学校园）供应蒸汽或高温水用于工艺或供暖。有时在热电站直接利用热能，通过吸收式制冷机产生空调冷水、通过余热锅炉产生低温热水或用直燃型吸收式冷热水机组同时产生冷水和热水，再通过管网供应给用户。

4.4.4 分布式水泵热网监控系统

分布式水泵供热系统是一种新型的供热方式，系统中热源循环泵、一次网加压泵和二次网循环泵各司其职，锅炉房内的热源循环泵负责热源内部的水循环；热力站一次网侧设

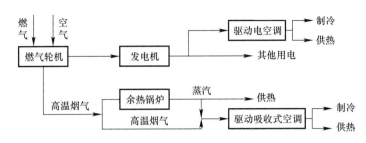

图 4-4　热电冷联产示意图

置加压泵负责一次网的水循环；热站二次网侧设置循环水泵负担用户侧的水循环。分布式水泵供热系统需要在热源进、出水管上设置一个均压管，均压管的目的是使管内的压降接近为零，即均压管内为同一压力值，从而达到稳压的作用，减少管路间水力工况的相互干扰。

分布式水泵供热系统的技术特点如下：

（1）改"供"为"抽"。分布式水泵供热系统中，各热力站的所需热量由各自的一次网加压泵"抽取"，打破了传统供热系统中统一由热源循环泵输送的模式。

（2）调节及时灵活，适应负荷变化的能力强。分布式水泵供热系统转变为用一次网加压泵提供必要的资用压头，通过调节水泵频率来调节抽取的流量，提高了热量调节的灵活性能，有利于改善一次管网的热平衡。需要多少就抽取多少，有利于供热量的调节，提高了热负荷突然变化的适应力。

（3）一次网的设计循环流量小。分布式水泵供热系统由于调节快速灵活，可以增大供回水温差，减少一次网的循环流量。

（4）运行压力低，提高了管网的安全性。采用传统供热系统时，热源循环泵须满足供热系统中最不利用户资用压头的要求，采用分布式水泵供热系统时，热源循环泵只需提供系统循环的部分动力，其余动力由各热力站的一次网加压泵进行调节，这使得热源循环泵的扬程降低，管网总供水压力降低，由于降低了管道公称压力，使得管道投资下降。

（5）运行成本低。分布式水泵供热系统取消了传统的调节阀门，采用一次网加压泵调节热量，避免了在传统供热系统的近端热用户形成过量的资用压头，避免了大量电能的浪费。同时分布式水泵供热系统在整个供暖季，随着室外气温的变化，循环流量在 $50\%\sim100\%$ 的设计流量下运行，经测算，采用这种模式运行可节电 50%。

（6）调节频率和精度高，要求自动化水平高。分布式水泵供热系统中，一次网加压泵随着热负荷的变化来调节频率达到调节供热量的目的，由于调节灵活快速，人工难以完成调节的精度和频率，因此分布式水泵供热系统必须实现自动化调节，否则难以发挥分布式水泵供热系统的特点。

（7）提高安全性。分布式水泵供热系统可以防止因锅炉房主循环泵意外停泵时，确保一次管线还能有足够的流量，避免锅炉发生汽化，保证供热系统的安全运行。

根据分布式水泵供热系统的特点，分布式水泵热网监控系统采用分布式计算机系统结构，即中央与本地分工协作监控方法，供热量的自动调节决策功能完全"下放"给本地的热力站机组，中央控制室只负责全网参数的监视以及总供热量、总循环流量的自动调控。分布式水泵监控系统由监控中心和若干个远程终端站以及相关的通信网络组成，系统为拓

83

扑结构可扩展，分成管理级、控制级、现场级。监控中心设置在便于供热调度管理的地点，安装监控系统软件，采集数据，监控远程终端站的运行，下发调度指令，保障分布式水泵供热系统的安全、节能运行。在热源和各个分布式水泵换热站设置远程终端控制，远程终端与监控中心实现实时通信、数据传输。监控中心采集过程数据，并提供操作指导、控制、报警、报告、历史数据处理、趋势显示等主要功能。

4.4.5 公共建筑能耗监测分析与自动控制系统

公共建筑能耗监测分析与自动控制系统是指通过对国家机关办公建筑和其他类型公共建筑安装分类分项能耗计量装置，对建筑能耗数据进行自动采集、汇总、传输、分析，及时准确地提供建筑能耗基础数据，并通过现场安装的仪表所带有的分时段控制和系统的手动控制功能，实现对建筑用能设备的合理化控制，达到建筑节能的效果。

公共建筑能耗监测分析与自动控制系统在架构上分为四个层次，分别是计量器具（传感器）、数据采集器、现场工作站和数据管理中心。

（1）计量器具（传感器）

公共建筑能耗监测分析与自动控制系统最底层是计量器具（传感器），由各种类型的能耗计量装置和传感器组成，采集数据主要包括以下内容：

1）建筑内部水、电、气、供热、供冷等能耗；

2）重点用能设备（系统）运行状态参数，如空调系统运行参数、照明系统运行参数、电梯运行参数、变压器运行参数等；

3）与建筑能耗相关的建筑物理参数、室内外环境参数，如建筑围护结构热阻、室内外的温湿度、室外风速和日照、室内二氧化碳浓度等。

（2）数据采集器

公共建筑能耗监测分析与自动控制系统第二层是数据采集器。数据采集器通过总线采集、存储、统计建筑能耗数据，并以数据包的形式将采集或统计的建筑能耗数据上传至现场工作站。

（3）现场工作站

公共建筑能耗监测分析与自动控制系统第三层是设置在每个公共建筑内的现场工作站。数据采集终端采集的数据通过数据总线等有线或无线方式相连组成物联网，通过相关的协议汇集到现场工作站，现场工作站是数据的中转站，并同时向建筑管理者提供该建筑的用能状况。当建筑物较大或是建筑群时，需要在建筑物或建筑群内建立总中心，它是针对群体建筑或具有一定相关性的多栋建筑组建的数据中心，可以调度各个单体建筑的能耗数据以及不同建筑之间的能耗对比。

（4）数据管理中心

公共建筑能耗监测分析与自动控制系统最高层是数据管理中心，在数据管理中心构建大型数据库，现场工作站通过有线或无线方式将数据实时传输给数据管理中心。在数据管理中心对各种建筑能耗数据进行汇总、分析、统计、报表、综合评价、预警、发布等处理。

第5章 区域节能的经验与做法

5.1 区域节能的主体责任

法律体系的建立健全是推进区域节能的重要基础，也明确了区域节能的主体责任。《中华人民共和国节约能源法》第十条规定："县级以上地方各级人民政府管理节能工作的部门负责本行政区域内的节能监督管理工作。县级以上地方各级人民政府有关部门在各自的职责范围内负责节能监督管理工作，并接受同级管理节能工作的部门的指导；县级以上人民政府管理节能工作的部门和有关部门应当在各自的职责范围内，加强对节能法律、法规和节能标准执行情况的监督检查，依法查处违法用能行为。"《民用建筑节能条例》第五条要求："县级以上地方人民政府建设主管部门负责本行政区域民用建筑节能的监督管理工作；县级以上人民政府有关部门应当依照本条例的规定以及本级人民政府规定的职责分工，负责民用建筑节能的有关工作。"从法律层面来看，我国区域节能是以行政区划为划分原则，由县级以上地方人民政府建设主管部门专门负责区域内民用建筑节能的有关工作。

从实际情况来看，我国幅员辽阔、建筑量大面广，不可能完全按照一样的方式方法推进区域节能工作，由县级以上地方人民政府建设主管部门统筹负责本行政区域内的建筑节能规划制定、标准规范编制、专项资金安排、单位个人表彰等工作，可以因地制宜地制定符合区域实际情况的一系列政策措施，使政策措施具有针对性、可行性和可操作性，有效解决区域的实际问题和主要障碍，促进区域节能工作的快速、有序、科学推进。当然，在区域节能实施的过程中，也离不开街道、社区、物业等基层单位的积极作用。

5.2 区域节能的经验与做法

5.2.1 试点示范

1. 可再生能源建筑应用

在可再生能源建筑应用示范带动下，各地制定出台了一系列相关政策法规、标准规范等，积累了丰富的经验和做法。

（1）法律法规方面

可再生能源建筑应用已从"十一五"积极探索、试点示范步入到"十二五"法制化、"十三五"规模化的发展道路。各地积极制定本地区的节能行政法规，北京、江苏、浙江、上海、安徽、山东、湖北、湖南、深圳、海南等省市出台了建筑节能条例或办法，强制太阳能热水系统或政府投资的公共建筑应当至少利用一种可再生能源，如图5-1所示。

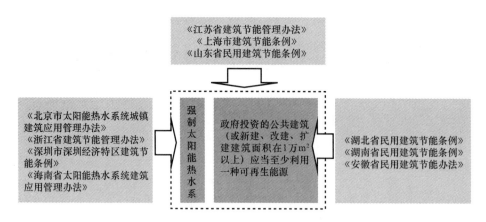

图5-1 部分省市出台的建筑节能法规中对可再生能源建筑应用的强制规定

（2）发展目标方面

2013年1月1日，国务院办公厅出台《关于转发发展改革委住房城乡建设部绿色建筑行动方案的通知》（国办发〔2013〕1号），提出："到2015年末，新增可再生能源建筑应用面积25亿平方米，示范地区建筑可再生能源消费量占建筑能耗总量的比例达到10％以上"。各地积极贯彻国家绿色建筑行动方案，结合实际，出台本地区绿色建筑行动具体方案，大部分地区明确提出本地区可再生能源建筑应用发展目标及具体措施。从具体目标的制定方式上看，有新增面积指标、累计面积指标、面积比例和占建筑能耗比例等几种形式。

从面积比例、占建筑能耗比例的目标来看，如山东提出到2015年底可再生能源在城镇新建建筑中的应用面积达到50％以上，甘肃提出到2020年可再生能源消费量占建筑能耗总量的比例达到15％，如表5-1所示。

提出占建筑能耗比例指标和面积比例指标的省份　　　　　　　　　　　表5-1

占建筑能耗比例指标	面积比例指标
到2015年底，河北、大连、广东、广西、甘肃、宁夏、新疆兵团提出可再生能源消费量占建筑能耗总量的比例达到10％，山东提出达到12％； 到2020年，甘肃提出达到15％	到2015年底，北京全市使用可再生能源的民用建筑面积达到存量建筑总面积的8％； 到2015年底，青岛可再生能源在城镇新建建筑中的应用面积达到30％以上，河北提出达到40％，山东提出达到50％； 到2020年末，山西新建建筑可再生能源应用比例要达到50％

从累计面积、新增面积目标来看，如河北提出到2015年底，全省可再生能源建筑应用面积累计达到1.55亿 m^2；"十二五"期间，江苏、山东、河南、广东提出新增可再生能源建筑应用面积超过1亿 m^2，如图5-2所示。

2016年以来，各地相继发布《建筑节能与绿色建筑"十三五"发展规划》，北京、天津、河北、山西、内蒙古、上海、江苏、浙江、福建、江西、山东、湖北、广东、广西、海南、四川、重庆、陕西等地均发布了相应专项规划。从具体目标制定方式来看，有"十三五"新增面积指标、节煤量、面积比例和占建筑能耗比例等几种形式。

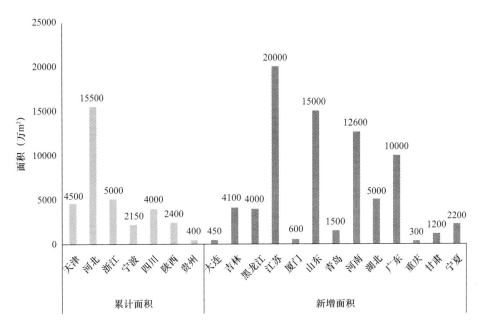

图 5-2　提出可再生能源建筑累计和新增应用面积目标的省市

从面积比例、占建筑能耗比例的目标来看，如北京市提出"十三五"期末可再生能源建筑应用面积比例达到 16%，河北省提出到 2020 年可再生能源建筑应用消费比例占到 9%，如表 5-2 所示。

"十三五"建筑节能相关规划中提出比例指标的省份　　　　　　　　　表 5-2

占建筑能耗比例指标	面积比例指标
到 2020 年底，天津提出可再生能源消费量占建筑能耗总量的比例达到 10%； 到 2020 年，河北提出达到 9%； 到 2020 年，浙江提出达到 10%； 到 2020 年，新疆提出达到 15%	到 2020 年底，北京全市使用可再生能源的民用建筑面积比例达到 16%； 到 2020 年底，河北提出达到 49%； 到 2020 年底，江西提出达到 6%； 到 2020 年底，山东提出达到 50%

从新增面积和节煤量目标来看，如湖北省提出"十三五"期间新增可再生能源建筑应用面积 8000 万 m²；广西提出"十三五"期间可再生能源建筑应用形成的节能量折合为 24 万 tce，如图 5-3 所示。

（3）激励机制方面

各地在总体发展目标的约束下，因地制宜，分别针对太阳能光热利用，太阳能光伏建筑应用及浅层地热能等的推广应用，制定了相关约束或激励政策。

1）太阳能光热利用

《可再生能源发展"十二五"规划》中明确提出："加快普及太阳能热水器，扩大太阳能热水器在城市和乡镇、民用和公共建筑上的应用，在农村地区推广太阳房和太阳灶。"

不完全统计，迄今为止，北京、江苏、安徽、山东、山西、浙江、宁夏、海南、湖北、吉林、上海、宁波、赤峰、巴彦淖尔、福州、南京、深圳、广州、深圳、珠海、东莞

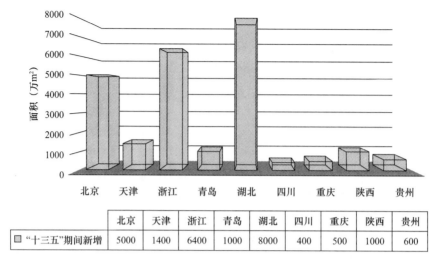

	北京	天津	浙江	青岛	湖北	四川	重庆	陕西	贵州
□ "十三五"期间新增	5000	1400	6400	1000	8000	400	500	1000	600

图 5-3　提出"十三五"期间新增可再生能源面积目标的省份

等 21 省 50 市出台了强制在新建建筑中推广太阳能热水系统的相关法规或政策，强制推广的地区主要集中在东、中部地区，大部分规定为 12 层及以下的建筑，其中个别城市规定在 18 层或 100m。河北、山东、湖北、青海等省继续加强政策实施力度，河北省住房和城乡建设厅 2014 年下发《关于规模化开展太阳能热水系统建筑应用工作的通知》（冀建科〔2014〕24 号），决定在全省规模化开展太阳能热水系统建筑应用工作，明确到 2016 年年底，新建建筑太阳能热水系统应用面积接近或力争达到 50%。山东省实施太阳能光热强制推广政策，12 层及以下住宅建筑及集中供应热水的公共建筑全部同步设计、安装太阳能热水系统，积极推动高层建筑应用太阳能热水系统，济南、菏泽等市将强制推广范围扩大到 100m 以下住宅建筑。青海省借助住房城乡建设部大力发展被动式太阳能暖房的契机，结合本省实施被动式太阳能供暖项目经验和技术，在各地政府配合下，2013 年青海省实施农牧区被动式太阳能暖房项目面积达 110 万 m²，惠及全省两市五州 11000 户农牧民住户，逐步在农牧地区被动式供暖民居建设中已形成了具有本省地域特点的"门源模式"，受到了广大农牧区群众的欢迎。湖北省武汉市明确在全市范围内新建、改建、扩建 18 层及以下住宅（含商住楼）和宾馆、酒店、医院病房大楼、老年人公寓、学生宿舍、托幼建筑、健身洗浴中心、游泳馆（池）等热水需求较大的建筑，应统一同期设计、同步施工、同时投入使用太阳能热水系统。北京市自 2012 年 3 月 1 日颁布了强制安装太阳能政策《北京市太阳能热水系统城镇建筑应用管理办法》，办法规定自 3 月 1 日起，本市所有新建建筑，强制安装太阳能热水系统。其中规定，新建、改建工程的建设单位、设计单位应当按照国家标准和北京市地方标准的要求进行太阳能热水系统的设计。太阳能热水系统建筑应用的经济技术指标和设计安装要求纳入本市地方标准，重要指标和要求作为强制性条款。对擅自取消太阳能热水系统的建设项目，责令限期整改。北京市于 2013 年颁布 75%《居住建筑节能设计标准》，明确了 12 层以下的住宅建筑屋面有效集热器面积计算公式及 12 层以上的住宅建筑宜设置太阳能热水系统，如表 5-3 所示。并且加强监管措施，将太阳能热水系统纳入设计施工图审查、节能专项验收备案等建设管理环节。

北京市《居住建筑节能设计标准》对集热器面积具体规定　　表 5-3

序号	居住建筑情况	具体规定要求
1	12 层及其以下的住宅和 12 层以上 $F_{wx} \geq A_{jz}$ 的住宅	应设置供应楼内所有用户的太阳能热水系统
2	12 层以上 $F_{wx} < A_{jz}$ 的住宅	宜设置太阳能热水系统，除宜在屋面集中设置太阳能集热器外，还宜在住户朝向合适的阳台分户设置集热器

注：1. F_{wx} 为屋面能够设置集热器的有效面积，A_{jz} 为计算集热器总面积。
　　2. 判定住宅是否必须设置供应全楼所有用户的太阳能热水系统时，屋面能够设置集热器的有效面积 F_{wx}、计算集热器总面积 A_{jz} 应按以下计算方式确：
$$F_{wx} = 0.4 F_{wt} \quad A_{jz} = 2.0 m_z$$
其中：F_{wt}——屋面水平投影面积（m^2）；0.4——屋面能够设置集热器的有效面积占屋面总投影面积的比值；m_z——建筑物总户数；集热器面积（m^2/户）。

2）太阳能光伏发电

自 2009 年住房城乡建设部、财政部开展"太阳能屋顶计划"以来，光电建筑应用项目示范有效地开拓了光伏国内应用市场。

2013 年，国务院发布《关于促进光伏产业健康发展的若干意见》（国发〔2013〕24 号），各部委实施细则相继出台，如财政部出台了《关于分布式光伏发电实行按照电量补贴政策等有关问题的通知》、国家发展改革委发布了《关于调整可再生能源电价附加标准与环保电价有关事项的通知》等，光伏电站标杆上网电价执行按Ⅰ类、Ⅱ类、Ⅲ类资源区标杆上网电价分别调整为 0.65 元/kWh、0.75 元/kWh、0.85 元/kWh（含税）。采用"自发自用、余量上网"模式的分布式光伏发电项目，补贴标准调整为 0.42 元/kWh（含税）。

2018 年，国家发展改革委发布《关于 2018 年光伏发电项目价格政策的通知》（发改价格规〔2017〕2196 号），下调光伏电价：降低 2018 年 1 月 1 日之后投运的光伏电站标杆上网电价，Ⅰ类、Ⅱ类、Ⅲ类资源区标杆上网电价分别调整为 0.55 元/kWh、0.65 元/kWh、0.75 元/kWh（含税）。2018 年 1 月 1 日以后投运的、采用"自发自用、余量上网"模式的分布式光伏发电项目，全电量度电补贴标准降低 0.05 元，即补贴标准调整为 0.37 元/kWh（含税）；采用"全额上网"模式的分布式光伏发电项目按所在资源区光伏电站价格执行。村级光伏扶贫电站（0.5MW 及以下）标杆电价、户用分布式光伏扶贫项目度电补贴标准保持不变。

除中央部委出台政策外，各地方也根据实际发展需要，制定相关省、市、县级补贴政策，如表 5-4 所示。

全国部分地区分布式光伏发电补贴电价政策汇总表　　表 5-4

序号	省	市	区县	补贴项目条件	度电补贴（元/kWh）					补贴期限
					国家	省级	市级	县级	合计	
1	北京	北京	北京	2015 年 1 月 1 日至 2019 年 12 月 31 日期间并网的分布式光伏	0.37	0.3			0.67	五年
2	山西	晋城	晋城	农户自建的家庭光伏	0.37		0.2		0.57	
				新型农业经营主体建设的与现代农业设施相结合的光伏	0.37		0.2		0.57	

序号	省	市	区县	补贴项目条件	度电补贴（元/kWh）					补贴期限
					国家	省级	市级	县级	合计	
3	上海	上海	上海	本市2016~2018年投产发电的新能源项目，工商企业用户	0.37	0.25			0.62	五年
				本市2016~2018年投产发电的新能源项目，学校用户	0.37	0.55			0.92	五年
				本市2016~2018年投产发电的新能源项目，个人、养老院等享受优惠电价用户	0.37	0.4			0.77	五年
4	江苏	盐城	盐城	市内范围的分布式光伏	0.37		0.1		0.47	两年
5	浙江	杭州	杭州市	在杭注册的光伏企业在杭州市于2016~2018期间建成并网的分布式（含全额上网模式）	0.37	0.1	0.1		0.57	五年
			萧山	验收合格、装机容量30kW以上的分布式	0.37	0.1	0.1	0.2	0.77	五年
			余杭	在余杭注册的光伏企业在市区于2017年1月1日~2019年年底建成并网的分布式（含全额上网模式）	0.37	0.1	0.1	0.2	0.77	自并网至2020年底
				居民住宅单独建设的光伏	0.37	0.1			0.47	
		温州	温州市	在温州注册的光伏企业在市区于2017年1月1日~2019年年底建成并网的分布式（含全额上网模式）	0.37	0.1	0.1		0.57	五年
				2017年1月1日~2019年年底建成并网的居民家庭屋顶光伏	0.37	0.1	0.3		0.77	五年
				2017年1月1日~2019年年底建成并网的屋顶所有者（屋顶租赁）	0.37	0.1	0.05		0.52	五年
			鹿城	居民家庭自建屋顶光伏	0.37	0.1	0.3		0.77	
			瑞安	在瑞安注册的光伏企业在瑞安于2017年1月1日~2019年年底建成并网的单位屋顶光伏	0.37	0.1		0.3	0.77	五年
				2017年1月1日~2019年年底建成并网的居民家庭屋顶光伏	0.37	0.1		0.3	0.77	五年
				2017年1月1日~2019年年底建成并网的屋顶所有者（屋顶租赁）	0.37	0.1		0.05	0.52	五年
			永嘉	县内注册的企业以及居民，在县域范围内于2017年1月1日~2019年年底建成并网的企业和居民家庭屋顶光伏	0.37	0.1		0.3	0.77	五年
			文成	2018年底前建成并网的分布式	0.37	0.1		0.2	0.67	五年
				2018年底前建成并网的居民个人投资光伏	0.37	0.1		0.3	0.77	五年
			泰顺	2015~2018年年底前低收入农户家庭屋顶	0.37	0.1			0.47	
				2015~2018年年底前安装的分布式光伏	0.37	0.1		0.3	0.77	五年

序号	省	市	区县	补贴项目条件	度电补贴（元/kWh）					补贴期限
					国家	省级	市级	县级	合计	
5	浙江	嘉兴	平湖	2000m² 以下工业企业屋顶，装机150kW 以下光伏，建成并网的前两年	0.37	0.1		0.25	0.72	两年
				2000m² 以下工业企业屋顶，装机150kW 以下光伏，建成并网的第3~5年	0.37	0.1		0.2	0.67	
				鱼塘、大棚等农业光伏，并网的前两年	0.37	0.1		0.3	0.77	
				鱼塘、大棚等农业光伏，并网的第3~5年	0.37	0.1		0.2	0.67	
				居民屋顶成片100kW 以上光伏	0.37	0.1			0.47	三年
			海盐	建成并网屋顶分布式，并网的前三年	0.37	0.1		0.35	0.82	
				建成并网屋顶分布式，并网的后两年	0.37	0.1		0.2	0.67	
				只提供屋顶、由其他方投资的分布式，对屋顶提供方	0.37	0.1			0.47	
			嘉善	2020年底前在县注册的光伏企业在县域投资建的分布式和自投自用的分布式	0.37	0.1		0.1	0.57	三年
				2020年底前各镇村利用两创中心等集体物业的屋顶自投自建的分布式	0.37	0.1		0.2	0.67	三年
				2020年底前居民家庭屋顶光伏	0.37	0.1			0.47	
		宁波	市区	2020年底前在市区经过备案认可且在9万户目标内并网发电的家庭屋顶光伏	0.37	0.1	0.15		0.62	三年
		湖州	市区	2021年前建成并网的市区居民屋顶光伏	0.37	0.1		0.18	0.65	五年
				2021年前建成并网以及80%以上采用市区生产光伏组件等关键设备的项目	0.37	0.1			0.47	
			长兴	居民住宅光伏	0.37	0.1			0.47	
				新能源小镇规划内的居民屋顶光伏	0.37	0.1			0.47	
				县内注册的光伏企业在县域内企业屋顶实施的光伏	0.37	0.1		0.1	0.57	两年
			安吉	2021年前安装居民屋顶光伏的业主	0.37	0.1		0.2	0.67	五年
				2021年前县内注册的光伏企业在县域内企业屋顶实施的非居民屋顶光伏及农渔地面	0.37	0.1		0.1	0.57	两年
				2021年前对企业等安装光伏等新能源产品	0.37	0.1			0.47	
		绍兴	市区	家庭屋顶光伏	0.37	0.1	0.2		0.67	五年
			滨海委诸暨	新城区域内的居民家庭、企业利用屋顶、空地、荒坡等投资建的分布式，于2018年底前并网发电	0.37	0.1		0.2	0.67	五年

序号	省	市	区县	补贴项目条件	度电补贴（元/kWh）					补贴期限
					国家	省级	市级	县级	合计	
5	浙江	金华	市区	2018年底前，在市区注册的光伏企业在市区建设的分布式	0.37	0.1	0.2		0.67	五年
				2018年底前市区的居民家庭屋顶光伏	0.37	0.1	0.2		0.77	三年
			永康	本市注册的企业在市域范围新建光伏，2017、2018年年底前建成并网	0.37	0.1		0.15	0.62	五年
				本市注册的企业在市域范围新建光伏，2019、2020年年底前建成并网	0.37	0.1		0.1	0.57	五年
				居民屋顶或农业主体利用设施新建光伏，2020年年底建成并网	0.37	0.1		0.3	0.77	五年
			磐安	对列入集中连片居民光伏试点计划的居民光伏	0.37	0.1			0.47	
				对未列入上述的2018年年底前建成项目	0.37	0.1		0.2	0.67	三年
				2018年年底前，对列入县光伏年度计划的分布式、农光、地面电站	0.37	0.1		0.2	0.67	三年
			浦江	2018年年底前，在县域注册的光伏企业在县域立项并建设的分布式和居民家庭光伏	0.37	0.1		0.2	0.67	三年
		台州	玉环	在本市投资并网的分布式，当年或跨年度投资额达30万元且年发电量达5万度电	0.37	0.1		0.05	0.52	五年
			仙居	2019年年底前建成并网的分布式	0.37	0.1		0.1	0.57	三年
				2019年年底前建成并网的未享受装机补贴的家庭屋顶分布式	0.37	0.1		0.2	0.67	三年
6	安徽	合肥	合肥市	注册的光伏企业在本市新建光伏或本市居民投资建设家庭光伏，全部使用推广目录中组件逆变器，2016～2018年期间并网分布式	0.37		0.25		0.62	十五年
				光伏企业采用合同能源管理租用其他企业、单位屋顶投资建设分布式，对装机超过0.1MW且建成并网的屋顶光伏	0.37				0.37	
				对使用《合肥市光伏产品推广目录》的光伏构件产品替代建筑装饰材料、建成光伏一体化项目	0.37		0.25		0.62	
		淮南	淮南	新建的屋顶分布式	0.37		0.25		0.62	十年
		淮北	淮北	市内注册的光伏企业新建光伏，同时在市投资5000万元以上光伏产业项目，或70%以上使用本市企业生产的光伏产品	0.37		0.25		0.62	
		马鞍山	马鞍山	市内注册的企业在市新建光伏且全部使用本市企业生产的组件	0.37		0.25		0.62	

序号	省	市	区县	补贴项目条件	度电补贴（元/kWh）					补贴期限
					国家	省级	市级	县级	合计	
7	江西	南昌	南昌	本市行政区域内新建光伏的企业列入本市年度建设计划的项目（万家屋顶除外）	0.37		0.15		0.52	五年
		上饶	上饶	本市行政区域内新建列入市年度计划的屋顶发电	0.37		0.15		0.52	五年
8	湖北	宜昌	宜昌	2014年5月以后在本市范围内的光伏	0.37		0.25		0.62	十年
		黄石	黄石	市内投资建设、具备独立核算，手续齐备且已通过供电公司验收并网的所有光伏	0.37		0.1		0.47	
				在市内投资建厂生产光伏组件且投资额在1亿元以上的光伏项目	0.37		0.2		0.57	
				使用本市本地产品和劳务的光伏	0.37		0.1		0.47	
9	湖南	省	省	2014年至2019年10月31日已经纳入国家可再生能源电价附加资金补助目录已并网运行且经过现场审核，未享受过中央及省相关补贴的分布式	0.37	0.2			0.57	
		长沙	长沙	市内注册企业、机构、社区和家庭投资新建并于2014~2020年期间建成并网的分布式	0.37	0.2	0.1		0.67	五年
10	广东	广州	广州市	纳入市2014~2020年分布式整体规模的居民家庭、行政机关、建筑附属空地或废弃土地、农业大棚、滩涂、垃圾填埋场、鱼塘等建设的项目	0.37		0.15		0.52	六年
				建筑屋顶建的光伏项目的建筑物权属人、项目建设单位	0.37				0.37	
		东莞	东莞市	2017年1月1日~2018年年底取得市发改备案且经市供电部门并网验收的分布式，装机在120MW以内对建设的建筑业主	0.37				0.37	
				2017年1月1日~2018年年底取得市发改备案且经市供电部门并网验收的分布式，装机在120MW以内对机关事业单位、工厂、交通站点、商业、学校、医院、农业大棚等非自有住宅建设的各类投资者	0.37		0.1		0.47	五年
				2017年1月1日~2018年年底取得市发改备案且经市供电部门并网验收的分布式，装机在120MW以内对利用自有住宅建设的居民分布式的自然人投资者	0.37		0.3		0.67	五年

序号	省	市	区县	补贴项目条件	度电补贴（元/kWh）					补贴期限
					国家	省级	市级	县级	合计	
10	广东	佛山	市区	2016～2018年年本市利用工业、农业、商业、交通场站、学校、医院等建设分布式的业主	0.37				0.37	
				2016～2018年年本市利用个人家庭提供自有建筑达1kW及以上的业主	0.37				0.37	
				2016～2018年年投资建设分布式的投资者	0.37		0.15		0.52	三年
			禅城	2017～2018年区内建成并网验收的分布式光伏投资者、项目业主	0.37				0.37	
11	海南	三亚	三亚	2020年前在本市行政区内建成的符合条件的分布式光伏	0.37		0.25		0.62	五年
12	福建	泉州	泉州	村集体或村企合作，利用闲置土地、企业厂房或租用村民屋顶等，建设的村级光伏，给予村集体每瓦一次性2元，封顶100万元	0.37				0.37	

3）浅层地热能开发利用

2013年1月，国家能源局、财政部、国土资源部、住房和城乡建设部出台《关于促进地热能开发利用的指导意见》（国能新能〔2013〕48号），其中明确提出：到2015年，全国地热供暖面积达到5亿平方米，地热发电装机容量达到10万千瓦，地热能年利用量达到2000万tce，形成地热能资源评价、开发利用技术、关键设备制造、产业服务等比较完整的产业体系。到2020年，地热能开发利用量达到5000万tce，形成完善的地热能开发利用技术和产业体系。"其中，在推广浅层地热能开发利用方面指出，"在做好环境保护的前提下，促进浅层地热能的规模化应用。在资源条件适宜地区，优先发展再生水源热泵（含污水、工业废水等），积极发展土壤源、地表水源（含江、河、湖泊等）热泵，适度发展地下水源热泵，提高浅层地温能在城镇建筑用能中的比例。重点在地热能资源丰富、建筑利用条件优越、建筑用能需求旺盛的地区，规模化推广利用浅层地温能。鼓励在具备应用条件的城镇新建建筑或既有建筑节能改造中，同步推广应用热泵系统，鼓励政府投资的公益性建筑及大型公共建筑优先采用热泵系统，鼓励既有燃煤、燃油锅炉供热制冷等传统能源系统，改用热泵系统或与热泵系统复合应用。

在示范带动及政策引领下，北京、河北、辽宁、江苏、湖南、重庆等省市也制定相关激励政策，如：北京市对新建的再生水（污水）、余热和土壤源热泵供暖项目的热源和一次管网建设给予补贴；河北省对公共建筑采用地源热泵系统的项目，所需资金纳入各级政府固定资产投资预算；住宅、商业写字楼等民用建筑采用地源热泵系统，有条件的市、县由同级财政按建筑面积给予一次性补助；辽宁省制定电价优惠政策；江苏、湖南、重庆等制定水资源费的减免等优惠政策。

4）空气热能建筑应用

2016年，住房和城乡建设部立项，重点研究了空气热能纳入可再生能源范畴的技术路径。空气热能具备可再生能源的属性，综合考虑产业、相关政策、计算方法的发展成熟度，建议将空气热能纳入可再生能源范畴的技术路径中，优先将空气源热泵热水器（机）纳入。同年，在国务院《关于印发"十三五"节能减排综合工作方案的通知》（国发〔2016〕74号）文件中，要求在强化建筑节能方面，推进利用太阳能、浅层地热能、空气热能、工业余热等解决建筑用能需求。

空气热能与地热能一样，来源于太阳能。如图5-4所示，太阳能是地球所需能量的基本来源。太阳能以短波辐射的形式到达地球大气层表面，其中约17％被云层反射返回宇宙空间；约8％经大气中各种分子、尘埃、微小水珠等质点散射返回太空；约6％被地表反射返回太空。以上三部分占到达大气层表面的太阳能总量的约31％，称为地球的星体反射率。剩下约69％的太阳能中，19％被上层大气（平流层）中的尘埃、臭氧、水蒸气等直接吸收；约4％被下层大气（对流层）中的云层所吸收；约46％的太阳能最终到达地表并被吸收。被地表吸收这部分能量最终有6％以地面（包括水面）长波辐射的形式被靠近地表的大气层及云层吸收，约9％以长波辐射的形式返回太空；剩余约30％才以潜热或显热的形式通过对流、蒸发等方式进入靠近地表的大气层及云层中，即空气热能的来源。

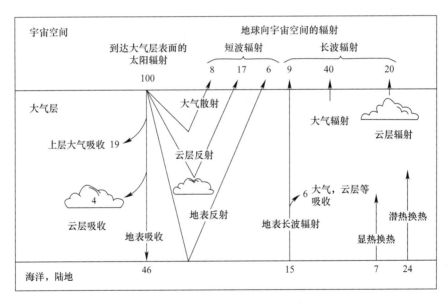

图5-4　达到地球的太阳能量平衡图

空气热能的储量非常可观。根据上文，最终进入靠近地表的大气层的太阳能（包括潜热及显热）约占到达大气层表面的太阳能总量的30％左右。到达地球大气层表面太阳辐射总能量约为 $1.7 \times 10^{14} \mathrm{kW}$，则约30％被靠近地表的大气层所吸收，形成空气热能总量约 $5.1 \times 10^{13} \mathrm{kW}$。

空气热能经过热泵技术利用与开发，成为城镇及农村满足供热需求的能源形式。空气源热泵技术是空气热能利用的主要技术方式，也是目前最普遍利用方式，实现了供暖和制取生活热水。

浙江省率先为可再生能源开发利用立法，在《浙江省可再生能源开发利用促进条例》（2012年5月30日通过）中明确提出：本条例所称可再生能源，是指风能、太阳能、水能、生物质能、地热能、海洋能、空气能等非化石能源。但对空气能没有给出具体释义。《浙江省可再生能源核算标准》DB 33/1105—2014，明确其特指为空气源热泵热水器。

北京市在无集中供热条件的地区，如远郊区县的住宅、独立式住宅、其他建筑中的局部区域、市中心文保区住户的供热改造等，采用空气源热泵和采用以空气源热泵为辅助热源的太阳能制备生活热水的分户独立系统，与燃煤供热和用电直接供热相比较，对北京地区的环境保护和节能方面都有显著优势。北京市住房和城乡建设委员会在2013年发布了《住宅户式空气源热泵供热和太阳能生活热水联合系统应用技术导则》，同时，适用于分户独立供暖的民用建筑工程采用低温空气源热泵技术也纳入了《北京市推广、限制和禁止使用建筑材料目录（2014年版）》。根据"煤改电"补贴政策相关统计信息，2014年，北京郊区县"煤改电"补贴政策实施期间，空气源热泵供暖补贴用户5300户；2015年，空气源热泵供暖补贴用户已经达11335户；2016年完成22.6万户农户"煤改电"供暖替代。郊区县农居以独栋住宅为主，按照平均每户住宅面积100m² 计算，则空气源热泵供暖面积至少达到170万 m²。

天津、河北、山西等地为改善大气质量，提高环境保护力度，也在积极推进"煤替代"、"煤改电"等工作，空气热能在建筑上的应用将不断扩大规模，深化应用形式，成为清洁取暖、可再生能源利用的重要组成部分。相关地方政策详细内容如表5-5所示。

空气源热泵技术应用的相关政策及内容　　　　　　　　　　　表5-5

省市	相关政策	发布单位	发布时间	主要内容	技术类型
浙江	浙江省可再生能源开发利用条例	浙江省人大	2012-5-30	将"空气能"纳入可再生能源范围	空气源热泵热水器
	民用建筑可再生能源应用核算标准（DB 33/1105—2014）	浙江省住房与城乡建设厅、省质量技术监督局	2014-12-19	明确了其纳入可再生能源范围的技术利用方式为空气能热泵热水系统，且浙江空气能热泵热水系统年平均能效比约为2.5；规定了可再生能源利用量的核算方式	
福建	福建省居住建筑节能设计标准（DBJ/T 13—62—2014）	福建省住房和城乡建设厅	2014-12-1	将空气源热泵热水机组写入"可再生能源建筑应用"一章，并明确规定了其最低性能系数（COP）	空气源热泵热水器
北京	北京市推广、限制和禁止使用建筑材料目录（2014年版）的通知（京建发〔2015〕86号）	北京市住房和城乡建设委员会	2014-11-4	将低温空气源热泵，适用于分户独立供暖，列入该目录的"可再生能源"一类	（低温型）空气源热泵供暖
青岛	关于印发青岛市加快清洁能源供热发展若干政策的通知（青政办发〔2014〕24号）	青岛市人民政府办公厅	2014-12-15	鼓励多种清洁能源供热方式联合使用和能源梯级利用，其中包括：因地制宜发展土壤源热泵、空气源热泵、太阳能、生物质能等供热，试点高效、洁净燃煤供热技术应用	空气源热泵供暖

2. 既有居住建筑节能改造

（1）北方采暖地区既有居住建筑供热计量及节能改造

在推进北方采暖地区既有居住建筑供热计量及节能改造的过程中，各省、自治区和直辖市结合本地实际不断探索和改进推进方式和监管模式，在政策法规、组织架构、资金保障、管理机制、标准规范、项目监管等方面总结了一系列行之有效的经验。

1）立法保障，明确职责，协力推进改造工作。

《民用建筑节能条例》于2008年颁布实施，条例的出台有效地促进了有关地区建筑节能的法制化进程，并纷纷设置单独章节对既有建筑改造提出要求。北京市鼓励对不符合建筑节能强制性标准的既有居住建筑进行围护结构和供热计量改造，改造资金由政府、所有权人共同承担。天津市提出旧楼区综合改造、房屋修缮、建筑结构改造以及外檐翻修等项目，应当同步进行相应的建筑节能改造。山西省提出县级以上人民政府应当制定优惠政策，推动社会资金参与既有民用建筑的节能改造，投资人有权按照约定获得投资收益。山东省提出统一热源或者换热站供热区域内的既有建筑，应当按照既有建筑节能改造计划统一实施节能改造。宁夏回族自治区提出既有民用建筑在改建、扩建或者进行围护结构装饰装修、用能系统更新时，应当同步实施建筑节能改造，达到建筑节能标准。通过法律约束既有建筑节能改造的责任和义务，促进了既有建筑改造体制机制的建立健全，实现了我国既有建筑改造工作的法律化、制度化、正规化，形成了职责明确、部门联动、上下协作、统筹推进既有建筑节能改造的良好局面。

2）自下而上，计划管理，科学制定规划目标。

既有建筑节能改造任务重、范围广，通过实践摸索与尝试，既有建筑节能改造形成了县、市、省和国家多层级的、"自下而上"的计划管理机制。市县建设、财政主管部门负责组织遴选改造项目，评价节能潜力，摸底改造需求；省级建设、财政主管部门负责汇总基层数据，申请年度任务，并制定区域规划目标；国家层面通过地方摸底数据，科学制定总体规划，并逐年分解任务。通过"自下而上"的管理模式，促进了地方实情与国家政策相一致、任务指标与工作需求相协调，保证了改造任务全部落实到需求最迫切的地区，避免了政策资源的浪费。

3）健全机制，规范管理，改造工作稳妥推进。

为保质保量完成国家任务，有关地区建立了一整套既有建筑节能改造的管理制度，实现了既有建筑节能改造的正规化、标准化推进。北京市实施既有建筑改造的检测、鉴定、设计、施工和监理的合格承包人名录制度，并对既有建筑改造的建设程序进行合理简化，压缩审批周期，保证节能改造的顺利实施；沈阳市将既有建筑改造纳入基本建设程序，严格实施项目立项、招投标、设计、施工、监理和能效测评等工程手续，促进工程质量的过程控制；吉林省积极总结改造经验，梳理问题障碍，逐年修订"暖房子"工程相关资料，指导有关地区工作的开展；山东、青海、宁夏出台既有建筑节能改造管理办法，规范项目建设流程，形成了规范化的既有建筑改造管理机制。

4）多级验收，综合考核，工程质量有效提升。

既有居住建筑改造是北方采暖地区各级政府重要的民生工程之一，工程质量的好坏直接影响到百姓的正常生活和根本利益。为此，有关地区实行省、市、县及建设单位多级验收制度，并以考核促实施，以验收保质量，力争将既有建筑节能改造工作做好、做实。在竣工验收方面，吉林省实施分阶段、分比例的效果评估和实体检测，并将招投标文件、相关单位资质及合同等资料作为验收内容进行审核；河南省出台《河南省既有居住建筑供热计量及节能改造项目验收手册》，进一步细化外墙、外门窗及屋面等部分的测试、评价和验收，特别是隐蔽工程的验收工作；宁夏回族自治区实施既有居住建筑节能改造示范工程标识制度，对验收合格项目镶嵌改造工程统一标志。在工作考核方面，山西省把既有建筑改造列入省委、省政府对各市的城镇化考核体系，并作为约束性指标予以考核；新疆维吾尔自治区将既有建筑节能改造纳入了城市建设"天山杯"竞赛活动；河北省将既有建筑节能改造纳入市级政府"三年上水平"的考核指标体系，并作为节能减排、双"三十"考核的内容，实行"一票否决"机制。

5) 国家奖励，地方补贴，改造资金得到保障。

2007年以来，中央财政持续采用"以奖代补"方式对既有居住建筑节能改造进行资金奖励，有效带动了地方投入，有关地区纷纷出台了资金补贴政策，推进既有建筑节能改造工作。北京市逐步提高补助标准，实施市区（县）两级同比例配套，设置"归集账户"实现专款专户管理，并提出各区县可提取与自身配套资金等额的市级奖励资金的要求，保障区县配套资金的到位；大连市2014年度安排5亿元用于既有居住建筑综合改造工作，折合建筑面积达每平方米补贴100元以上；吉林、内蒙古按照与中央同比例配套资金；山西省对于实施节能改造并增加供热面积的供热企业，政府将视同为新建同规模的热源厂，按对热源厂建设的相应政策给予支持。截至目前，北方绝大部分地区均已形成了稳定、持续的省级既有建筑节能改造奖励机制。

6) 整合资源，形成合力，突出改造综合效益。

经过实践的不断摸索，有关地区形成了以城市综合整治为基础、以既有建筑改造为核心的推进模式，通过整合政策资源，形成政策合力，实现热舒适性改善与基础设施提升的双赢局面。北京市将既有建筑改造纳入老旧小区综合整治范畴，并同步实施水电气暖管线、小区环境卫生以及公共基础设施的整体改造，实现老旧小区室内外环境的全面更新；天津市推进中心城区旧楼区居住功能综合提升改造工程，提出"更新一个箱、安装两道门、改造三根管、实现四个化、完善五个功能、整修六设施"的工作要求；黑龙江省将既有居住建筑改造与主街区综合整治工作相结合，全面提升城市整体形象。

随着既有建筑节能改造工作的推进，通过中央和地方政府共同努力和良性互动，已形成了推进北方既有居住建筑供热计量及节能改造的组织模式、推进方式和监管机制，为既有居住建筑节能改造的顺利完成，实现预期的质量和效益打下了坚实的基础。

（2）夏热冬冷地区既有居住建筑节能改造

为贯彻落实国务院相关文件精神，财政部、住房和城乡建设部于2012年联合印发了《关于推进夏热冬冷地区既有居住建筑节能改造的实施意见》（建科［2012］55号），探索适宜的技术路线和改造模式。经过多年的工程实践，有关地区在组织机构保障、资金筹措、技术标准、宣传培训等方面积累了一定的推广经验和成熟做法，为夏热冬冷地区既有居住建筑节能改造的持续推进打下基础。

1) 加强组织协调

既有居住建筑节能改造涉及多领域、多部门，特别是在改造与旧城改造、城市市容整治、平改坡、可再生能源建筑应用等工作同步实施的过程中，更需要有关部门相互配合，通力合作，已实施既有居住建筑节能改造的工作经验也证明建立统一协调的组织协调机制是实施好这项工作的基础。为做好既有建筑节能改造工作，夏热冬冷地区的10余个省、直辖市分别成立了相应的组织机构，统筹协调各部门，共同推进节能改造工作的开展。浙江、四川住房城乡建设厅成立了既有居住建筑节能改造工作协调小组；安徽、福建和贵州以重点市县为单位成立了市县级领导小组；江苏省住房城乡建设厅成立了既有居住建筑节能改造技术指导委员会；湖北省政府和省住房城乡建设厅联合成立了节能改造工作专班。截至目前，大部分地区已建立了负责统筹协调管理的领导协调机构。

2）完善激励政策

改造资金是制约既有居住建筑节能改造实施的主要瓶颈，根据已实施的工作经验，夏热冬冷地区采用政府与受益居民共同出资的办法来实现资金的筹措，即中央政策财政补贴，依托地方政府投入，受益业主和居民共同承担的资金筹措方式，并鼓励能源服务公司采用合同能源管理、PPP等多种方式投资既有居住建筑节能改造。"十二五"期间，中央财政设立了专项资金支持夏热冬冷地区既有居住建筑节能改造工作，采取补助资金的方式，综合考虑不同地区经济发展水平，按照东部、中部、西部地区，以每平方米15元、20元、25元对改造项目进行补助，改造资金可以用于屋顶、外墙和外门窗等围护结构的节能改造。在中央补助资金的推动作用下，承担任务的各地区也分别予以配套。江苏、湖北、湖南将既有居住建筑节能改造纳入省级建筑节能专项奖励资金范畴；贵州按照与中央1∶1比例配套改造资金；重庆市按照改造的建筑面积14元/m² 予以补助。

3）技术标准支撑

建立夏热冬冷地区既有居住建筑节能改造技术标准体系，技术、工法、材料、部门选用目录是保证改造工程质量，实现预期效果的有效措施。从国家层面来看，住房和城乡建设部已发布了《夏热冬冷地区既有居住建筑节能改造技术导则》，指导改造工作实施的标准化、规范化。从地方层面来看，各省（市、区）住房和城乡建设主管部门也结合本地实际制订了一系列既有居住建筑节能改造有关技术规程、图集、工法等，进一步指导各项工作的实施。同时，通过发布技术产品推广目录等形式，引导改造工程选用性能优良的技术与产品并在此基础上深入探索新技术及新产品的应用。

4）加强项目管理

夏热冬冷地区有关省市在项目管理方面做了有益的探索，加强监督管理，保证了工程质量和工程进度。江苏省实施公开招标制度、工程监理制、合同制，质监站对工程实行全程监督，强化项目管理；福建省、浙江省出台了《福建省居住建筑节能改造技术规程》、《浙江省既有居住建筑节能改造实施要点（试行）》规范改造施工技术要求，确保工程质量；安徽省优先选择获得国家节能性能标识，列入推广目录的材料和产品；浙江、安徽对节能改造项目实施能效测评，保证改造效果。江苏省由质监站对改造工程进行全程监督，工程结束后严格按照相关规定验收、备案，并由住房城乡建设厅进行抽检；南京市在窗改中，采用业主自行招标和验收的方式，由市住建委负责制定技术标准、复核改造面积、审核门窗鉴定报告，并进行抽检。浙江、福建、湖北、重庆、贵州将既有居住建筑节能改造工作纳入年度节能目标考核，确保完成改造任务。

3. 北方地区冬季清洁取暖

2016年12月21日，中共中央总书记习近平在主持中央财经领导小组第14次会议时强调：推进北方地区冬季清洁取暖，关系北方地区广大群众温暖过冬，关系雾霾天能不能减少，是能源生产和消费革命、农村生活方式革命的重要内容。2017年3月5日，国务院总理李克强在作政府工作报告时指出："坚决打好蓝天保卫战。全面实施散煤综合治理，推进北方地区冬季清洁取暖，完成以电代煤、以气代煤 300 万户以上，全部淘汰地级以上城市建成区燃煤小锅炉。"为贯彻落实习近平总书记"推进北方地区冬季清洁取暖"重要讲话精神和 2017 年政府工作报告"坚决打好蓝天保卫战"重点工作任务，2017 年以来中央和地方各级政府开展了一系列北方地区冬季清洁取暖专项工作，也积累了丰富的实践经验。

（1）规划引导，明确目标

为指导北方各地区科学合理地开展冬季清洁取暖工作，解决现阶段面临的缺少统筹规划和管理、体制机制和支持政策不完善、技术支撑能力欠缺等问题，2017 年 12 月 20 日，国家发展改革委、能源局、财政部、环境保护部、住房城乡建设部、国资委、质检总局、银监会、证监会、军委后勤保障部联合制定并印发了《北方地区冬季清洁取暖规划（2017-2021 年）》（发改能源〔2017〕2100 号），从因地制宜选择供热热源、全面提升热网系统效果、有效减低用户取暖能耗 3 个方面提出推进策略。

1）总体目标

到 2019 年，北方地区冬季清洁取暖率达到 50%，替代散烧煤（低效小锅炉用煤）7400 万 t。到 2021 年，北方地区冬季清洁取暖率达到 70%，替代散烧煤（含低效小锅炉用煤）1.5 亿 t。供热系统平均综合能耗降低至 15kgce/m² 以下。热网系统失水率、综合热损失明显降低；新增用户全部使用高效末端散热设备，既有用户逐步开展高效末端散热设备改造。北方城镇地区既有节能居住建筑占比达到 80%。力争用 5 年左右时间，基本实现雾霾严重城市化地区的散烧煤供暖清洁化，形成公平开放、多元经营、服务水平较高的清洁供暖市场的总体目标。

2）"2+26"重点城市发展目标

北方地区冬季大气污染以京津冀及周边地区最为严重，"2+26"重点城市作为京津冀大气污染传输通道城市，且所在省份经济实力相对较强，有必要、有能力率先实现清洁取暖。在"2+26"重点城市形成天然气与电供暖等替代散烧的清洁取暖基本格局，对于减轻京津冀及周边地区大气污染具有重要意义。2019 年，"2+26"重点城市城区清洁取暖率要达到 90% 以上，县城和城乡接合部（含中心镇，下同）达到 70% 以上，农村地区达到 40% 以上。2021 年，城市城区全部实现清洁取暖，35 蒸吨以下燃煤锅炉全部拆除，县城和城乡接合部清洁取暖率达到 80% 以上，20 蒸吨以下燃煤锅炉全部拆除，农村地区清洁取暖率 60% 以上。

3）其他地区发展目标

按照由城市到农村分类全面推进的总体思路，加快提高非重点地区清洁取暖比重。

城市城区优先发展集中供暖，集中供暖暂时难以覆盖的，加快实施各类分散式清洁供暖。2019 年，清洁取暖率达到 60% 以上；2021 年，清洁取暖率达到 80% 以上，20 蒸吨以下燃煤锅炉全部拆除。新建建筑全部实现清洁取暖。

县城和城乡接合部构建以集中供热为主、分散供热为辅的基本格局。2019 年，清洁取暖率达到 50% 以上；2021 年，清洁取暖率达到 70% 以上，10 蒸吨以下锅炉全部拆除。

农村地区优先应用地热、生物质、太阳能等多种清洁能源供暖，有条件的发展天然气或电供暖，适当利用集中供热延伸覆盖。2019 年，清洁取暖率达到 20% 以上；2021 年，清洁取暖率达到 40% 以上。

在国家专项规划的基础上，北方地区特别是京津冀大气污染传输通道"2+26"重点城市，也出台了相应的专项规划和实施方案，扎实推进冬季清洁取暖工作。

天津市出台《天津市居民冬季清洁取暖工作方案》，明确提出全面推进居民冬季清洁取暖，除山区等不具备清洁取暖条件的采用无烟型煤替代外，全市居民散煤基本"清零"。实施居民煤改清洁能源取暖 121.3 万户（不含山区约 3 万户），其中城市地区 12.9 万户（含棚户区和城中村改造 4.3 万户），农村地区 108.4 万户的工作目标。

济南市出台《济南市"北方地区冬季清洁取暖试点城市"三年实施方案（2017-2020年）》（济政办字［2017］77号），提出 2017～2020 年，全市清洁取暖改造面积 1.53 亿 m^2，其中城区改造面积 10015 万 m^2，实现 100%清洁取暖；城乡接合部及县城改造面积 2314 万 m^2，实现 100%清洁能源和新能源取暖；农村地区改造面积 3000 万 m^2，清洁取暖率达到 100%。全市既有建筑节能改造 2110.5 万 m^2，完成"十三五"目标任务。

晋城市人民政府出台《晋城市冬季清洁取暖改造工作实施方案的通知》（晋市政法［2017］15号），提出 2017 年 10 月底前，全市完成 10 万户居民清洁取暖改造任务，其中泽州县 3 万户，高平市、阳城县完成 2 万户，城区、陵川县、沁水县个完成 1 万户，全市年减少生活燃煤 42 万 t。全面加快城市"禁煤区"建设，到 2017 年底，市区集中供热普及率达到 100%，各县城集中供热普及率达到 90%以上。

北京市出台《2017 年北京市农村地区村庄冬季清洁取暖工作方案》（京政办发［2017］6号），提出：2017 年 10 月 31 日前，完成 700 个农村地区村庄内住户"煤改清洁能源"任务，同步实施 1400 个村委会和农村公共活动场所、79 万 m^2 籽种农业设施的"煤改清洁能源"工作，朝阳、海淀、丰台、房山、通州、大兴 6 个区平原地区村庄内住户基本实现"无煤化"。

（2）政策支持，试点先行

北方地区冬季清洁取暖工作刚刚起步，各项体制机制还不健全，技术支撑还不完备。政府有必要选择一部分地区给予财政支持并进行试点示范，积极总结成功经验和做法，识别问题和障碍，形成重点带动、全面突破，加快北方地区冬季清洁取暖工作的推进速度。

2017 年 5 月财政部、住房城乡建设部、环境保护部、国家能源局联合印发《关于开展中央财政支持北方地区冬季清洁取暖试点工作的通知》（财建［2017］238号），明确提出中央财政支持试点城市推进清洁方式取暖替代散煤燃烧取暖，并同步开展既有建筑节能改造，鼓励地方政府创新体制机制、完善政策措施，引导企业和社会加大资金投入，实现试点地区散烧煤供暖全部"销号"和清洁替代，形成示范带动效应。试点示范期为 3 年，中央财政奖补资金标准根据城市规模分档确定，直辖市每年安排 10 亿元，省会城市每年安排 7 亿元，地级城市每年安排 5 亿元。试点工作重点支持京津冀及周边地区大气污染传输通道"2+26"城市，优先支持工作基础好、资金落实到位、计划目标明确、工作机制创新较为突出的城市。试点城市应因地制宜，多措并举，重点针对城区及城郊，积极带动农村地区，从"热源侧"和"用户侧"两方面实施清洁取暖改造，尽快形成"企业为主、政府推动、居民可承受"的清洁取暖模式，为其他地区提供可复制、可推广的范本。一是加快热源端清洁化改造，重点围绕解决散煤燃烧问题，按照"集中为主，分散为辅"、"宜气则气，宜电则电"原则，推进燃煤供暖设施清洁化改造，推广热泵、燃气锅炉、电锅炉、分散式电（燃气）等取暖，因地制宜推广地热能、空气热能、太阳能、生物质能等可再生能源分布式、多能互补应用的新型取暖模式。二是推进用户端建筑能效提升，严格执行建筑节能标准，实施既有建筑节能改造，积极推动超低能耗建筑建设，推进供热计量收费。

2017年6月4日，在监督机关和各答辩城市观察员全程监督下，四部委对申报城市进行了答辩评审，并当场公布了评选结果。根据评审结果，确定拟纳入2017年北方地区冬季清洁取暖试点范围的是天津、石家庄、唐山、保定、廊坊、衡水、太原、济南、郑州、开封、鹤壁、新乡12个城市。

为指导北方地区做好城镇清洁供暖工作，并针对现阶段热源供给不足、清洁热源比重偏低、供暖能耗偏高等问题，住房城乡建设部、国家发展改革委、财政部、能源局联合印发《关于推进北方采暖地区城镇清洁供暖的指导意见》（建城〔2017〕196号），从编制专项规划、加快推进燃煤热源清洁化、因地制宜推进天然气和电供暖、大力发展可再生能源供暖、有效利用工业余热资源、全面取消散煤取暖、加快供暖老旧管网设施改造和大力提高热用户端能效8个方面提出了指导意见，加快推进北方采暖地区城镇清洁供暖工作。

（3）多策并举，加快实施

综合考虑气候特点、用能习惯、建筑性能以及经济承受能力等因素，北方地区特别是大气污染传输通道"2+26"城市，纷纷制定了一系列政策措施和激励政策，从能源供给、设备采购和运行管理等各个方面给予不同程度的支持。在设备采购方面，北京市对使用空气源热泵、非整村安装地源热泵取暖的，市财政按照取暖面积每平方米100元的标准进行补贴，对使用其他清洁能源设备取暖的，市财政按照设备购置费用的1/3进行补贴，市财政对各类清洁能源取暖设备的补贴金额每户最高不超过1.2万元；石家庄对实施气代煤的分散燃煤供暖居民用户，按每户5000元给予燃气设施投资补贴，省财政承担1500元，其余部分由市、县财政按照3∶1比例分担。其中1000元用于补贴居民用户购置燃气采暖设备，4000元用于支付居民燃气接口费，不足部分由实施"气代煤"的燃气企业承担。在运行维护方面，焦作市对"气代煤"在册取暖用户，给予1元/m³的气价补贴，每户最高补贴1000m³；安阳市对实施"电代煤"居民户，按照经核定的新增用电量，给予0.2元/kWh的电价补贴，每户最高补贴3000kWh。如表5-6所示，天津、太原、济南、郑州等地也结合地区实际情况对北方地冬季清洁取暖工作予以不同程度的资金支持。

部分地区冬季清洁取暖政策 表5-6

地区	文件名	主要内容
北京市	2017年北京市农村地区村庄冬季清洁取暖工作方案	对使用空气源热泵、非整村安装地源热泵取暖的，市财政按照取暖面积每平方米100元的标准进行补贴，对使用其他清洁能源设备取暖的，市财政按照设备购置费用的1/3进行补贴。市财政对各类清洁能源取暖设备补贴金额每户最高不超过1.2万元
	北京市城镇居民"煤改电"、"煤改气"相关政策的意见	高压自管户产权范围内的电网改造投资原则上由各单位自筹解决，改造后非居民用电和居民用电原则上应分离，对纳入全市"煤改电"计划范围的涉及10kV及以下配电网工程，市政府固定资产投资给予30%资金支持；对还有困难的，区政府按照一事一议的方式酌情给予支持解决

地区	文件名	主要内容
天津市	天津市居民冬季清洁取暖工作方案	安装蓄能式电暖器的，中心城区、环城四区城市部分，户内取暖设施购置安装，市级投入 600 元/台，区级投入 600 元/台，居民承担 600 元/台，其他地区，户内取暖设施购置安装，按照实际费用，区级最高投入 4400 元/户，超出部分由居民承担；户外电网配套设施建设，区级投入 2800 元/户，其余由供电企业承担，居民不承担 安装空气源热泵的，户内取暖设施（含空气源热泵、户线改造、散热器等）购置安装，按照实际费用，区级最高投入 25000 元/户，超出部分由居民承担；户外电网配套设施建设，区级投入 2800 元/户，其余由供电企业承担，居民不承担 安装直热式电暖器的，户内取暖设施购置和配送，市级投入 600 元/台，区级投入 600 元/台，居民承担 600 元/台；户外电网配套设施建设，区级投入 2800 元/户，其余由供电企业承担，居民不承担 户内取暖设施（燃气壁挂炉、散热器等）购置安装，按照实际费用，区级最高投入 6200 元/户，超出部分由居民承担。户外燃气配套设施建设，区级投入 2800 元/户，其余由供气企业承担，居民不承担
廊坊市	廊坊市主城区 10 蒸吨及以下燃煤锅炉煤改气实施方案	对燃气公司，政府财政以"以奖代补"方式每置换原锅炉 1 蒸吨实施煤改气补助 15 万元用于燃气公司管网铺设投资 对锅炉产权单位，包括供暖燃煤锅炉、生产燃煤锅炉、茶浴锅炉实施煤改气的企业，每置换原锅炉 1 蒸吨实施"煤改气"政府财政补贴 10 万元 对供暖企业，10 蒸吨及以下的燃煤锅炉，包括纯居民小区采暖燃煤锅炉、集中供热锅炉、区域集中供热锅炉实施煤改气为纯居民小区供热的，每个采暖季由政府财政补贴 15 元/m²
	2017 年廊坊市气代煤和电代煤工程实施意见	禁煤区农村气代煤：给予实施主体建设村内入户管线户均 4000 元投资补助，不再收取农户初装费、材料费等。给予禁煤区农村农户采暖用气 1 元/m³ 的气价补贴，每户每个采暖期最高补贴气量 1200m³，超过补贴定额的，由用户自行承担。补贴政策及标准暂定 3 年 禁煤区农村电代煤：给予设备购置安装投资 85% 补贴，每户最高不超过 7400 元。给予供暖期居民用电 0.2 元/kWh 补贴，由省级承担 1/3，市县两级承担 2/3，每户最高补贴电量 1 万 kWh，补贴政策及标准暂定 3 年
石家庄市	石家庄市 2017 年散煤压减替代工作实施方案	对实施"煤改气"的分散燃煤供暖居民用户，补贴 2900 元用于支付居民燃气接口费，补贴 1000 元用于居民用户购置燃气供暖设备 对 2017 年实施"煤改电"的居民，供暖季电费每度补贴 0.15 元，最高至 900 元。"煤改电"后居民仍使用燃煤供暖，取消其补贴资格
	石家庄市农村地区气代煤电代煤实施意见	对实施气代煤的分散燃煤采暖居民用户，法定供暖期内，居民每使用 1m³ 天然气，给予 1.4 元补贴，最高至 1680 元封顶，补贴政策及标准暂定 3 年 对实施电代煤居民用户，法定供暖期内，居民每使用 1 度电给予 0.2 元补贴，最高至 2000 元封顶
邯郸市	邯郸市中心城区及周边区域 2017 年"煤改气"工作实施方案	燃气管网初装费执行特殊优惠价每户 2600 元。"煤改气"的燃煤用户按燃气设备购置安装投资的 70% 给予补贴，每户最高补贴 2700 元，灶具每户补贴 200 元 "煤改气"用户取暖期用气采取每立方米补贴 1 元，最多补助 1200 元的价格补贴，对于低保用户，在享受以上补贴政策的基础上，由所在地政府（管委会）负责再予以照顾

地区	文件名	主要内容
阳泉市	阳泉市城区 2017 年冬季清洁取暖工作实施方案	"清洁集中供热"工程市政府对供热企业的配套管网工程按照 1000 元/户的标准给予补贴。"煤改电"工程，配套电网工程按照 1000 元/户的标准给予补贴。"煤改气"工程，采暖设备购置市政府按照 2000 元/户的标准给予补贴。"煤改电"工程，供暖设备购置按照 2500 元/户补贴。"煤改气"工程，居民独立供暖用气执行全市统一煤层气、天然气供气价格，市政府按照每户每年 900m³ 用气量标准，给予 0.5 元/m³ 的气价补贴。补贴政策暂定为 3 年
长治市	长治市 2017 年冬季清洁取暖"以电代煤""以气代煤"工程实施方案	"以气代煤"供热改造居民燃气管网配套费用每户补贴最高不超过 5000 元。"以电代煤"供热改造居民用电取暖设备费用每户补贴最高不超过 2 万元，每个供暖期每户补贴用电费用最高不超过 2400 元。"以气代煤"供热改造居民燃气取暖设备费用每户补贴最高不超过 3000 元，每个供暖季每户补贴燃气费用最高不超过 2400 元
滨州市	滨州市清洁取暖改造工作实施方案	农村村居民房集中供暖，由供热企业负责供热主管网和村（居）内换热站（村居提供土地）的建设，财政奖补 2000 元/户。村（居）内供热管网建设由乡镇（街道）和村（居）负责组织实施，财政奖补 2000 元/户。村（居）内管网建设、户内灶前阀前所有燃气设施（含燃气计量表、燃气泄漏报警切断装置、灶前阀）安装，财政奖补 3000 元/户。农村村居民房集中供暖用户自行负责室内暖气片等散热设施的购置安装，县（区）财政补贴 1000 元/户 自 2017 年起，对用户在供暖季（每年 11 月 15 日至次年 3 月 20 日）按照供暖用气每立方米补贴 1 元，每户最高补贴气量 1200m³（即每户每年最高补贴 1200元），补贴时间暂定 3 年
郑州市	郑州市散煤治理工作方案	"气代煤"燃气设备购置补贴，每户最高补贴不超过 3500 元，"电代煤"设备购置补贴，每户最高不超过 3500 元 对区域内天然气网络尚未覆盖、炊事用煤改为用灌装液化气的居民，按照每户每年 12 罐 LPG（15kg 罐）、每罐 30 元的标准进行补贴 给予"气代煤"居民供暖用气 1 元/m³ 的气价补贴，每户每个供暖季最高补贴气量 600m³。补贴政策及标准暂定 3 年 给予供暖季居民用电 0.2 元/kWh 补贴，每户最高补贴电量 3000kWh。补贴政策及标准暂定 3 年
安阳市	安阳市"电代煤"专项补贴资金发放办法	对居民户，原则上按照政府统一采购设备价格的 60%，每户最高不超过 3500 元，进行一次性设备购置补贴；对采用热泵或蓄冷蓄热技术的"煤改电"项目，按照使用面积 20 元/m² 进行一次性补贴，每户最高补贴 150m² 供暖季，对实施"电代煤"居民户，按照经核定的新增用电量，给予 0.2 元/kWh 的电价补贴，每户最高补贴 3000kWh，时间暂定 2 年
	安阳市 207 年"气代煤"工作实施方案	对实施"气代煤"居民户，按照经核定的新增用气量，给予 1 元/m³ 的气价补贴，每户最高补贴 600m³，对炊事用煤改为用灌装液化气的居民，按照每户每年 12 罐 LPG（15kg 罐）、每罐 30 元的标准进行补贴，时间暂定 2 年
焦作市	焦作市 2017 年"电代煤""气代煤"专项补贴资金发放办法	供暖季（当年 11 月 15 日零时至次年 3 月 15 日零时）内，以每月 20m³ 气量为基数，月用气量超过 20m³（不含 20m³）的"气代煤"在册取暖用户，给予 1 元/m³ 的气价补贴，每户最高补贴 1000m³ 供暖季（当年 11 月 15 日零时至次年 3 月 15 日零时）内，以每月 80kWh 用电量为基数，月用电量超过 80kWh（不含 80kWh）的"电代煤"在册取暖用户，给予 0.4 元/kWh 的电价补贴，每户最高补贴 2500kWh

（4）健全标准，提高质量

为保障北方地区冬季清洁取暖的工程质量，确保实施效果，各地区相继制定了一系列标准规范，用于指导有关工程的建设。天津市出台了《天津市清洁能源替代家用散煤供暖技术导则》（津建科〔2017〕267号），并于2017年9月1日起施行，该导则分别对空气源热泵供暖系统、燃气供暖热水炉供暖系统、固体蓄热式电暖气供暖系统、太阳能供暖系统和农村管道燃气供应系统等有关技术提出了具体要求。河南省《城镇既有居住建筑能效提升实施技术导则》、《河南省既有公共建筑能效提升实施技术导则》、《河南省既有农房建筑能效提升标准》、《河南省新建农房建筑能效提升标准》、《河南省清洁取暖城镇区域能源系统技术导则》、《河南省清洁取暖农村能源系统技术导则》等冬季清洁取暖系列标准也正在编制之中。北方其他地区冬季清洁取暖有关技术标准体系也在编写和制定之中。

（5）加强监督，强化考核

为促进北方地区冬季清洁取暖保质保量完成，中央和地方对北方地区冬季清洁取暖工作进行了监督考核。其中，2017年8月，环保部联合多个部门及地方政府发布了《京津冀及周边地区2017—2018年秋冬季大气污染综合治理攻坚行动方案》（环大气〔2017〕110号），将北方地区冬季清洁取暖作为考核的重要内容，并以京津冀及周边地区为重点，明确提出2017年10月底前，完成以电代煤、以气代煤300万户以上的工作目标，并将考核目标进一步分解至各个重点城市，如表5-7所示。同时，还明确要求从2017年10月起，各相关省（市）和中央企业每月5日前应上报重点任务进展情况。对大气污染综合防治不作为、慢作为的地方，开展中央环保专项督察。强化考核问责，切实落实党委政府"党政同责"、"一岗双责"。环境保护部每月向空气质量改善幅度达不到时序进度或重点任务进展缓慢的城市和区县下发预警通知函；对每季度空气质量改善幅度达不到目标任务或重点任务进展缓慢或空气质量指数（AQI）持续"爆表"的城市和区县，公开约谈当地政府主要负责人；对未能完成终期空气质量改善目标任务或重点任务进展缓慢的城市和区县，严肃问责相关责任人，实行区域环评限批。

2017～2018年秋冬季大气污染综合治理攻坚行动方案中清洁取暖有关要求　　表5-7

序号	地区	重点工作	主要任务	工作措施
1	北京市	农村散煤治理	实施700个平原村煤改清洁能源	完成700个平原村（约30万户）、1400个村委会和村民公共活动场所、79万m² 籽种农业设施煤改清洁能源工作。其中，房山区110个、通州区20个、大兴区186个。城区和南部四区平原地区实施"煤改清洁能源"的区域全面取消散煤销售点
		锅炉改造	淘汰燃煤小锅炉	全市完成1500台、4000蒸吨左右燃煤锅炉清洁能源改造任务，淘汰远郊区平原地区10蒸吨及以下和建成区35蒸吨及以下燃煤锅炉
			燃气锅炉低氮燃烧技术改造	全市完成2500台、10000蒸吨左右改造，基本完成全市燃气锅炉低氮改造

序号	地区	重点工作	主要任务	工作措施
2	天津	散煤治理	武清区"无煤区"建设	完成武清区"无煤区"建设，对 610 个村、18.7 万户实行清洁能源替代，对 218 家燃煤设施实施"电代煤"、"气代煤"
			电代煤、气代煤	完成静海、蓟州、宝坻、北辰、河北等区 10 万户散煤清洁能源替代工程
		锅炉治理	禁燃区供热锅炉改燃或并网	禁燃区内 35 蒸吨及以上供热锅炉改燃或并网（5 座 20 台 1190 蒸吨）
			燃煤锅炉治理	完成全市 5640 台共 4177 蒸吨燃煤锅炉改燃并网或关停，其中供热锅炉 2284 台、工业锅炉 2653 台、商业锅炉 703 台
			燃气锅炉低氮改造治理	制定实施燃气锅炉低氮燃烧脱硝改造资金补助办法，启动燃气锅炉低氮燃烧技术改造
3	河北省石家庄	散煤治理	加快城市散煤综合治理	"1+4"组团城市实现散煤"清零"。长安区、裕华区、桥西区、新华区、高新区、真城区、正定县（含正定新区）、鹿泉区、架城区、循环化学园区全面完成清洁取暖
			加快农村散煤综合治理	完成气代煤、电代煤 39 万户以上（含四组团），农村服务业分散燃煤全面取缔，农业生产散煤治理完成 50%
			严格劣质散煤运输环节管控	在与山西省交界处建立 4 个煤质检查站（平山 1 个、井隆 2 个、赞皇 1 个），对进入河北省的散煤运输车辆进行查验，在供暖期和重污染天气应急期间加大抽检力度
			加强劣质散煤管控	"禁煤区""禁燃区"一律取消散煤销售网点。全市散煤煤质抽检覆盖率 85%
		锅炉治理	全面淘汰小型燃煤锅炉	全市行政区域内淘汰 10 蒸吨及以下燃煤锅炉 4291 台 6203 蒸吨，建成区淘汰 35 蒸吨及以下燃煤锅炉 3 台 50 蒸吨
		集中供暖	加快推进城镇集中供暖	全市县城以上城市集中供暖和清洁供暖率达到 75% 以上
4	河北省唐山市	散煤治理	加快城乡散煤综合治理	路南、路北、高新 3 区全面完成清洁取暖任务。其中，路南区气代煤 18982 户，路北区气代煤 12831 户，高新区气代煤 17752 户。全市完成气代煤、电代煤 50000 户
			加强劣质散煤管控	全部取缔外来煤洗选。依托交通运输治超站，对入唐煤炭实施质量检查，卡口管控。依法查处散煤无照经营行为，"禁煤区""禁燃区"一律取消散煤销售网点
			加快推进城镇集中供暖	县城以上城市集中供暖和清洁能源供暖率达到 75% 以上
		锅炉治理	全面淘汰小型燃煤锅炉	淘汰燃煤锅炉 2198 台，其中 10 蒸吨及以下锅炉 2118 台，10 蒸吨以上 35 蒸吨及以下锅炉 80 台
5	河北省保定市	散煤治理	加快禁煤区建设	1296 个村、573877 户全面完成气代煤、电代煤建设
			加强劣质散煤管控	依托交通运输治超站，对入冀煤炭实施质量检查，卡口管控。依法查处散煤无照经营行为"禁煤区"、"禁燃区"一律取消散煤销售网点
		锅炉治理	全面淘汰小型燃煤锅炉	主城区淘汰 35 蒸吨及以上燃煤锅炉 66 台 860 蒸吨，全市淘汰 10 蒸吨及以下燃煤锅炉 1461 台 4858 蒸吨，全市所有茶炉大灶、经营性小煤炉"清零"
		集中供暖	全面提高集中供暖率	县城以上城市集中供暖和清洁能源供暖率达到 80% 以上

序号	地区	重点工作	主要任务	工作措施
6	河北省廊坊市	散煤治理	强力推进散煤清洁化替代	推进气代煤和电代煤，完成禁煤区内（荣乌高速以北）40万户居民清洁能源替代，同步推进荣乌高速以南霸州、文安、大城农村地区30万户居民清洁能源替代。全部区县实现清洁取暖
			严格管控煤炭经营使用	已设立的"禁燃区"、"禁煤区"取消煤炭销售网点
				对集中供热、发电、型生产等用煤单位加大煤质监管力度，确保煤质达标；依法查处销售、燃用不符合质量标准煤炭的企业，全市用煤单位煤质抽检覆盖率达到100%
		锅炉治理	10蒸吨及以下各类燃煤锅炉"清零"	完成全市3200台（5281蒸吨）10蒸吨及以下燃煤锅炉淘汰，同时加大排查力度，发现一个、清理一个
			35蒸吨及以下燃煤供热锅炉淘汰改造	市建成区淘汰35蒸吨及以下燃煤供热锅炉33台（755蒸吨），完成并网改造或清洁能源替代
		集中供暖	持续扩大城镇集中供暖	市区集中供热率达到90%以上
7	河北省沧州市	散煤治理	中心城区散煤"清零"	中心城区取缔所有散煤销售点，除集中供热和重点企业原料用煤外，一律禁止运输、储存销售和使用煤炭
			农村及农业散煤整治	完成气代煤、电代煤10万户（含城区3万户）；全市农村服务业分散燃煤全面取缔，农业生产散煤治理完成50%
			严格劣质散煤管控	中心城区高速合围区和县城范围内取缔全部散煤销售点；到2017年12月底前，全市散煤煤质抽检覆盖率达到85%
		燃煤锅炉治理	全面淘汰小型燃煤锅炉	全市淘汰燃煤锅炉、茶炉大灶、经营性小煤炉1852台3985蒸吨
		提高集中供热率	全面提高集中供热率	城市建成区集中供热普及率达到85%以上，县城集中供暖和清洁能源供暖率达到75%以上。运河区、任丘市实现清洁取暖
8	河北省衡水市	散煤治理	推进气代煤、电代煤工作	桃城区、冀州区、工业新区、滨湖新区建成"无煤区"，其他县市建成区建成"高污染燃料禁燃区"
				全市所有县市区全部启动城乡气代煤、电代煤工作，2017年供暖季前完成10万户
			加强劣质散煤管控	全市散煤煤质抽检覆盖率达到85%
		锅炉治理	全面淘汰小型燃煤锅炉	对全市10蒸吨及以下燃煤锅炉淘汰工作进行"回头看"，确保全部"清零"
		集中供暖	全面提高集中供暖率	市区集中供暖和清洁能源供暖率达到84%，县市建成区集中供暖和清洁能源供暖率达到75%以上
9	河北省邢台市	散煤治理	主城区内散煤"清零"	主城区范围内除集中供热和重点企业原料用煤外，一律禁止运输、储存、销售和使用燃煤，全面实现主城区散煤"清零"
			农村及农业散煤治理	完成气（电）代煤工程改造10万户（含主城区1.5万户）
			严格劣质散煤管控	"禁煤区"、"禁燃区"一律取消散煤销售网点。全市散煤煤质抽检覆盖率85%
		锅炉治理	全面淘汰小型燃煤锅炉	全面取缔市域内10蒸吨及以下燃煤小锅炉共计2357台、3900蒸吨
		集中供暖	全面提高集中供暖率	城市集中供热普及率达到80%；住宅计量收费面积达到本市住宅集中供热面积的60%

序号	地区	重点工作	主要任务	工作措施
10	河北省邯郸市	散煤治理	绕城高速以内散煤"清零"	主城区范围内除集中供热和重点企业原料用煤外，一律禁止运输、储存、销售和使用燃煤，全面实现主城区散煤"清零"。完成煤改气 39591 户。邯山区、复兴区、丛台区全面实现煤改气等方式清洁取暖
			农村及农业散煤整治	全市完成气代煤、电代煤 10 万户（含主城区）；农村服务业分散燃煤全面取缔，农业生产散煤治理完成 50%
			严格劣质散煤管控	"禁煤区"、"禁燃区"一律取消散煤销售网点。全市散煤煤质抽检覆盖率 85%
		锅炉治理	全面淘汰小型燃煤锅炉	市建成区（丛台区、复兴区、邯山区全域和环城高速以内其他区域）淘汰每小时 35 蒸吨及以下燃煤锅炉 261 台 377 蒸吨，县城和城乡接合部淘汰每小时 10 蒸吨及以下燃煤锅炉 559 台 931 蒸吨
		集中供暖	全面提高集中供暖率	全市县城以上城市集中供暖和清洁能源供暖率达到 75% 以上
11	雄安新区	散煤治理	散煤清洁替代	加大实施以气代煤、以电代煤力度
			加强劣质散煤管控	依托交通运输治超站，实施煤炭质量检查，卡口管控。依法查处散煤无照经营行为，"禁煤区""禁燃区"一律取消散煤销售网点
		锅炉治理	全面淘汰小型燃煤锅炉	淘汰全区 10 蒸吨及以下燃煤锅炉 331 台 594 蒸吨，全区所有茶炉大灶、经营性小煤炉"清零"
			严格准入	全区禁止新建 35 蒸吨及以下燃煤锅炉
		集中供暖	全面提高集中供暖率	集中供暖和清洁能源供暖率达到 80% 以上
12	河北省辛集市	散煤治理	中心城区散煤"清零"	在城市规划区内（北至石黄高速公路，南至石济客运专线，西至市行政管辖边界，东至北端到军striking排干以西、南端至双柳树村东纵向公路，总面积约为 187km²）实现燃煤"清零"
			农村及农业散煤整治	完成气代煤 0.6 万户；全市农村服务业分散燃煤全面取缔，农业生产散煤治理完成 50%
			严格劣质散煤管控	"禁煤区"、"禁燃区"一律取消散煤销售网点。全市散煤煤质抽检覆盖率达到 80%
		锅炉治理	全面淘汰小型燃煤锅炉	全市淘汰燃煤锅炉、茶炉大灶、经营性小煤炉共 489 台 1094 蒸吨
		集中供暖	全面提高集中供热率	城市集中供暖和清洁能源供暖率达到 75% 以上
13	河北省定州市	散煤治理	加快农村散煤综合治理	全市完成气代煤、电代煤 3 万户，全域取缔分散燃煤
			加强劣质散煤管控	全部取缔外来煤洗选。依托交通运输治超站，对入市煤炭实施质量检查，卡口管控。依法查处散煤无照经营行为，取消散煤销售网点
			加快推进建成区集中供暖	2017 年 6 月底前，完成市供暖专项规划编制。2017 年 10 月底前，城市建成区集中供暖和清洁能源供暖率达到 100%
		锅炉治理	全面淘汰小型燃煤锅炉	淘汰 10 蒸吨及以下燃煤锅炉、茶炉大灶、经营性小煤炉，共淘汰燃煤锅炉 260 台 492 蒸吨
14	山西省太原市	散煤治理	冬季清洁取暖改造	完成 111991 户农村清洁供暖改造任务，其中市区农村共计 203 个、81991 户，清徐县 20000 户，阳曲县 10000 户。年内实现市区及周边农村清洁供暖全覆盖

序号	地区	重点工作	主要任务	工作措施
14	山西省太原市	散煤治理	禁煤区建设	将市区划为禁煤区，并制定禁煤实施方案，完成除煤电、集中供热和原料用煤企业外燃料煤炭"清零"任务
			强化劣质煤管控	严密监管煤炭经营企业销售散煤的行为，依法查处超范围经营的单位和个人，依法取缔非法营运售煤点，严厉打击销售高灰分、高硫劣质煤炭的行为。强化对冬季供暖民用煤监管，严禁燃用和掺混劣质煤
		锅炉治理	淘汰燃煤锅炉	城市建成区和县城20蒸吨及以下489台、2181蒸吨燃煤锅炉全面"清零"，三县一市范围内常年运行的149台、630蒸吨燃煤锅炉全部进行清洁能源改造
			"城中村"拆除改造	完成寇庄、大村、松庄、新沟、中涧河、东涧河、三给、家流、北寒、金胜、董茹等30个整村拆除工作，拔掉城中村黑烟囱5000根以上
			连片棚户区改造	完成园艺所地块、双塔南巷地块、凯旋街地块、上兰造纸厂地块、晋西和平地块、迎宾路地块等集中连片棚户区拆除改造工作，拆除2.96万户，拔掉小烟囱1.5万根
		集中供热	全面提高集中供热率	全市（含县城）集中供热普及率达到93%
15	山西省阳泉市	散煤治理	冬季清洁取暖工程	完成5.6万户以气代煤、以电代煤工程，其中"煤改气"5.3万户、"煤改电"0.3万户
			"禁煤区"建设	划定城区、矿区、开发区管辖范围为"禁煤区"，制定"禁煤区"实施方案，完成除煤电、集中供热和原料用煤企业（包括洁净型煤加工企业用煤）外，燃料煤炭"清零"任务
			强化劣质煤管控	依法取缔非法营运售煤点，严厉打击销售高灰分、高硫份劣质煤炭的行为。强化对供暖民用煤监管，严禁燃用和掺混劣质煤
		锅炉治理	淘汰燃煤锅炉	城市建成区20蒸吨及以下燃煤锅炉、县城10蒸吨及以下燃煤锅炉全部淘汰（改气或改电），共22台、84蒸吨
		集中供热	提高集中供热普及率	市区、县城集中供热普及率达到93%
		煤炭减量化	煤炭消费总量负增长	实现全市煤炭消费总量负增长
16	山西省长治市	散煤治理	冬季清洁取暖改造	完成主城区及周边15km范围内118005户居民冬季清洁取暖"以电代煤""以气代煤"改造。其中，热电联产集中供热改造29214户，以电代煤改造8819户，以气代煤改造79972户
			"禁煤区"建设	划定"禁煤区"并制定禁煤区实施方案，完成除煤电、集中供热和原料用煤以外燃料煤炭"清零"任务
			强化劣质煤管控	严密监管煤炭经营企业销售散煤的行为，依法查处无照超范围经营的单位和个人，依法取缔非法营运售煤点，严厉打击销售高灰分、高硫分的行为，强化对冬季供暖民用煤监管，严禁燃用和掺混劣质煤
		锅炉治理	淘汰燃煤锅炉	主城区淘汰20蒸吨及以下燃煤锅炉，共2台、35蒸吨；改造4台、100蒸吨燃煤锅炉。县城淘汰10蒸吨及以下燃煤锅炉，共191台、325.95蒸吨
		集中供暖	提高集中供热普及率	市区、县城集中供热普及率达到89%

序号	地区	重点工作	主要任务	工作措施
17	山西省晋城市	散煤治理	冬季清洁取暖改造	全市完成11.2万户居民清洁取暖改造任务，其中以气代煤改造7.1万户，以电代煤改造0.3万户，清洁集中供热3.8万户
			"禁煤区"建设	市区划定"禁煤区"面积约42km²，完成除煤电、集中供热和原料用煤企业外燃料煤炭"清零"任务
			强化劣质煤管控	严密监管经营企业销售散煤的行为，依法查处无照经营行为，依法取缔非法营运销煤点。严厉打击销售高硫分、高灰分劣质煤炭的行为。强化对冬季供暖民用煤监管，严禁燃用和掺混劣质煤
		锅炉治理	淘汰燃煤锅炉	完成市区和县（市）建成区112台共316.9蒸吨燃煤锅炉淘汰，其中市建成区淘汰8台共160蒸吨，6个县（市）建成区淘汰104台共156.9蒸吨
		集中供暖	提高集中供热普及率	市区、县城集中供热普及率达到85.5%以上
		煤炭减量化	煤炭消费总量负增长	实现全市煤炭消费总量负增长
18	山东省济南市	散煤治理	以气代煤或以电代煤工程	完成小岭村安置房清洁能源供暖项目、扳倒井安置房清洁能源供暖项目等棚户区和老旧小区整治改造任务；实施华山片区、绿地滨河片区等清洁供暖项目，实现5.025万户以气代煤或以电代煤工程
			严格劣质散煤管控	全市范围内禁止燃用、销售不符合标准（硫分大于0.6%、灰分大于15%）的民用散煤
		锅炉治理	全面淘汰小型燃煤锅炉	淘汰35蒸吨及以下燃煤锅炉，323台、1604.65蒸吨
			燃煤锅炉超低排放改造	完成35蒸吨以上燃煤锅炉（含火电锅炉）超低排放改造，94台、14960蒸吨
		集中供暖	全面提高集中供暖率	建成区集中供热普及率达到75%。济南热力有限公司和济南热电有限公司进一步提升集中（余热）供热能力，增加集中供热面积900m²
19	山东省淄博市	散煤治理	清洁能源替代	完成5万户以气代煤、以电代煤工程
			洁净煤替代	完成60万t清洁煤炭替代任务，其中，张店1.28万t、淄川8.82万t、博山6.4万t、周村4.36万t、临淄12.5万t、桓台9.3万t、高青6.31万t、沂源8.93万t、高新区0.6万t、文昌湖0.6万t、经开区0.9万t
			严格劣质散煤管控	全市范围内禁止燃用、销售不符合标准的民用散煤
		锅炉治理	关停淘汰燃煤小锅炉	除已改造为高效煤粉锅炉和使用清洁能源外，全市行政区域内全面淘汰20蒸吨及以下的燃煤小锅炉、导热油炉、燃煤大灶、经营性小煤灶等，共903台1033蒸吨
			完成燃煤锅炉超低排放改造	保留的燃煤锅炉全部完成超低排放改造，安装在线监控设施并联网，2017年再完成26台1088蒸吨，完不成的实施停产治理
		集中供暖	扩大集中供暖范围	主城区集中供热普及率达到75%以上

序号	地区	重点工作	主要任务	工作措施
20	山东省济宁市	散煤治理	城区散煤"清零"	完成 5 万户以气代煤、以电代煤工程，其中，任城区、邹城市、兖州区、曲阜市各 0.5 万户，其他县市区各 0.3 万户
			农村散煤治理	未实行以气代煤、以电代煤工程的地区，全部实施清洁煤炭替代，禁止销售劣质散煤
		清理整顿燃煤小锅炉	完成燃煤小锅炉"清零"工作	10 蒸吨及以下燃煤锅炉完成淘汰或清洁能源改造工作，共 139 台 104 蒸吨
			燃煤锅炉超低排放改造	10 蒸吨以上燃煤锅炉实现超低排放，全部安装在线监测设备，逾期不实施设施改造的，停产整治，共 62 台 3343 蒸吨
		集中供暖	全面提高集中供暖率	主城区集中供暖普及率达到 79%，县（市、区）城区集中供热普及率达到 60%
21	山东省德州市	散煤治理	完成全市散煤清洁化治理	加强城中村、城乡接合部和农村地区散煤治理，全年推广 125 万 t 清洁煤
			煤改气、煤改电	全市完成 5 万户煤改气、煤改电工作
			严格劣质散煤管控	全市范围禁止燃用、销售不符合标准的劣质散煤
		燃煤锅炉治理	完成燃煤小锅炉"清零"	全市 509 台（共 696 蒸吨）10 蒸吨及以下燃煤锅炉全部淘汰
			燃煤机组、锅炉超低排放改造	完成 122 台燃煤锅炉超低排放改造或淘汰替代，其中 68 台火电锅炉、54 台燃煤锅炉；保留的燃煤锅炉全部安装在线监控设备
		集中供暖	加强城区集中供热	主城区集中供热普及率达到 75% 以上
22	山东省聊城市	散煤治理	主城区散煤"清零"	主城区范围内除集中供热和重点企业原料用煤外，一律禁止运输、储存、销售和使用燃煤，"禁燃区"一律取消散煤销售网点，全面实现主城区散煤"清零"，清理散煤经营户 696 家
			居民清洁取暖工程	完成"气代煤、电代煤"5.4 万户
			保障天然气和电力供应	完善天然气集输干线和城区供气支线网络，推进管道气和 LNG 向村镇延伸覆盖，莘县实现各乡镇通天然气。实施电网改造工程，为居民"电代煤"取暖工程提供保障
		燃煤锅炉治理	淘汰小型燃煤锅炉	全市范围淘汰 20 蒸吨以下燃煤锅炉 1949 台，1950 蒸吨
			实施超低排放改造	保留的 20 蒸吨及以上燃煤锅炉全部达到超低排放，共 14 台 720 蒸吨
		集中供暖	全面提高集中供暖率	主城区集中供暖普及率达到 75% 以上
23	山东省滨州市	燃煤锅炉治理	燃煤锅炉超低排放改造	10 蒸吨以上燃煤锅炉进行超低排放改造或替代，全部安装在线监测系统，合计 34935.5 蒸吨
			全面淘汰小型燃煤锅炉	淘汰辖区范围内 10 蒸吨及以下燃煤锅炉以及茶炉大灶、经营性小煤炉，合计 3205 台（套），约 3500 蒸吨
		散煤治理	清洁取暖重点工程	完成气代煤、电代煤 5.5 万户
			严格劣质散煤管控	全市范围内禁止燃用、销售不符合环保要求的劣质散煤
		集中供暖	扩大集中供热范围	主城区集中供热普及率达到 70% 以上
24	山东省菏泽市	散煤治理	推进以气代煤、以电代煤	采取集中供暖替代或以气代煤、以电代煤方式替代 10 万户，其中：牡丹区 1.2 万户、市开发区 0.6 万户、市高新区 0.2 万户、其他县区各 1 万户
			划定高污染燃料禁燃区、推广使用清洁煤炭	划定高污染燃料禁燃区；城市四区禁燃区外全部使用清洁煤炭；各县区基本实现主城区无煤化，城乡接合部和乡镇驻地全部使用清洁煤炭
			强化煤炭质量监管	严控煤炭质量，全面禁止劣质煤炭销售、使用，定期开展生产、加工、运输、销售和使用环节的执法检查

序号	地区	重点工作	主要任务	工作措施
24	山东省菏泽市	锅炉治理	淘汰燃煤小锅炉	淘汰 10 蒸吨及以下燃煤小锅炉，共 7993 台、5016.8 蒸吨
			燃煤锅炉超低排放改造	完成 10 蒸吨以上燃煤锅炉超低排放改造，全部安装在线监测设备，29 家企业 60 台锅炉，共 3980 蒸吨
		集中供热	提高集中供热普及率	主城区集中供热普及率达到 70% 以上
25	河南省郑州市	散煤治理	开展"电代煤"、"气代煤"工程	完成城市建成区以外区域和县城的燃煤替代工作，集中供热覆盖区域内的实施集中供热，完成气代煤、电代煤 8 万户
			全面实施洁净型煤替代散煤	完成 5 个洁净型煤生产仓储供应中心、65 个配送网点建设
		锅炉治理	淘汰燃煤锅炉	10 蒸吨及以下供热燃煤锅炉拆除或改造（共 279 台、1181 蒸吨）。全面取缔燃煤茶浴锅炉、燃煤大灶、经营性小煤炉
		集中供暖	全面提高集中供暖率	城市建成区集中供热普及率达到 80% 以上
26	河南省开封市	散煤治理	气代煤、电代煤工程	完成气代煤、电代煤 5 万户
			农村电网改造	改造中心村 80 个，贫困村 100 个
			全市范围取缔散煤使用	全市范围内除集中供热和重点企业原料用煤外，禁止储存、销售和使用燃煤，全面实现全市散煤"清零"，全市取缔 116 家散煤销售点，对非法销售点发现一起，取缔一起
		锅炉治理	全面淘汰小型燃煤锅炉	全市 10 蒸吨及以下燃煤锅炉全面完成拆改，合计 91 台 218.9 蒸吨；完成全市 399 个燃煤茶浴锅炉、燃煤大灶、经营性小煤炉取缔工作
		集中供暖	推进城市集中供暖	城市建成区集中供热普及率达到 60% 以上
			推进产业集聚区集中供热	对有一定规模用热需求的精细化工产业集聚区、黄龙产业集聚区实现集中供热
27	河南省安阳市	散煤治理	强化高污染燃料禁燃区管理	高污染燃料禁燃区内严禁销售、使用散煤等高污染燃料以及茶浴燃煤小锅炉等高污染燃料设施，发现一起，取缔一起
			完成电代煤、气代煤任务	完成 5 万户电代煤、气代煤工作
			完成清洁型煤替代	完成洁净型煤生产仓储供应中心建设，建成 53 个乡镇配送网点，配送能力覆盖全市乡村地区，在不具备"煤改气"、"煤改电"条件的乡村地区，全面实施洁净型煤替代散煤。强化对洁净型煤煤质抽测，确保洁净型煤煤质
			严格劣质散煤管控	严厉打击非法经营散煤行为，持续巩固散煤销售点"清零"成果，发现一起，取缔一起
		燃煤锅炉治理	全面淘汰小型燃煤锅炉等散煤燃烧设施	全面淘汰全市范围内 10 蒸吨及以下燃煤锅炉 636 台、990 蒸吨，燃煤大灶和经营性小煤炉，并建立长效监管机制，发现一起，取缔一起
			燃煤锅炉超低排放	完成安化集团 7 台 65 蒸吨以上燃煤锅炉深度治理（共计 730 蒸吨），达到超低排放（即在基准氧含量 6% 的条件下），烟尘、SO_2，NO_x 排放浓度分别不高于 10，35，50mg/m³，其中"W"形火焰锅炉和循环流化床锅炉的 NO_x 排放浓度不高于 100mg/m³
		集中供暖	全面提高集中供暖率	城市建成区集中供热普及率达到 80% 以上

序号	地区	重点工作	主要任务	工作措施
28	河南省鹤壁市	散煤治理	气代煤、电代煤	完成气代煤、电代煤 5 万户以上
			完成清洁型煤替代	建成 2 家洁净型煤生产企业，19 个配送网点。覆盖乡村人口约 20.88 万户、71 万人，实际供应能力达到 17 万 t
			加快农村电网改造	加快农村电网改造，完成 7 个中心村、44 个贫困村电网改造任务
			严格劣质散煤管控	实施散煤销售点动态监管，严厉打击非法经营散煤行为，建立长效监管机制，发现一起，取缔一起
				高污染燃料禁燃区内严禁销售、使用散煤等高污染燃料以及茶浴锅炉等高污染燃料设施，发现一起，取缔一起
		锅炉治理	全面淘汰小型燃煤锅炉	完成 88 台 10 蒸吨以下燃煤锅炉拆改或清洁能源改造。淘汰燃煤茶浴锅炉、燃煤大灶、经营性小煤炉等燃煤散烧设施共 475 个
		集中供暖	全面提高集中供暖率	城市建成区集中供热普及率达到 60% 以上

5.2.2 强制推广

1. 绿色建筑发展

2013 年 1 月 1 日，国务院办公厅的 1 号文件转发了国家发展改革委和住房城乡建设部的《绿色建筑行动方案》，明确了绿色建筑的发展目标和任务，要求自 2014 年起政府投资的国家机关、学校、医院、博物馆、科技馆、体育馆等建筑，直辖市、计划单列市及省会城市的保障性住房，以及单体建筑面积超过 2 万 m² 的机场、车站、宾馆、饭店、商场、写字楼等大型公共建筑全面执行绿色建筑标准。同时，强制执行绿色建筑标准的要求已明确写入中共中央、国务院发布的《国家新型城镇化规划（2014-2020 年）》及国务院办公厅发布的《关于印发 2014-2015 年节能减排降碳发展行动方案的通知》（国办发〔2014〕23 号）中。

此后，住房城乡建设部联合相关部委陆续出台了《关于保障性住房实施绿色建筑行动的通知》（建办〔2013〕185 号）、《关于在政府投资公益性建筑及大型公共建筑建设中全面推进绿色建筑行动的通知》（建办科〔2014〕39 号）、《关于实施绿色建筑及既有建筑节能改造工作定期报表的通知》（建科节函〔2014〕96 号）等文件，强化了强制执行绿色建筑标准的保障机制。

为贯彻落实国家《绿色建筑行动方案》提出的强制性要求，截至目前全国已有近 30 个省市、自治区、直辖市和新疆生产建设兵团结合地方实际情况，在地方编制的绿色建筑实施方案中针对政府投资建筑、大型公共建筑、公益性建筑、保障性住房直至全部新建建筑提出了强制性要求，其中，各省市主要通过如下几种手段开展强制执行绿色建筑标准工作：

方式一："以审代评"方式。直接将绿色建筑评价标准或根据评价标准编制的设计标准、施工图审查要点作为图审依据。目前，大部分省市均采用这种方式作为强制执行绿色建筑标准的手段。

方式二："指定技术图审"方式。结合地域特点，充分考虑增量成本和技术成熟程度等因素，从绿色建筑评价标准中挑选出针对强制执行绿色建筑标准的项目应遵循的技术指标，使其达到一星级绿色建筑要求，并通过编制设计标准、施工图审查要点等文件实现可操作性。目前，北京、上海、重庆等地区均采用此种方式作为强制执行绿色建筑标准的手段。

方式三："全过程监管"方式。本着因地制宜、控制增量成本、成熟技术推广、避免增加过多工作量等原则，从绿色建筑评价标准中挑选出针对强制执行项目能够达到一星级要求的指定技术指标，充分结合现行工程建设管理程序，将其纳入立项审查、土地出让、规划设计、施工管理、竣工验收、运营管理等主要阶段进行管控，编制具有可操作性的技术文件，并通过制定管理办法，明确发改、园林、国土、规划、住建、图审、质监、房管等相关部门的监管职责，建立起绿色建筑的全过程闭合管理制。目前武汉、长沙、海南、江苏等省市正在积极开展这方面的研究和试行工作。

2. 可再生能源建筑应用

可再生能源建筑应用的强制推广政策主要以太阳能热水器安装政策为主，其最大的特点就是通过立法或者行政手段要求新建建筑必须安装，政府通常不提供财政补贴。该政策是通过实施在用户端的强制安装政策，营造出一个稳定的太阳能热水器市场，从而带动太阳能热水器技术和产业的发展。实施大规模的太阳能热水器强制安装政策需要三个方面的基础条件：一是产品性能可靠、质量好；二是良好的市场基础；三是良好的制造业基础。如果产品不过关，建筑行业和用户都不能接受；如果公众和用户对产品的认知度不好，政策的落实和实施难度就增大；如果制造业基础薄弱，产能就无法满足市场的需求，强制政策营造的市场最大受益者就有可能不是国内的制造商。自2004年，我国太阳能热水器产品就已纳入国家质量监督检验检疫总局的定期抽检目录，历次抽检结果表明，产品的质量水平稳步提高，产品质量是值得信赖的，而且我国的市场基础和制造业基础都非常好，具有实施强制性安装的基本条件。其中，我国部分地方政府已经实施了强制安装政策，获得了一些宝贵经验。表5-8所示为我国部分地区太阳能热利用强制性政策标准统计表。

我国部分地区太阳能热利用强制性政策统计表 表5-8

省市	政策文件	适用建筑类型1	适用建筑类型2
北京市	北京市太阳能热水系统城镇建筑应用管理办法	新建城镇居住建筑，宾馆、酒店、学校、医院、浴池、游泳馆等有生活热水需求并满足安装条件的新建城镇公共建筑，应当配备生活热水系统，并应优先采用工业余热、废热作为生活热水热源	鼓励具备条件的既有建筑通过改造安装使用太阳能热水系统
天津市	天津市居住建筑节能设计标准	当无条件采用工业余热、废热、深层地热作为热水系统热源时，12层及以下住宅建筑强制	当无条件采用工业余热、废热、深层地热作为热水系统热源时，经计算年太阳能保证率不小于50%的12层以上建筑强制
上海市	上海市建筑节能条例	新建有热水系统设计要求的公共建筑或者6层以下住宅强制	7层以上住宅鼓励
海南省	海南省太阳能热水系统建筑应用管理办法	12层以下（含12层）的住宅建筑强制	单位集体宿舍、医院病房、酒店、宾馆、公共浴池等公共建筑强制

省市	政策文件	适用建筑类型1	适用建筑类型2
黑龙江	关于全省建筑工程中加快太阳能热水系统推广应用工作的通知	新建、改建的多层住宅建筑（包含别墅）优先采用	小高层、高层以及其他公共建筑政策鼓励
辽宁省	关于加快推进太阳能光电建筑应用的实施意见	全省新建、改建的多层和小高层居住建筑，公共建筑鼓励	—
吉林省	关于加快太阳能热水系统与建筑一体化推广应用工作的指导意见	新建、改建、扩建的6层及以下住宅建筑（含商住楼）和医院病房、学校宿舍、宾馆、洗浴场所等热水消耗大户的公共建筑强制	鼓励7层及以上住宅建筑、其他公共建筑采用太阳能热水系统
浙江省	浙江省民用建筑可再生能源应用技术标准	12层及以下住宅强制	12层以上住宅建筑顶部6层住户强制
青海省	绿色建筑行动实施方案	自2013年5月1日起，新建18层以下居住建筑，及18层以上居住建筑逆12层部分强制	新建、改建、扩建的宾馆、酒店、学校等有热水供应需求的公共建筑强制
云南省	太阳能热水系统与建筑一体化设计施工技术规程	所有新建建筑项目强制	11层以下的居住建筑和24m以下设置热水系统的公共建筑强制
河北省	关于执行太阳能热水系统与民用建筑一体化技术的通知	12层及以下的新建居住建筑强制	—
河南省	河南省绿色建筑行动实施方案	新建、改建、扩建的12层以下住宅建筑（含商住）以及设有热水系统的公共建筑强制	12层以上住宅建筑及其他公共建筑鼓励
安徽省	太阳能利用与建筑一体化技术标准	新建12层及以下的住宅及新建、改建和扩建的公共建筑强制	城镇区域内12层以上新建居住建筑鼓励
湖北	关于加强太阳能热水系统推广应用和管理的通知	所有具备太阳能集热条件的新建12层及以下住宅（含商住楼）和新建、改建、扩建的宾馆、酒店、医院病房大楼、老年人建筑、学校宿舍、托幼建筑及政府机关和财政投资的建筑等有热水需求的公共建筑	13层以上的居住建筑和其他公共建筑、农村集中建设的居住点、既有建筑鼓励
山东省	关于加快太阳能光热系统推广应用的实施意见	县城以上城市规划区域内新建、改建、扩建12层及以下的住宅建筑和集中供应热水的公共建筑强制	12层及以上高层住宅建筑、公共建筑鼓励
江苏省	江苏省建筑节能管理办法	新建宾馆、酒店、商住楼等有热水需要的公共建筑及12层以下住宅强制	—
江西省	民用建筑与太阳能热水系统一体化设计、安装及验收规程	Ⅰ类地区低层住宅（别墅）、多层住宅、Ⅱ类地区低层住宅建筑（别墅）	

省市	政策文件	适用建筑类型1	适用建筑类型2
宁夏	宁夏回族自治区民用建筑太阳能热水系统应用管理办法	12层以下（含12层）的住宅建筑（强制）	单位集体宿舍、医院病房、酒店、宾馆、公共浴池等公共建筑强制
宁波市	宁波市民用建筑节能管理办法	12层以下的居住建筑（强制）	新建有生活热水系统的公共建筑及12层以上居住建筑的逆6层强制
深圳	深圳经济特区建筑节能条例	—	新建公共建筑及12层以上住宅建筑鼓励
青岛	青岛市民用建筑节能条例	新建12层以下的居住建筑和实行集中供应热水的医院、学校、宾馆、游泳池、公共浴室等公共建筑（强制）	—
邯郸市	邯郸市民用建筑节能管理办法	12层以下的新建居住建筑和实行集中供应热水的医院、学校、饭店、游泳池、公共浴室（洗浴场所）等建筑强制	具备利用太阳能热水系统条件的13层以上居住建筑鼓励
邢台市	关于实施太阳能建筑一体化打造"太阳能建筑城"的意见	低层、多层住宅及宾馆酒店采用优惠鼓励政策	
新乡市	关于进一步推进太阳能热水系统建筑应用的通知	所有新建、改建、和扩建的住宅（含商住楼）包括12层以上高层建筑强制	—
沈阳市	关于进一步加强在建筑工程中推广应用太阳能技术的通知	新建和改建的低层（别墅）和多层住宅建筑（强制）	小高层、高层住宅及其他公共建筑鼓励
长春市	关于建筑领域应用可再生能源的实施意见	政府投资建设的公共建筑项目（体育馆、图书馆、文化馆、影剧院、车站等）和重点工程要应用可再生能源	市区内新建12层以下住宅建筑和新建、改建、扩建的宾馆、酒店、商住楼等建筑工程项目，宜统一设计和安装太阳能热水器系统
济南市	关于高层建筑推广应用太阳能热水系统的实施意见	自2014年，市域内100m以下新建、改建和扩建的住宅和集中供应热水的公共建筑强制	—
南京市	南京市建委、规划、房产、建工等部门联合发文	12层以下新建住宅（强制）	有热水需求的公共建筑强制
苏州市	苏州市民用建筑节能管理办法	12层及以下新建居住建筑（强制）	有热水需求的公共建筑强制
武汉市	关于进一步加强可再生能源建筑规模应用和管理的通知	新建、改建、扩建18层及以下住宅（含商住楼）和宾馆、酒店、医院病房大楼、老年人公寓、学生宿舍、托幼建筑、健身洗浴中心、游泳馆（池）等热水需求较大的建筑强制	18层以上居住建筑的上部应统一设计，安装太阳能热水系统，其太阳能热水系统使用比例应达到30%以上
郑州市	关于在全市民用建筑工程中推广应用太阳能的通知	12层（含12层）以下住宅、宾馆和酒店等建筑工程、实施集中供应热水的医院、学校、游泳池、公共浴池等公共建筑强制	12层以上住宅、宾馆和酒店等建筑工程鼓励

116

省市	政策文件	适用建筑类型1	适用建筑类型2
昆明市	昆明市太阳能热水系统与建筑一体化管理规定	新建住宅和新建、改建、扩建的宾馆、酒店、学校、医院、康复中心养老托幼建筑以及体育场馆游泳池、桑拿浴所以及由财政投资建造的公共建筑等强制	—
太原市	关于推进建筑中可再生能源应用的实施意见	新建、改建的12层以下住宅建筑（含别墅）和新、改、扩建的宾馆、酒店、商住楼等有热水需求的公共建筑强制	12层以上建筑鼓励
德州市	关于加强太阳能与建筑一体化管理工作的通知	中心城区规划区内具备太阳能热水系统安装条件的新建住宅建筑强制	新建医院、宾馆、学校、公寓、酒店、度假村、养老院、福利院、游泳池及浴室等有热水需求的公共建筑强制
临沂市	民用建筑节能与可再生能源建筑一体化应用管理办法	新建、改建、扩建的12层及以下住宅建筑和集中供应热水的公共建筑	对医院、学校、宾馆、洗浴场等公共建筑鼓励
威海市	威海市民用建筑领域太阳能热水系统推广应用管理规定	新建住宅小区的12层及以下居住建筑强制	13层及以上居住建筑采取试点
合肥市	关于贯彻执行安徽省地方标准《太阳能利用与建筑一体化技术标准》的通知	新建12层及以下居住建筑强制	12层以上新建居住建筑鼓励
合肥市	合肥市促进建筑节能发展若干规定	新建18层以下居住建筑以及18层以上居住建筑的逆向12层强制	新建、改建、扩建宾馆、酒店、医院等有生活热水需求的公共建筑强制
开封市	关于加强在民用建筑中推广应用可再生能源技术的通知	医院、学校、饭店、酒店、游泳池、公共浴室等热水消耗大户强制	新建、改建政府机关办公建筑和大型公共建筑鼓励
珠海市	珠海市建筑节能办法	新建12层以下住宅建筑强制	新建公共建筑和12层以上住宅建筑鼓励
汕头市	关于加快发展绿色建筑的通知	纳入实施绿色建筑实施范围的12层以下（含12层）居住建筑强制	纳入实施绿色建筑实施范围的实行集中热水供应的医院、学校、宾馆等公共建筑强制
秦皇岛市	关于全面推广太阳能与建筑一体化的意见	低层、多层、中高层新建建筑强制	—
福州市	关于加强民用建筑可再生能源推广应用和管理的通知	12层及以下住宅（含商住楼）强制	13层以上的居住建筑和其他公共建筑、农村集中建设的示范村、镇鼓励
铜陵市	关于进一步加强太阳能建筑应用工作的通知	新建12层及以下居住建筑强制	新建、改建和扩建的实施集中供应热水的公共建筑鼓励
银川市	关于银川市推行太阳能建筑一体化应用工作的通知	12层以下的住宅、宿舍（公寓）、政府机关办公楼等强制	—

省市	政策文件	适用建筑类型 1	适用建筑类型 2
烟台市	烟台市人民政府办公室转发市住房城乡建设局等部门关于加快太阳能成套技术推广应用的实施意见的通知	新（改、扩）建的 12 层及以下住宅建筑（包括别墅）强制	新建 12 层以上高层住宅建筑鼓励
锦州	辽宁省锦州市关于进一步加强市民用建筑太阳能热水系统应用管理工作的通知	新建 18 层及以下居住建筑，12 层及以下宾馆、饭店、医院、学校、游泳池、公共浴室等有热水需求的公共建筑强制	开发、建设单位 2012 年开发的 18 层以上的居住建筑，12 层及以上宾馆、饭店、医院、学校、游泳池、公共浴室等有热水需求的公共建筑鼓励
辽阳市	在民用建筑工程中应用太阳能与建筑一体化技术的通知	2013 年 3 月 1 日以后新建、扩建、改建的居住建筑工程强制	2013 年 3 月 1 日前开工的居住建筑项目鼓励
本溪市	关于在建筑工程中应用太阳能与建筑一体化技术的通知	自 2010 年 8 月 1 日起，在全市范围内，新建住宅 7 层（含 7 层）以下和使用热水系统的公共建筑强制	—
广州市	广州市绿色建筑和建筑节能管理规定	新建 12 层以下（含 12 层）的居住建筑和实行集中供应热水的医院、宿舍、宾馆、游泳池等公共建筑强制	新建别墅、农村居民自建住房等独立住宅强制
西安市	民用建筑太阳能热水系统应用技术规范	自 2013 年 3 月 1 日起，本市新建、改建和扩建的民用建筑	—
长沙市	长沙市民用建筑节能和绿色建筑管理办法	新建、改建、扩建 12 层及以下的居住建筑应当统一设计和安装太阳能热水系统	
淮南市	关于加强本市太阳能利用与建筑一体化技术应用和管理工作的通知	新建 12 层及以下居住建筑、新建、改建和扩建的实施集中供应热水的公共建筑（如医院、学校、宾馆、游泳池、洗浴场所等），政府投资建设和使用的集中热水供应系统的公共建筑强制	12 层以上新建居住建筑具备太阳能利用条件的、农村集中建设的居住点鼓励
黄山市	关于推行太阳能建筑一体化应用工作的实施意见	12 层及以下新建居住建筑和实行集中供应热水的医院、学校、饭店、宾馆等公共建筑强制	政府投资建设和使用的需要集中供应热水的公共建筑强制
蚌埠市	关于推行太阳能热水系统与建筑一体化应用的通知	单体 12 层以下居住建筑强制	新建 29 层及以下居住建筑，太阳能热水系统与建筑一体化应用应不少于 12 层

这些地方的强制性安装政策有利于规范化的设计和施工，可以把太阳能热水器的安装纳入到建筑设计体系中来，进行一体化的设计和施工，保证了太阳能热水系统安装的规范、安全和美观。从全国范围来看，鼓励太阳能年总辐照量大于 3900MJ 的地方实施强制安装政策，强制安装的范围可为 12 层及以下的民用建筑，包括住宅建筑和宾馆、酒店等公共建筑，太阳能保证率可根据太阳能资源的不同而设定。

第6章 区域节能的体制机制建设

6.1 法律体系

近年来，国家加快了区域节能工作的步伐，相继颁布了《中华人民共和国节约能源法》、《中华人民共和国可再生能源法》、《民用建筑节能条例》和《公共机构节能条例》，并逐步启动对部分法律法规的修订工作，全面推进区域节能的法制化，促进各项工作的开展和落实。

作为指导区域节能工作的《中华人民共和国节约能源法》于1997年颁布实施后，分别于2007年和2016年进行了两次修订。其中，《中华人民共和国节约能源法》2016年主要修订内容如表6-1所示。

《中华人民共和国节约能源法》2016年修订的主要内容　　　　表6-1

序号	条款	修订前	修订后
1	第十五条	国家实行固定资产投资项目节能评估和审查制度。不符合强制性节能标准的项目，依法负责项目审批或者核准的机关不得批准或者核准建设；建设单位不得开工建设；已经建成的，不得投入生产、使用。具体办法由国务院管理节能工作的部门会同国务院有关部门制定	国家实行固定资产投资项目节能评估和审查制度。不符合强制性节能标准的项目，建设单位不得开工建设；已经建成的，不得投入生产、使用。政府投资项目不符合强制性节能标准的，依法负责项目审批的机关不得批准建设。具体办法由国务院管理节能工作的部门会同国务院有关部门制定
2	第六十八条第一款	负责审批或者核准固定资产投资项目的机关违反本法规定，对不符合强制性节能标准的项目予以批准或者核准建设的，对直接负责的主管人员和其他直接责任人员依法给予处分	负责审批政府投资项目的机关违反本法规定，对不符合强制性节能标准的项目予以批准建设的，对直接负责的主管人员和其他直接责任人员依法给予处分

现行的《中华人民共和国节约能源法》中设置一节七条，对区域建筑节能工作的监督管理和主要内容进行了规定。表6-2所示为《中华人民共和国节约能源法》对区域节能的工作要求。

《中华人民共和国节约能源法》对区域节能的要求　　　　表6-2

监管主体	国务院建设主管部门负责全国建筑节能工作；地方各级人民政府建设主管部门负责本行政区域内建筑节能的监督管理工作
节能规划	县级以上地方各级人民政府建设主管部门会同同级管理节能工作的部门编制本行政区域内的建筑节能规划

新建建筑节能监管	建筑工程的建设、设计、施工和监理单位应当遵守建筑节能标准； 不符合建筑节能标准的建筑工程，建设主管部门不得批准开工建设；已经开工建设的，应当责令停止施工、限期整改；已经建成的，不得销售或者使用
住房销售	房地产开发企业在销售房屋时，应当向购买人明示所售房屋的节能措施、保温工程保修期等信息，在房屋买卖合同、质量保证书和使用说明书中载明，并对其真实性、准确定负责
室内温度热量控制	使用空调供暖、制冷的公共建筑应当实行室内温度控制制度 国家采取措施，对实施集中供热的建筑分步骤实施供热分户计量、按照用热量收费的制度； 新建建筑或者对既有建筑进行节能改造，应当按照规定安装用热计量装置、室内温度调控装置和供热系统调控装置
可再生能源、墙体材料革新、节能设备	国家鼓励在新建建筑和既有建筑节能改造中使用新型墙体材料等节能建筑材料和节能设备，安装和使用太阳能等可再生能源利用系统
罚则	建设单位违反建筑节能标准的，由建设主管部门责令改正，处二十万元以上五十万元以下罚款； 设计单位、施工单位、监理单位违反建筑节能标准的，由建设主管部门责令改正，处十万元以上五十万元以下罚款；情节严重的，由颁发资质证书的部门降低资质等级或者吊销资质证书；造成损失的，依法承担赔偿责任； 房地产开发企业违反本法规定，在销售房屋时未向购买人明示所售房屋的节能措施、保温工程保修期等信息的，由建设主管部门责令限期改正，逾期不改正的，处三万元以上五万元以下罚款；对以上信息弄虚作假宣传的，由建设主管部门责令改正，处五万元以上二十万元以下罚款

《中华人民共和国节约能源法》为区域建筑节能工作的开展提供了法律基础，在此基础上指导和规范有关工作的行政法规《民用建筑节能条例》也于 2008 年 10 月颁布实施。作为《中华人民共和国节约能源法》的下位法，《民用建筑节能条例》规定的更加明确和细化，条例共 6 章 45 条，详细规定了区域建筑节能的监督管理、工作内容和责任，并确定了一系列推进区域建筑节能工作的制度，如表 6-3 所示。其中，明确规定"县级以上地方人民政府建设主管部门负责本行政区域民用建筑节能的监督管理工作；应组织编制本行政区域的民用建筑节能规划，报本级人民政府批准后实施；应当安排民用建筑节能资金，用于支持民用建筑节能的科学技术研究和标准制定、既有建筑围护结构和供热系统的节能改造、可再生能源建筑应用，以及民用建筑节能示范工程、节能项目的推广；应当会同同级建设主管部门确定本行政区域内公共建筑重点用电单位及其年度用电限额"等具体要求。

《民用建筑节能条例》规定的主要制度 表 6-3

第一章 总则	民用建筑节能规划制度
	民用建筑节能标准制度
	民用建筑节能经济激励制度
	国家供热体制改革
第二章 新建建筑节能	建筑节能推广、限制、禁用制度
	新建建筑市场准入制度
	建筑能效测评标识制度
	民用建筑节能信息公示制度
	可再生能源建筑应用推广制度
	建筑用能分项计量制度

第三章　既有建筑节能	既有居住建筑节能改造制度
	国家机关办公建筑节能改造制度
	节能改造的费用分担制度
第四章　建筑用能系统运行节能	建筑用能系统运行管理制度
	建筑能耗报告制度
	大型公共建筑运行节能管理制度

　　上述法律法规的颁布实施，明确了区域节能的发展方向，也为区域节能有关工作的开展提供了充分的法律保障和支持。同时，随着国家层面立法速度的加快，各地区也纷纷依据国家的法律精神，积极制定本区域内的建筑节能行政法规，天津、河北、山西、陕西、山东、广东、上海、重庆等地相继出台了本地区的民用建筑节能条例。其中，浙江、江苏、合肥等地还出台了绿色建筑发展条例，指导区域内建筑领域的绿色发展。表 6-4 所示为我国部分区域节能立法情况统计表。

我国部分区域节能立法情况统计表

表 6-4

层面	所在省市	法律法规	施行时间
中央	—	《中华人民共和国可再生能源法》	2006 年 1 月 1 日
		《中华人民共和国节约能源法》	2008 年 4 月 1 日
		《民用建筑节能条例》	2008 年 10 月 1 日
		《公共机构节能条例》	2008 年 10 月 1 日
地方	天津市	《天津市建筑节约能源条例》	2012 年 7 月 1 日
	河北省	《河北省民用建筑节能条例》	2009 年 10 月 1 日
	山西省	《山西省民用建筑节能条例》	2008 年 12 月 1 日
	陕西省	《陕西省建筑节能条例》	2007 年 1 月 1 日
	山东省	《山东省民用建筑节能条例》	2013 年 3 月 1 日
	吉林省	《吉林省民用建筑节能与发展新型墙体材料条例》	2010 年 9 月 1 日
	青岛市	《青岛市民用建筑节能条例》	2010 年 1 月 1 日
	大连市	《大连民用建筑节能条例》	2010 年 10 月 1 日
	宁夏回族自治区	《宁夏回族自治区民用建筑节能办法》	2010 年 8 月 1 日
	上海市	《上海市建筑节能条例》	2011 年 1 月 1 日
	湖北省	《湖北省民用建筑节能条例》	2009 年 6 月 1 日
	湖南省	《湖南省民用建筑节能条例》	2010 年 3 月 1 日
	重庆市	《重庆市建筑节能条例》	2008 年 1 月 1 日
	广东省	《广东省民用建筑节能条例》	2011 年 7 月 1 日
	深圳市	《深圳经济特区建筑节能条例》	2006 年 11 月 1 日
	江苏省	《江苏省建筑节能管理办法》	2009 年 12 月 1 日
	南京市	《南京市民用建筑节能条例》	2011 年 1 月 1 日
	安徽省	《安徽省民用建筑节能办法》	2013 年 1 月 1 日
	宁波市	《宁波市民用建筑节能管理办法》	2010 年 8 月 1 日
	浙江省	《浙江省绿色建筑条例》	2016 年 5 月 1 日
	江苏省	《江苏省绿色建筑发展条例》	2015 年 7 月 1 日
	合肥市	《绿色建筑发展条例》	2017 年 10 月 1 日
	贵阳市	《贵阳市民用建筑节能条例》	2012 年 6 月 1 日

6.2　政　策　体　系

除了法律、法规外，中央、地方政府和建设行政主管部门还制定了一系列的政策文件，对工作目标、未来发展方向、组织管理等作了具体规定，其内容更具体，规定更详细，操作性更强，为进一步促进区域节能的发展提供了较完善的政策体系。

6.2.1　中央层面

1. 工作目标

在过去三十年中，我国已在区域节能方面取得了长足的进步，这大部分得力于中央层面强有力的政策支持，通过出台相关发展规划、实施意见、财政激励等政策实现了区域节能由易到难、从点及面的稳步推进。1995年5月11日，原建设部制定了《建筑节能"九五"计划和2010年规划》，首次明确了区域节能的目标、重点、任务、实施措施和步骤，指出我国区域节能发展战略即是从新建到既有建筑、从住宅到公建、从北方向南方、从城市到农村逐步扩展。2006年3月14日第十届全国人民代表大会第四次会议批准通过了《中华人民共和国国民经济和社会发展第十一个五年规划纲要》，纲要明确指出"十一五"期间单位国内生产总值能耗降低20%左右，主要污染物排放总量减少10%的约束性指标。这是国家第一次把节能减排列为约束性目标，向全社会敲响能源过度消耗、环境污染严重的警钟，并开始全面推进节能减排工作。

为扎实推进工作，保证节能减排任务完成进度与"十一五"规划实施进度同步，2007年国务院印发了《节能减排综合性工作方案》（国发〔2007〕15号）对全国节能减排工作进行全面部署。工作方案中明确要求"十一五"期间应加快实施十大重点节能工程，其中包括组织实施低能耗、绿色建筑示范项目30个，推动北方供暖区既有居住建筑供热计量及节能改造1.5亿 m^2，开展大型公共建筑节能运行管理与改造示范，启动200个可再生能源在建筑中规模化应用示范推广项目等。自此我国在建筑领域规模化推进节能工作正式拉开了序幕。

在各级政府和有关部门的共同努力下，"十一五"期间，新建建筑施工阶段执行节能强制性标准的比例为95.4%，实施了217个绿色建筑示范工程，北方采暖地区既有居住建筑供热计量及节能改造共完成1.82亿 m^2，完成国家机关办公建筑和大型公共建筑能耗统计33000栋、能源审计4850栋、公示近6000栋建筑的能耗状况、动态监测1500余栋建筑能耗，可再生能源建筑应用示范推广项目386个，农村新建抗震节能住宅13851户，累计实现节约1亿tce的目标任务。区域节能工作取得显著成效，并得到广大业主和百姓的充分肯定。

在"十一五"期间区域节能工作稳妥有序推进的背景下，《"十二五"节能减排综合性工作方案》（国发〔2011〕26号）进一步扩大了区域节能范围、增加了任务，提出"十二五"期间实施北方采暖地区既有居住建筑供热计量及节能改造4亿 m^2 以上，夏热冬冷地区既有居住建筑节能改造5000万 m^2，公共建筑节能改造6000万 m^2 的工作目标。进入"十三五"时期，国务院出台的《"十三五"节能减排综合工作方案》（国发〔2016〕74号）则提出了节能减排总量和强度双控的目标，成为新常态下建筑节能工作的重点。表6-5所示为国家层面出台的有关区域节能政策目标。

"十二五"以来国家层面出台的区域节能政策工作目标情况　　　　表 6-5

序号	时间	名称	文号	内容
1	2011 年 8 月 31 日	国务院关于印发"十二五"节能减排综合性工作方案的通知	国发〔2011〕26 号	全国万元国内生产总值能耗比 2010 年下降 16％；到 2015 年，北方采暖地区既有居住建筑供热计量和节能改造 4 亿 m² 以上，夏热冬冷地区既有居住建筑节能改造 5000 万 m²，公共建筑节能改造 6000 万 m²
2	2012 年 5 月 9 日	关于印发"十二五"建筑节能专项规划的通知	建科〔2012〕72 号	到"十二五"期末，建筑节能形成 1.16 亿 tce 节能能力
3	2012 年 8 月 6 日	国务院关于印发节能减排"十二五"规划的通知	国发〔2012〕40 号	到 2015 年，累计完成北方采暖地区既有居住建筑供热计量和节能改造 4 亿 m² 以上，夏热冬冷地区既有居住建筑节能改造 5000 万 m²，公共建筑节能改造 6000 万 m²，公共机构办公建筑节能改造 6000 万 m²。"十二五"时期形成 600 万 tce 的节能能力
4	2013 年 1 月 1 日	国务院办公厅关于转发发展改革委住房城乡建设部绿色建筑行动方案的通知	国办发〔2013〕1 号	城镇新建建筑严格落实强制性节能标准，"十二五"期间，完成新建绿色建筑 10 亿 m²；到 2015 年末，20％的城镇新建建筑达到绿色建筑标准要求。"十二五"期间，完成北方采暖地区既有居住建筑供热计量和节能改造 4 亿 m² 以上，夏热冬冷地区既有居住建筑节能改造 5000 万 m²，公共建筑和公共机构办公建筑节能改造 1.2 亿 m²，实施农村危房改造节能示范 40 万套。到 2020 年末，基本完成北方采暖地区有改造价值的城镇居住建筑节能改造
5	2013 年 9 月 10 日	国务院关于印发大气污染防治行动计划的通知	国发〔2013〕37 号	积极发展绿色建筑。新建建筑要严格执行强制性节能标准，推广使用太阳能热水系统、地源热泵、空气源热泵、光伏建筑一体化、"热—电—冷"三联供等技术和装备。加快北方采暖地区既有居住建筑供热计量和节能改造
6	2013 年 9 月 17 日	关于印发《京津冀及周边地区落实大气污染防治行动计划实施细则》的通知	环发〔2013〕104 号	到 2017 年底，京津冀及周边地区 80％的具备改造价值的既有建筑完成节能改造。新建建筑推广使用太阳能热水系统，推动光伏建筑一体化应用
7	2014 年 3 月 16 日	国家新型城镇化规划（2014-2020 年）	—	实施绿色建筑行动计划，完善绿色建筑标准及认证体系、扩大强制执行范围，加快既有建筑节能改造，大力发展绿色建材，强力推进建筑工业化

序号	时间	名称	文号	内容
8	2014 年 5 月 15 日	国务院关于印发 2014-2015 年节能减排低碳发展行动方案的通知	国办发〔2014〕23 号	到 2015 年，城镇新建建筑绿色建筑标准执行率达到 20%，新增绿色建筑 3 亿 m²，完成北方采暖地区既有居住建筑供热计量及节能改造 3 亿 m²
9	2016 年 12 月 23 日	关于印发《"十三五"全民节能行动计划》的通知	发改环资〔2016〕2705 号	到 2020 年，城镇新建建筑能效水平较 2015 年提升 20%，城镇绿色建筑占新建建筑比重超过 50%；深入推进既有居住建筑节能改造和公共建筑能耗统计、能源审计及能效公示工作
10	2017 年 1 月 5 日	国务院关于印发"十三五"节能减排综合工作方案的通知	国发〔2016〕74 号	到 2020 年，城镇绿色建筑面积占新建建筑面积比重提高到 50%，实施既有居住建筑节能改造面积 5 亿 m² 以上，完成公共建筑节能改造面积 1 亿 m² 以上
11	2017 年 3 月 1 日	住房城乡建设部关于印发建筑节能与绿色建筑发展"十三五"规划的通知	建科〔2017〕53 号	到 2020 年，城镇新建建筑能效水平较 2015 年提升 20%，城镇绿色建筑占新建建筑比重超过 50%，绿色建材应用比重超过 40%，完成既有居住建筑节能改造 5 亿 m² 以上，公共建筑节能改造 1 亿 m²，城镇可再生能源替代民用建筑常规能源消耗比重超过 6%。经济发达地区及重点发展区域农村建筑节能取得突破，采用节能措施比例超过 10%

2. 经济激励政策

经济激励政策一般包括以财政补贴、专项资金、贷款贴息、政府采购等为主的财政政策及以减税、缓税、税额抵扣、保税等为主的货币政策。两者都是通过影响相关利益主体的利益，来影响相应主体的行为。建筑领域区域节能工作属于市场部分失灵的领域，由于外部性的存在，市场无法发挥独立配置资源的基础性作用，因此需要政府制定激励政策，进而激励市场相关主体积极参与建筑节能。

（1）财政政策

根据国外经验，建立专项基金或资金用于支持区域建筑节能相关工作是十分必要的，保证资金来源的稳定性、持续性和高效性是确保区域建筑节能平稳健康发展的必要条件。目前，我国区域建筑节能资金主要用于可再生能源建筑应用、既有建筑节能改造、公共建筑节能、绿色建筑的推广以及其他区域示范工程和节能项目。表 6-6 所示为国家层面出台的有关区域建筑节能激励政策文件。

"十一五"以来国家层面区域节能相关经济激励政策　　　　　　　　　表 6-6

序号	文件名称	文号	发文时间
1	可再生能源建筑应用专项资金管理暂行办法	财建〔2006〕460 号	2006 年 9 月 4 日
2	国家机关办公建筑和大型公共建筑节能专项资金管理暂行办法	财建〔2007〕558 号	2007 年 10 月 24 日

序号	文件名称	文号	发文时间
3	北方采暖区既有居住建筑供热计量及节能改造奖励资金管理暂行办法	财建〔2007〕957号	2007年12月20日
4	太阳能光电建筑应用财政补助资金管理办法	财建〔2009〕129号	2009年3月23日
5	关于印发《可再生能源建筑应用城市示范实施方案》的通知	财建〔2009〕305号	2009年7月6日
6	关于印发《加快推进农村地区可再生能源建筑应用的实施方案》的通知	财建〔2009〕306号	2009年7月6日
7	合同能源管理项目财政奖励资金管理暂行办法	财建〔2010〕249号	2010年6月3日
8	夏热冬冷地区既有居住建筑节能改造补助资金理暂行办法	财建〔2012〕148号	2012年4月9日
9	关于完善可再生能源建筑应用政策及调整资金分配管理方式的通知	财建〔2012〕604号	2012年8月21日
10	关于印发《可再生能源发展专项资金管理暂行办法》的通知	财建〔2015〕87号	2015年4月2日

　　可再生能源建筑应用是改善地区建筑用能结构和扩大能源供给的重要途径，大力推广可再生能源在建筑领域中的应用，是国家重点鼓励的节能发展方向，对于真正减少建筑物对常规能源的依赖具有十分重要的作用。2006年，我国全面启动可再生能源建筑应用示范工程，主要包括地源热泵和太阳能光热项目示范。为促进可再生能源在建筑领域的应用，提高建筑能效，控制一次能源消耗量，以财政资金补贴刺激市场，财政部、住房和城乡建设部联合印发了《可再生能源建筑应用专项资金管理暂行办法》（财建〔2006〕460号），对专项资金使用范围、示范内容、使用原则等做出了具体规定。截至2008年，共审批通过了386个可再生能源建筑应用示范项目，累计示范建筑面积4049万 m^2，技术类型涵盖了太阳能热水、太阳能供暖、地源热泵和少量的太阳能光伏发电技术，覆盖了全国27个省（自治区）、4个直辖市、5个计划单列市及新疆生产建设兵团。通过财政激励政策，开启了可再生能源建筑应用规模化发展的快车。

　　2009年，为促进光伏产业健康发展，财政部、住房和城乡建设部联合发布《太阳能光电建筑应用财政补助资金管理暂行办法》（财建〔2009〕129号），推出"太阳能屋顶计划"，强调大力支持太阳能光伏产业，并提出对符合条件的太阳能光电建筑应用示范项目给予资金补助。同年，财政部、科技部和国家能源局联合印发《关于实施金太阳示范工程的通知》（财建〔2009〕397号），指出中央财政从可再生能源专项资金中安排部分资金支持实施"金太阳示范工程"，综合采取财政补助、科技支持和市场拉动方式，加快国内光伏发电的产业化和规模化发展，以促进光伏发电技术的进步。随后，财政部联合住房城乡建设部印发了《可再生能源建筑应用城市示范实施方案》（财建〔2009〕305号）、《加快推进农村地区可再生能源建筑应用的实施方案》（财建〔2009〕306号）、《关于完善可再生能源建筑应用政策及调整资金分配管理方式的通知》（财建〔2012〕604号）、《关于印发<可再生能源发展专项资金管理暂行办法>的通知》（财建〔2015〕87号），启动了可再生能源建筑应用城市示范及农村地区县级示范工作，并投入必要的资金，补贴投资成本，以及加强监管，从而保证工程质量和运行效果，积极推广成功经验，扩大示范效应，逐步过渡到市场化运作，带动国内可再生能源建筑应用的规模化发展。

　　既有居住建筑节能改造方面，大量现存且无任何节能措施的城镇既有居住建筑是造成建筑能耗不断高涨的重要原因之一，因此对老旧房屋进行节能改造成为避免大拆大建且改善老旧房屋室内舒适度的必要途径，但由于既有居住建筑大多建设年代早，产权类型较为复杂分散，难以明确改造主体，同时改造资金需求量大且筹集较为困难，因此需要财政资金的适当投入才可推动该项工作。2007年，财政部印发了《北方采暖区既有居住建筑供热计量及节能改造奖励资金管理暂行办法》，分别按照严寒地区45元/m²和寒冷地区55元/m²的奖励标准，对建筑围护结构节能改造、室内供热系统计量及温度调控改造、热源及供热管网平衡改造三项改造内容依据60%、30%、10%的权重进行奖励。为调动地方节能改造的积极性，启动阶段按照6元/m²预报地方奖励资金。"十一五"期间，北方采暖地区完成既有居住建筑节能改造任务1.82亿m²，效果显著，获得百姓支持。在此背景下，2012年，财政部、住房和城乡建设部联合印发《夏热冬冷地区既有居住建筑节能改造补助资金管理暂行办法》，支持夏热冬冷地区开展既有居住建筑节能改造试点工作。

公共建筑节能方面，2007年，财政部印发《国家机关办公建筑和大型公共建筑节能专项资金管理暂行办法》（财建〔2007〕558号），支持开展国家机关办公建筑和大型公共建筑能耗统计、能源审计、能效公示及能耗动态监测工作，支持开展高等学校节约型校园建设，支持多个省市建立节能监管体系。另一方面，为降低既有公共建筑能耗高、运行管理低效等问题，国家批复了重庆、天津、深圳、上海4个第一批公共建筑节能改造试点城市，并给予20元/m²补贴。

以上区域建筑节能相关财政资金的安排，带动了有关企业、居民及其他社会资金对区域节能工作的投入，有效地激发了区域节能市场，对促进区域节能工作的开展发挥了重要作用。

（2）货币政策

区域建筑节能工作是一项庞大的系统工程，要全面推进建筑节能工作，资金需求量是很大的，只有引导金融机构支持区域建筑节能的相关项目，扩大融资渠道，才能真正解决区域建筑节能的资金需求。除中央及各级政府资金政策支持外，贷款贴息、税收优惠、合同能源管理等货币手段能有效缓解中央财政压力。

2010年，为加快推进合同能源管理促进节能服务产业发展，财政部、国家发展改革委联合印发《合同能源管理项目财政奖励资金管理暂行办法》（财建〔2010〕249号），支持实施节能效益分享型合同能源管理项目的节能服务公司，鼓励技术先进、高效管理的企业投身于节能行业。该政策在解决公共机构能源费用财会制度障碍方面取得较大的突破，为节能服务公司介入公共机构提供了财会制度基础。

政府可通过财政贴息的方式引导金融机构为相关工作提供优惠贷款，拓宽区域建筑节能工作的融资渠道。中央财政对采用合同能源管理形式的节能改造项目，给予贷款贴息补助。中央建筑节能改造项目贷款，中央财政全额贴息；地方项目节能改造贷款，中央财政贴息50%。另一方面，国家通过税收优惠，如增值税减免、所得投资税减免、加速折旧等方式也可以激发市场投资者参与区域节能活动的积极性，充分发挥市场机制的作用，引导社会资金更多地投向建筑节能领域。

3. 管理机制

为顺利完成区域节能任务目标，引导地方开展相关工作，细化工作目标，规范实施流程，明确部门责任，确保工程质量，住房城乡建设部、财政部等分别围绕新建建筑节能、绿色建筑、既有居住建筑节能改造、公共建筑节能改造、可再生能源建筑应用、绿色建材等专项区域节能工作重点相继出台并印发了一系列管理措施政策文件，如表 6-7 所示，包括实施意见、管理办法、验收办法等，用于推进区域节能工作的开展，逐步构建区域节能专项工作管理体系。

"十二五"以来区域节能相关管理措施政策 表 6-7

序号	文件名称	文号	发文时间
1	关于切实加强政府办公和大型公共建筑节能管理工作的通知	建科〔2010〕90 号	2010 年 6 月 10 日
2	关于加强可再生能源建筑应用城市示范和农村地区县级示范管理的通知	财建〔2010〕455 号	2010 年 9 月 2 日
3	关于进一步深入开展北方采暖地区既有居住建筑供热计量及节能改造工作的通知	财建〔2011〕12 号	2011 年 1 月 21 日
4	财政部　住房城乡建设部关于进一步推进可再生能源建筑应用的通知	财建〔2011〕61 号	2011 年 3 月 8 日
5	财政部　住房城乡建设部关于进一步推进公共建筑节能工作的通知	财建〔2011〕207 号	2011 年 5 月 4 日
6	关于印发《国家机关办公建筑和大型公共建筑能耗监测系统数据上报规范》的通知	建科综函〔2011〕169 号	2011 年 7 月 11 日
7	关于推进夏热冬冷地区既有居住建筑节能改造的实施意见	建科〔2012〕55 号	2012 年 4 月 1 日
8	关于加快推动我国绿色建筑发展的实施意见	财建〔2012〕167 号	2012 年 4 月 27 日
9	住房城乡建设部办公厅关于加强绿色建筑评价标识管理和备案工作的通知	建办科〔2012〕47 号	2012 年 12 月 27 日
10	住房城乡建设部关于印发"十二五"绿色建筑和绿色生态城区发展规划的通知	建科〔2013〕53 号	2013 年 4 月 3 日
11	住房城乡建设部关于保障性住房实施绿色建筑行动的通知	建办〔2013〕185 号	2013 年 12 月 16 日
12	住房城乡建设部　教育部关于印发《节约型校园节能监管体系建设示范项目验收管理办法》（试行）的通知	建科〔2014〕85 号	2014 年 4 月 6 日
13	绿色建材评价标识管理办法	建科〔2014〕75 号	2014 年 5 月 21 日
14	住房城乡建设部关于印发《可再生能源建筑应用示范市县验收评估办法》的通知	建科〔2014〕138 号	2014 年 9 月 16 日
15	关于在政府投资公益性建筑及大型公共建筑建设中全面推进绿色建筑行动的通知	建办科〔2014〕39 号	2014 年 10 月 15 日
16	工业和信息化部　住房城乡建设部关于印发《促进绿色建材生产和应用行动方案》的通知	工信部联原〔2015〕309 号	2015 年 8 月 31 日
17	住房城乡建设部办公厅关于绿色建筑评价标识管理有关工作的通知	建办科〔2015〕53 号	2015 年 10 月 21 日
18	住房城乡建设部办公厅　银监会办公厅关于深化公共建筑能效提升重点城市建设有关工作的通知	建办科函〔2017〕409 号	2017 年 6 月 14 日
19	住房城乡建设部关于进一步规范绿色建筑评价管理工作的通知	建科〔2017〕238 号	2017 年 12 月 4 日

既有居住建筑节能改造主要由计划管理、工程实施与验收考核等环节构成。一是计划管理。"十一五"改造初期，依据各地集中供热面积、经济发展水平和技术支撑能力等因素，主要采用"自上而下"的方式分解了北方采暖地区供热计量及节能改造 1.5 亿 m² 改造任务，获得百姓支持。进入"十二五"时期，为确保完成北方采暖地区既有居住建筑供热计量及节能改造 4 亿 m² 以上，夏热冬冷地区既有居住建筑节能改造 5000 万 m² 以上任务指标，管理方式则采用"自下而上"申报，"自上而下"分解，即地方组织申报、两部委批复任务，实现改造任务落实到百姓需求最迫切的地方，保证任务与改造需要的一致性，并启动一批"节能暖房"重点市县，实现重点突破，形成示范带动效应。二是工程实施方面，住房城乡建设部相继发布了《关于推进北方采暖地区既有居住建筑供热计量及节能改造工作的实施意见》和《关于进一步深入开展北方采暖地区既有居住建筑供热计量及节能改造工作的通知》，分别从改造原则、技术路线、组织实施、保障措施和考核标准等方面指导有关地区节能改造工作的实施。三是验收考核方面，2009 年住房城乡建设部印发了《北方采暖地区既有居住建筑供热计量及节能改造项目验收办法》，实施多级验收，采用自检、抽检和复检等方式，从国家、省级、市级不同层面对改造项目进行验收，并通过能效测评手段对节能效果进行控制。

绿色建筑发展方面，2007 年原建设部出台《绿色建筑评价标识管理办法（试行）》（建科〔2007〕206 号），对绿色建筑评价标识的组织管理、申报流程、监督检查等相关内容作出规定。2009 年住房和城乡建设部发布了《一二星级绿色建筑评价标识管理办法（试行）》（建科〔2009〕109 号），明确了对于具备一定绿色建筑发展基础和条件的地区，经申请审批通过后，可以开展本地区一、二星级绿色建筑评价标识工作。为充分发挥和调动各地发展绿色建筑事业，鼓励各地开展绿色建筑评价标识工作，促进绿色建筑在全国范围内快速健康发展，住房和城乡建设部相继发布了《绿色建筑评价标识实施细则（试行修订）》（建科综〔2008〕61 号）、《绿色建筑评价标识使用规定（试行）》（建科综〔2008〕61 号）、《绿色建筑评价标识专家委员会工作规程（试行）》（建科综〔2008〕61 号）、《关于开展一二星级绿色建筑评价标识培训考核工作的通知》（建科综〔2009〕31 号）等文件，初步建立了绿色建筑相关系列管理制度。进入"十二五"时期，为进一步深入推进区域节能，加快发展绿色建筑，促进城乡建设模式转型升级，国务院办公厅、住房和城乡建设部、财政部等有关部门自 2012 年以来陆续出台了《关于加快推动我国绿色建筑发展的实施意见》（财建〔2012〕167 号）、《住房城乡建设部办公厅关于加强绿色建筑评价标识管理和备案工作的通知》（建办科〔2012〕47 号）、《住房城乡建设部关于印发"十二五"绿色建筑和绿色生态城区发展规划的通知》（建科〔2013〕53 号）、《住房城乡建设部关于保障性住房实施绿色建筑行动的通知》（建办〔2013〕185 号）等一系列政策文件，明确了我国绿色建筑发展目标与重点任务，采取"强制"与"激励"相结合、单体绿色建筑与绿色生态城区协同促进的方式推进绿色建筑发展的局面基本形成。

6.2.2 地方层面

为贯彻落实国家文件精神，各地在实践过程中积极探索，因地制宜出台了一系列地方性政策文件，明确工作目标，配套激励政策，加强监管，注重科技研发，完善保障体系，创新推广模式，使得地方区域建筑节能工作有了明确的指标要求和工作方向，推动了区域建筑节能管理的有序发展，成效显著。

1. 明确任务目标

围绕《国务院关于印发"十三五"节能减排综合工作方案的通知》和《住房城乡建设部关于印发建筑节能与绿色建筑发展"十三五"规划的通知》中建筑节能工作目标，全国大部分省市区结合地区实际情况，均出台制定了地方"十三五"期间建筑节能与绿色建筑发展规划，明确了区域节能发展目标，如表 6-8 所示。

部分地区"十三五"期间建筑节能的总体发展目标　　　　表 6-8

序号	地区	文件	总体发展目标
1	北京	《北京市"十三五"时期民用建筑节能发展规划》	到 2020 年，新建城镇居住建筑单位面积能耗比"十二五"末城镇居住建筑面积平均能耗下降 25%，2020 年底绿色建筑面积占城镇民用总面积比例达到 25% 以上，实现可再生能源利用率达到 40%，实施城镇非节能居住建筑节能改造 3000 万 m²，完成 600 万 m² 公共建筑节能改造，可再生能源建筑应用面积比例达到 16%
2	天津	《天津市建筑节能和绿色建筑"十三五"规划》	到 2020 年，新建民用建筑 100% 执行绿色建筑标准，高星级绿色建筑比例达到 30%；居住建筑执行 75% 节能标准，公共建筑执行 65% 节能标准，标准执行率达到 100%；既有居住建筑绿色节能改造面积达到 2000 万 m²，既有公共建筑绿色节能改造面积达到 300 万 m²；实现可再生综合能源站供冷供热面积 1400 万 m²，可再生能源消费量占建筑能耗的比例达到 10% 以上
3	河北	《河北省建筑节能与绿色建筑发展"十三五"规划》	到 2020 年，城镇既有建筑中节能建筑占比超过 50%，新建城镇居住建筑全面执行 75% 节能设计标准，建设被动式低能耗建筑 100 万 m² 以上，城镇新建建筑全面执行绿色建筑标准，绿色建筑占城镇新建建筑比例超过 50%。到 2020 年，新建建筑能效水平比 2015 年提高 20%，居住建筑单位面积平均供暖能耗比 2015 年预期下降 15%，城镇公共建筑能耗降低 5%。"十三五"期间，各市（含定州、辛集市）创建一批 20 万 m² 以上，各县（市）创建一批 10 万 m² 以上高星级绿色建筑品牌小区。获得绿色建筑评价标识项目中二星级及以上项目比例超过 80%
4	山西	《山西省建筑节能"十三五"规划》	2020 年全面推进新建建筑节能 75% 标准；居住建筑节能综合改造应按照节能 65% 的标准实施；到 2020 年底，全省 11 个设区城市装配式建筑占新建建筑面积的比例达到 15% 以上
5	内蒙古	《内蒙古自治区建筑节能与绿色建筑发展"十三五"规划》	2018 年起，城镇新建公共建筑全面执行节能 65% 标准，城镇新建居住建筑力争全面执行节能 75% 标准。2017～2020 年，全区城镇绿色建筑占新建建筑比例分别达到 20%、30%、40%、50%。到 2020 年，基本完成全区具有改造价值的既有居住建筑；完成 300 万 m² 以上既有公共建筑节能改造工作，改造后建筑能效提升 15% 以上，其中采用合同能源管理方式进行节能改造的既有公共建筑面积达到 50 万 m²
6	吉林	《吉林省住房和城乡建设事业"十三五"规划》	"十三五"期末，全面完成既有居住建筑节能改造，完成既有公共建筑节能改造 500 万 m² 城镇居住建筑单位面积平均供暖能耗下降 15% 以上
7	山东	《山东省建筑节能与绿色建筑发展"十三五"规划》	"十三五"期间，新增绿色建筑 2 亿 m² 以上，二星级及以上绿色建筑比例达到 30% 以上。新建节能建筑 4 亿 m² 以上，设计阶段和施工阶段节能强制性标准执行率分别达到 100%、99%。完成既有居住建筑节能改造 3000 万 m² 以上、公共建筑节能改造 1000 万 m² 以上。新增太阳能光热建筑一体化应用面积 1.5 亿 m² 以上、地源热泵系统建筑应用面积 5000 万 m² 以上、太阳能光电建筑应用装机容量 150MW 以上

序号	地区	文件	总体发展目标
8	陕西	《陕西省建筑节能与绿色建筑"十三五"规划》	在绿色生态发展上，城镇新建建筑中绿色建筑占比达到 50%，绿色建材应用比例达到 40%，建设被动式低能耗建筑 20 万 m²；城镇公共建筑能耗单位面积水平下降 15%以上
9	甘肃	《甘肃省"十三五"节能和应对气候变化规划》	到 2020 年，力争 30%的城镇新建建筑达到绿色建筑标准要求
10	宁夏	《宁夏回族自治区节能降耗与循环经济"十三五"发展规划》	力争到 2020 年，城镇绿色建筑占新建建筑比重达到 50%。加大居住建筑执行 65%节能标准的监管力度，积极开展 75%建筑节能标准试点示范，到 2020 年，城市和县城新建建筑节能标准执行率在设计阶段达到 100%，施工阶段达到 98%以上
11	新疆	《新疆维吾尔自治区住房城乡建设事业"十三五"规划纲要》	到 2020 年，力争新建节能建筑 1.3 亿 m²，完成既有居住建筑供热计量及节能改造 3500 万 m²，新增可再生能源建筑应用面积 2500 万 m²，争取建成绿色建筑 3000 万 m²以上、绿色生态城区 15 个以上。建立健全国家机关办公建筑及大型公共建筑节能监管体系，实现国家机关办公建筑及大型公共建筑节能效益。 到 2020 年，新建建筑执行标准能效要求比基线水平提高 20%，城镇居住建筑单位面积平均供暖能耗下降 20%以上，公共建筑能效提升 20%以上。城镇可再生能源在建筑领域消费比重超过 13%。建筑建造及使用能耗达到国家平均水平，城镇新建建筑中绿色建筑推广比例力争超过 50%，绿色建材推广比例力争超过 40%
12	上海	《上海市节能和应对气候变化"十三五"规划》	新建民用建筑全部严格执行绿色建筑标准，其中单体建筑面积 2 万 m²以上大型公共建筑和国家机关办公建筑达到绿色建筑二星级及以上标准，低碳发展实践区、重点功能区域内新建公共建筑按照绿色建筑二星级及以上标准建设的比例不低于 70%。 完成既有公共建筑节能改造面积不低于 1000 万 m²。加快实施单体建筑面积 1 万 m²以上的国家机关办公建筑分项计量安装与能耗监测平台联网，市级、区级公共机构能耗公示覆盖率分别达到 90%、60%以上。完成公共机构重点用能建筑能源审计 200 家
13	浙江	《浙江省建筑节能及绿色建筑发展"十三五"规划》	到"十三五"末，新建居住建筑全面执行节能率 75%的设计标准；在全面强制执行一星级绿色建筑的基础上，强制国家机关办公建筑和政府投资的或以政府投资为主的其他公共建筑按照二星级以上绿色建筑强制性标准进行建设，实现绿色建筑全覆盖，其中二星级以上绿色建筑占比达到 10%以上；可再生能源在建筑领域消费比重达到 10%以上。积极实施既有高能耗公共建筑的绿色改造
14	湖北	《湖北省"十三五"建筑节能与绿色建筑发展规划》	"十三五"期间，通过推进建筑节能与绿色发展，全省新增建筑节能能力 367.5 万 tce。 到 2020 年，新增节能建筑 2.2 亿 m²，全省城镇新建建筑能效水平比 2015 年提升 20%以上；发展绿色建筑 6000 万 m²，全省城镇绿色建筑推广比例达到 50%以上。"十三五"期间，全省新增可再生能源建筑应用面积 8000 万 m²，新增太阳能光电建筑应用装机容量 200MW；全省完成既有建筑节能改造面积 1000 万 m²

序号	地区	文件	总体发展目标
15	四川	《四川省建筑节能与绿色建筑发展"十三五"规划》	提高建筑节能标准，居住建筑分区域分阶段逐步执行 65% 的节能标准。到 2020 年，城镇新建建筑 50% 达到绿色建筑标准，100% 达到建筑节能强制性标准。完成既有居住建筑节能改造 50 万 m²；实施公共建筑节能改造 100 万 m²，力争实现公共建筑单位面积能耗下降 10%，其中大型公共建筑能耗降低 15%，重点监控的大型公共建筑能耗降低 30%；"十三五"期末，全省新增可再生能源建筑应用面积 400 万 m²；实现 3 个以上不小于 1.5km² 绿色生态城（镇）的建设
16	重庆	《重庆市建筑节能与绿色建筑"十三五"规划》	到 2020 年末，新建城镇建筑节能强制性标准执行率继续保持 100%，城镇新建建筑执行绿色建筑标准的比例达到 50%；累计实施既有建筑节能改造项目面积 770 万 m²。累计实施可再生能源建筑应用面积 1200 万 m²；绿色建材在新建建筑中的应用比例达到 60%
17	贵州	《贵州省"十三五"建筑节能与绿色建筑规划》	力争新建建筑强制性节能标准执行率达到 98%，城镇新建绿色建筑比例达到 50%，建筑领域实现节约标准煤 240 万 t；完成既有建筑节能改造 200 万 m²；力争完成太阳能、地源热泵技术建筑应用 600 万 m²
18	广西	《广西建筑节能与绿色建筑"十三五"规划》	"十三五"期间累计完成既有公共建筑节能改造面积 1000 万 m² 以上，其中公共机构公共建筑改造面积 500 万 m² 以上。到 2020 年，累计新增新建绿色建筑面积 1.8 亿 m² 以上，新增绿色生态城区 2 个
19	福建	《福建省建筑节能和绿色建筑"十三五"专项规划》	到 2020 年，新建建筑节能标准执行率达 100%，新增绿色建筑面积 1.5 亿 m²，完成公共建筑节能改造 500 万 m²，节约标准煤 800 万 t，减排二氧化碳 1976 万 t
20	广东	《广东省"十三五"建筑节能与绿色建筑发展规划》	"十三五"期间，城镇新建建筑能效水平比 2015 年提升 20%，全省新增绿色建筑 2 亿 m²，全省完成既有建筑节能改造面积 2200 万 m²，全省新增太阳能光热建筑应用面积 6000 万 m²，新增太阳能光电建筑应用装机容量 800MW
21	海南	《海南省"十三五"建筑节能与建设科技发展规划》	到"十三五"末，城镇绿色建筑占新建建筑比例达到 50%。新建高星级绿色建筑设计评价标识 39 个，绿色建筑运营评价标识 18 个。到 2020 年，完成既有公共建筑节能改造 50 万 m²，启动 1~2 个既有居住节能改造示范项目，既有建筑绿色改造示范项目 2~3 个。至"十三五"末，实现太阳能光伏建筑一体化应用初具规模

2. 出台有效的管理制度

由于各地区实际环境、经济水平、建筑状况、气候特点等均存在差异，在推进建筑区域节能工作过程中，所遇到的问题也不相同。因此针对不同项目管理需要有一定灵活性和针对性，依据各地区实际情况，因地制宜做好项目的管理，制定相关文件，如表 6-9 所示。

地方颁布的区域节能相关文件　　　　　　　　　　　　　表 6-9

序号	地区	相关文件名称
1	北京	《北京市人民政府关于印发北京市房屋建筑抗震节能综合改造工作实施意见的通知》（京政发〔2011〕32 号）

序号	地区	相关文件名称
1	北京	《关于印发〈北京市既有非节能居住建筑供热计量及节能改造项目管理办法〉的通知（京建法［2011］27号)》
		《关于印发〈北京市既有节能居住建筑供热计量及节能改造项目管理暂行办法〉的通知》（京政容发［2011］51号）
		《北京市人民政府关于印发北京市老旧小区综合整治工作实施意见的通知》（京政发［2012］3号）
		《关于老旧小区综合改造工程外保温材料专项备案和使用管理有关事项的通知》（京建法［2012］9号）
		《关于加强我市老旧小区房屋建筑抗震节能综合改造工程质量安全管理工作的意见》（京建发［2012］76号）
		《关于加强老旧小区综合改造工程外保温材料和外窗施工管理的通知》（京建发［2013］464号）
2	山西	《山西省人民政府办公厅关于进一步做好"十二五"既有居住建筑节能改造工作的通知》（晋政办发［2012］75号）
3	内蒙古	《关于加强既有居住建筑节能改造工程质量管理的通知》（内建科［2012］598号）
4	大连	《大连市人民政府办公厅关于印发大连市既有居住建筑节能改造工作实施方案的通知》（大政办发［2013］41号）
5	吉林	《关于印发〈吉林省"十二五"既有居住建筑供热计量及节能改造指导意见〉的通知》（吉建科［2011］1号）
		《关于做好既有居住建筑供热计量及节能改造项目验收工作的意见》（吉暖办［2011］27号）
		《关于印发〈吉林省既有居住建筑供热计量及节能改造项目验收办法〉的通知》（吉建办［2011］37号）
6	山东	《关于推进供热计量改革与既有建筑节能改造的意见》（鲁政发［2011］26号）
		《山东省住房和城乡建设厅山东省财政厅关于印发〈山东省既有居住建筑供热计量及节能改造项目实施管理办法〉的通知》（鲁建节科字［2013］28号）
7	青岛	《关于印发青岛市既有居住建筑供热计量及节能改造实施方案的通知》（青政办字［2010］119号）
		《青岛市人民政府关于加快推进既有居住建筑节能改造及供热计量工作的通知》（青政办字［2015］7号）
8	河南	《河南省人民政府关于加强建筑节能工作的通知》（豫政［2010］72号）
9	海南	《海南省可再生能源建筑应用示范项目评审暂行办法》
		《海南省住房和城乡建设厅关于全省保障性住房安装使用太阳能热水系统的通知》（琼建科［2010］38号）
		海南省住房和城乡建设厅关于贯彻实施《海南省太阳能热水系统建筑应用管理办法》的通知（琼建科［2010］41号）
10	陕西	《关于做好既有居住建筑供热计量及节能改造相关工作的通知》（陕建发［2011］110号）
11	甘肃	《甘肃省建设厅甘肃省财政厅关于印发"甘肃省既有居住建筑供热计量及节能改造实施方案"的通知》（甘建科［2008］306号）

序号	地区	相关文件名称
12	青海	《青海省人民政府办公厅转发省建设厅关于建筑利用太阳能工作指导意见的通知》（青政办〔2008〕46 号）
		《关于印发〈青海省可再生能源建筑应用示范项目管理办法〉的通知》（青建法〔2008〕261 号）
		《关于加快推进可再生能源建筑应用示范城市工作的通知》（青建科〔2011〕665 号）
		《省住房城乡建设厅关于开展可再生能源建筑应用城市示范、县级示范项目验收工作的通知》（青建科〔2014〕378 号）
		《青海省住房城乡建设厅 省财政厅关于开展可再生能源建筑应用示范市县和被动式太阳能暖房项目验收工作的通知》（青建科〔2015〕201 号）
		《甘肃省建设厅 甘肃省财政厅关于印发〈甘肃省既有居住建筑供热计量及节能改造项目验收办法〉的通知》（甘建科〔2011〕156 号）
13	宁夏	《关于印发〈宁夏回族自治区既有居住建筑供热计量及节能改造管理办法（试行）〉的通知》（宁建（科）〔2013〕36 号）
14	新疆建设兵团	《关于印发兵团既有居住建筑和"暖房子"工程节能改造实施管理措施的通知》（兵建发〔2014〕41 号）
15	深圳	《深圳市住房和建设局关于贯彻执行〈深圳市开展可再生能源建筑应用城市示范实施太阳能屋顶计划工作方案〉有关事项的通知》（深建节能〔2011〕46 号）

北京市将既有居住建筑供热计量及节能改造与老旧小区综合整治相结合，在改善住户室内环境质量的同时，对小区环境、楼道照明、垃圾处理、物业管理等方面综合改造，并针对既有居住建筑节能改造涉及产权主体复杂、实施主体不明确、改造标准不一等现象，出台了《北京市既有非节能居住建筑供热计量及节能改造项目管理暂行办法》（京建发〔2011〕27 号）、《北京市既有节能居住建筑供热计量及节能改造项目管理暂行办法》（京政容发〔2011〕51 号）、《北京市老旧小区综合整治工作实施意见》（京政发〔2012〕3号）、《关于加强我市老旧小区房屋建筑抗震节能综合改造工程质量安全管理工作的意见》（京建发〔2012〕76 号）、《关于加强老旧小区综合改造工程外保温材料和外窗施工管理的通知》（京建发〔2013〕464 号）等相关文件，实行属地负责制，明确了市政府相关主管部门的职责，将改造实施主体予以区分，由房屋管理单位、产权单位或政府承担既有非节能居住建筑节能改造项目实施，负责征询改造意愿、筹集管理改造资金、委托设计、组织施工单位与材料供应单位招标、委托监理、办理项目审批、组织验收等工作；由供热企业承担供热计量改造和供热计量收费，负责提出室内供热计量及温控改造的技术要求，采购供热计量和温控设备，指导设备安装，参与竣工验收等工作。同时，北京市还对增层改造、增加面积改造的项目进行了明确要求和限定。另外，山东、青海、宁夏、乌鲁木齐等也出台了本地区的既有居住建筑节能改造工作管理办法，促进了改造项目管理的标准化、正规化，有效推动了既有居住建筑节能改造工作的进程。

河南省住房和城乡建设厅对可再生能源建筑应用示范市县项目实行"动态管理"，创建示范项目库，随时更新和掌握各示范市县的建设情况，优化完善可再生能源建筑应用示范项目管理，避免项目遴选和实施过程中由于资金、建设质量、土地纠纷等问题出现项目停滞或取消等现象。针对湖南省一些可再生能源示范市县工作进展缓慢的情况，省财政厅、省住房城乡建设厅会同相关部门建立了约谈制度和实行联动惩处制度。

为了加强大型公共建筑节能工作的实施与管理，部分省市针对能耗监测、能源审计、能效信息公示等制定有效的管控，并出台详细的方案。如上海市印发了《关于加快推进本市国家机关办公建筑和大型公共建筑能耗监测系统建设实施意见的通知》，构建"全市统一、分级管理、互联互通"的建筑能耗监测系统；福建省出台了《国家机关办公建筑和大型公共建筑能耗统计、能源审计和能效公示管理办法（试行）》；江苏省出台了《江苏省绿色建筑行动实施方案》，在方案中明确要求加强公共建筑节能运行管理作为重点任务。

为贯彻落实《绿色建筑行动发展方案》，大力推进绿色建筑发展，全国各地均出台适宜地区特点的绿色建筑发展地方性文件，如表 6-10 所示。

部分地区颁布的绿色建筑发展相关文件   表 6-10

序号	地区	相关文件名称
1	北京	北京市人民政府办公厅关于转发市住房城乡建设委等部门《绿色建筑行动实施方案》的通知（京政办发［2013］32 号）
2	天津	天津市人民政府办公厅《关于转发市建设交通委拟定的天津市绿色建筑行动方案的通知》（津政办发［2014］57 号）
3	河北	河北省人民政府办公厅转发省发展改革委省住房城乡建设厅《关于开展绿色建筑行动创建建筑节能省的实施意见》的通知（冀政办［2013］6 号）
4	山西	山西省人民政府办公厅关于转发省发展改革委 省住房城乡建设厅《山西省开展绿色建筑行动实施意见》的通知（晋政办发［2013］88 号）
5	内蒙古	内蒙古自治区人民政府办公厅《关于印发自治区绿色建筑行动实施方案的通知》（内政办发［2014］1 号）
6	辽宁	辽宁省人民政府办公厅《关于转发省发展改革委省住房城乡建设厅辽宁省绿色建筑行动实施方案的通知》（辽政办发［2015］68 号）
7	吉林	吉林省人民政府办公厅关于转发省住房城乡建设厅 省发展改革委《吉林省绿色建筑行动方案》的通知（吉政办发［2013］13 号）
8	黑龙江	黑龙江省人民政府办公厅关于转发省发改委 省住建厅《黑龙江省绿色建筑行动实施方案》的通知（黑政办发［2013］61 号）
9	上海	上海市人民政府办公厅《关于转发市建设管理委等六部门制订的上海市绿色建筑发展三年行动计划（2014-2016）的通知》（沪府办发［2014］32 号）
10	江苏	江苏省政府办公厅关于印发《江苏省绿色建筑行动方案》的通知（苏政发［2013］103 号）
11	安徽	安徽省人民政府办公厅关于印发《安徽省绿色建筑行动实施方案》的通知（皖政办［2013］37 号）
12	福建	福建省人民政府办公厅关于转发《福建省绿色建筑行动实施方案》的通知（闽政办［2013］129 号）
13	江西	江西省发展改革委江西省住建厅关于印发《江西省发展绿色建筑实施意见》的通知（赣发改环资［2013］587 号）
14	山东	山东省人民政府《关于大力推进绿色建筑行动的实施意见》（鲁政发［2013］10 号）
15	浙江	关于印发《浙江省绿色建筑发展三年行动计划（2015—2017）》的通知（建设发［2015］350 号）

序号	地区	相关文件名称
16	河南	河南省人民政府办公厅《关于转发河南省绿色建筑行动实施方案的通知》（豫政办［2013］57号）
17	湖北	湖北省人民政府办公厅关于印发《湖北省绿色建筑行动实施方案》的通知（鄂政办发［2013］59号）
18	湖南	湖南省人民政府关于印发《绿色建筑行动实施方案》的通知（湘政发［2013］18号）
19	广东	广东省人民政府办公厅关于印发《广东省绿色建筑行动实施方案》的通知（粤府办［2013］49号）
20	广西	广西壮族自治区发展和改革委员会、住房和城乡建设厅关于印发《广西绿色建筑行动实施方案》的通知（桂发改环资［2013］1407）
21	海南	海南省人民政府办公厅关于转发《海南省绿色建筑行动实施方案》的通知（琼政办［2013］96号）
22	重庆	重庆市人民政府办公厅关于印发《重庆市绿色建筑行动实施方案（2013～2020年）》的通知（渝府办发［2013］237号）
23	四川	四川省人民政府办公厅关于转发省发展改革委 住房城乡建设厅《四川省绿色建筑行动实施方案》的通知（川办发［2013］38号）
24	贵州	贵州省人民政府办公厅关于转发省发展改革委 省住房城乡建设厅《贵州省绿色建筑行动实施方案》的通知（黔府办发［2013］55号）
25	云南	云南省人民政府办公厅转发省发展改革委 省住房城乡建设厅《关于大力发展低能耗建筑和绿色建筑实施意见的通知》（云政发［2015］1号）
26	陕西	陕西省人民政府办公厅关于印发《省绿色建筑行动实施方案》的通知（陕政办发［2013］68号）
27	甘肃	甘肃省人民政府办公厅关于转发省发展改革委省建设厅《甘肃省绿色建筑行动实施方案》的通知（甘政办发［2013］185号）
28	青海	青海省人民政府办公厅关于转发省发展改革委 省住房城乡建设厅《青海省绿色建筑行动实施方案》的通知（青政办［2013］135号）
29	宁夏	宁夏回族自治区人民政府办公厅关于印发《宁夏回族自治区绿色建筑行动实施方案》的通知（宁政办发［2013］168号）
30	新疆	福建省人民政府办公厅关于转发《福建省绿色建筑行动实施方案》的通知（闽政办［2013］129号）
31	新疆建设兵团	新疆生产建设兵团办公厅关于转发兵团发展改革委、建设（环保）局《兵团"十二五"绿色建筑行动实施方案》的通知（新兵办发［2013］88号）

3. 健全保障措施，扎实推进工作

（1）财政激励

根据《民用建筑节能条例》第八条规定：县级以上人民政府应当安排民用建筑节能资金，用于支持民用建筑节能的科学技术研究和标准制定、既有建筑围护结构和供热系统的节能改造、可再生能源的应用，以及民用建筑节能示范工程、节能项目的推广。天津、上海、江苏、山东、陕西、湖北、河南、宁夏、浙江等地设立专项资金支持区域建筑节能工作，并制定相关管理文件，如表6-11所示，对专项资金支持范围、使用方式、实施流程等作出明确规定。

地方颁布的区域建筑节能激励政策相关文件

表 6-11

序号	地区	相关文件名称
1	北京	北京市财政局、北京市市政市容管理委员会关于印发《北京市既有节能居住建筑供热计量改造项目补助资金管理暂行办法》的通知（京财经一〔2011〕1919号）
		北京市财政局关于印发《北京市既有非节能居住建筑供热计量及节能改造项目补助资金管理办法》的通知（京财经二〔2011〕1362号）
		《关于老旧小区综合整治资金管理有关问题的通知》（京财经二〔2012〕346号）
2	天津	《天津市节能专项资金管理暂行办法》（津财规〔2017〕20号）
3	河北	河北省财政厅　河北省住房城乡建设厅关于印发《河北省建筑节能专项资金管理暂行办法》的通知（冀财建〔2014〕75号）
		河北省财政厅　河北省住房和城乡建设厅关于印发《河北省既有居住建筑供热计量及节能改造奖励资金管理暂行办法》的通知（冀财建〔2013〕205号）
4	山西	山西省财政厅　山西省发展和改革委员会　山西省住房和城乡建设厅关于印发《山西省"十二五"期间既有居住建筑供热计量及节能改造省级奖励资金管理办法》的通知
5	辽宁	《关于印发辽宁省省级建筑节能专项资金管理暂行办法的通知》（辽财经〔2010〕911号）
6	吉林	关于印发《吉林省既有居住建筑供热计量及节能改造专项补助资金暂行办法》的通知（吉财建〔2011〕243号）
7	黑龙江	省财政厅　省发展和改革委员会关于印发《黑龙江省节能专项资金管理暂行办法》的通知（黑财建〔2008〕240号）
8	上海	上海市发展和改革委员会　上海市城乡建设和交通委员会上海市财政局《关于印发上海市建筑节能项目专项扶持办法的通知》（沪发改环资〔2012〕088号）
9	江苏	关于印发《江苏省省级节能减排（建筑节能和建筑产业现代化）专项引导资金管理办法》的通知
10	浙江	浙江省财政厅　浙江省建设厅关于印发《浙江省建筑节能专项资金管理暂行办法》的通知（浙财建字〔2006〕206号）
11	山东	山东省财政厅　省住房和城乡建设厅关于印发《山东省省级建筑节能与绿色建筑发展专项资金管理办法》的通知（鲁财建〔2013〕22号）
		山东省财政厅　山东省住房和城乡建设厅《关于印发山东省省级建筑节能与绿色建筑发展专项资金管理办法的通知》（鲁财建〔2013〕22号）
12	河南	河南省财政厅　河南省发展改革委关于印发《河南省节能减排专项资金及项目建设管理办法》的通知（豫财建〔2011〕365号）
13	湖北	关于印发《湖北省建筑节能以奖代补资金管理暂行办法》的通知（鄂财建发〔2011〕117号）
14	海南	关于印发《海南省太阳能热水系统建筑应用财政补助资金管理办法》的通知（琼财建〔2012〕1930号）
		《海南省可再生能源建筑应用专项引导资金管理办法》（琼财建〔2012〕1740号）
		海南省住房和城乡建设厅关于印发《海南省民用建筑应用太阳能热水系统补偿建筑面积管理暂行办法》的通知（琼建科〔2010〕56号）
15	甘肃	甘肃省财政厅　甘肃省住房和城乡建设厅关于印发《甘肃省既有居住建筑供热计量及节能改造专项资金管理办法》的通知（甘财建〔2014〕14号）
16	青海	《青海省太阳能建筑应用专项资金管理暂行办法》（青财建字〔2007〕1158号）
17	宁夏	《关于印发宁夏回族自治区既有居住建筑供热计量及节能改造财政奖励资金管理暂行办法的通知》（宁财（建）发〔2009〕265号）
		关于印发《宁夏回族自治区绿色建筑示范项目资金管理暂行办法》的通知

序号	地区	相关文件名称
18	新疆	《新疆维吾尔自治区既有居住建筑供热计量及节能改造奖励资金管理暂行办法》
19	深圳	《深圳市建筑节能发展资金管理办法》（深建字〔2012〕64号） 关于印发《深圳市可再生能源建筑应用城市示范实施太阳能屋顶计划财政专项资金补助申请及拨付指南》的通知

中央财政对建筑节能工作奖励力度的不断加大有效带动了地方政府的投入，各地区也依据自身实际情况，制定了形式多样的相关区域节能工作资金配套政策，有效保障了区域节能工作稳妥有序推进。既有居住建筑节能改造方面，北京市财政局先后印发了《北京市既有节能居住建筑供热计量改造项目补助资金管理暂行办法》（京财经一〔2011〕1919号）、《北京市既有非节能居住建筑供热计量及节能改造项目补助资金管理办法》（京财经二〔2011〕1362号）、《关于老旧小区综合整治资金管理有关问题的通知》（京财经二〔2012〕346号），不断加大资金配套力度，采取"市区两级配套、归集账户使用"管理模式统筹改造资金，并要求待各区县的配套资金打入"归集账户"后，才可使用同比例额度的市财政资金，当市区负担资金比例达到95%时，预留5%资金待工程验收合格后再行拨付，保障资金需求。2011~2013年，北京市既有居住建筑供热计量及节能改造累计配套资金131.8亿元。吉林省作为既有居住建筑供热计量及节能改造重点市县，印发了《吉林省既有居住建筑供热计量及节能改造专项补助资金管理暂行办法》（吉财建〔2011〕243号），除中央财政奖励资金外，省财政和市县财政按照55元/m² 和40元/m² 的标准予以补助，并采取减免税费、增加信贷、节能总承包及合同能源管理方式拓宽融资渠道。山西、内蒙古按照与中央1∶1比例补贴既有居住建筑节能改造，其他地区也结合实际情况对既有居住建筑节能改造工作予以不同程度的资金补助和政策优惠。可再生能源建筑应用推广过程中，北京、河北、山东、辽宁、陕西、江苏、湖南、重庆、湖北、河南、宁夏、内蒙古、浙江等地制定相关激励政策，采用资金配套、专项资金扶持、税收优惠等经济手段拉动市场，如重庆市根据建筑类型和采用技术类型的不同，实施差异化的激励措施，对采用水源及土壤源热泵系统供冷供热（含供应生活热水）的示范项目按照核定的示范面积进行补贴，其中公共建筑补贴标准为50元/m²（示范面积），既有建筑补贴标准为30元/m²，太阳能光热建筑一体化应用项目补贴标准为15元/m²（示范面积），对占重庆城市示范任务65%的区域集中供冷供热示范项目补贴标准为10~15元/m²，通过这种差异化的激励措施，更好地发挥了中央财政补助资金杠杆作用；辽宁、江苏、湖南等制定电价优惠、水资源费的减免等优惠政策支持浅层地热能开发利用；山东、陕西、湖北、河南、宁夏、内蒙古、浙江等省市区设立专项资金。公共建筑节能改造方面，重庆市大力推行合同能源管理，充分吸引社会资金参与重庆节能改造，按照8∶2比例将补助资金分配给合同能源管理公司和建筑使用权人。此外，北京、上海、江苏、湖南、海南、山东、内蒙古、陕西、河南、青海、青岛等地提出了财政奖励、容积率奖励、贷款利率优惠、城市基础设施配套费减免、行政审批程序简化、建筑奖项优先参评、企业评级加分等激励措施以鼓励绿色建筑的发展。

（2）强制推广激励

为加大绿色建筑与建筑节能相关工作推进力度，各地提出了针对不同建筑类型、不同类型等强制性政策。太阳能光热建筑应用方面，北京、江苏等21个省份51个市出台了强制在新建建筑中推广太阳能热水系统的相关政策或法规。其中，山东省济南市于2013年下发《关于高层建筑推广应用太阳能热水系统的实施意见》（济建科字[2013]28号），决定自2014年起，市域内100m以下新建、改建、扩建的住宅和集中供应热水的公共建筑，一律设计安装使用太阳能热水系统。青海省、南京市等继续加强政策实施力度，强化项目管理。根据《绿色建筑行动方案》提出的"自2014年起政府投资的国家机关、学校、医院、博物馆、科技馆、体育馆等建筑，直辖市、计划单列市及省会城市的保障性住房，以及单体建筑面积超过2万 m^2 的机场、车站、宾馆、饭店、商场、写字楼等大型公共建筑全面执行绿色建筑标准"强制性要求，北京市、上海市、重庆市、江苏省、山东省、湖南省、四川省、河南省、河北省、海南省、吉林省、陕西省、深圳市、厦门市等全国近30省、市、区和新疆生产建设兵团结合地方实际情况，在地方编制的绿色建筑实施方案中分别针对大型公共建筑、政府投资建筑、公益性建筑、保证性住房或所有城镇新建建筑提出了不同的强制性要求。

6.3 标准体系

建立完善的标准规范体系是推进区域节能的必备条件。近十年来，国家加快完善了区域节能标准体系，针对不同建筑类型、不同建设环节，制修订绿色建筑、新建建筑、既有居住建筑节能改造、可再生能源建筑应用等相关标准，基本涵盖了不同区域节能技术在设计、施工、验收、运行管理等各个环节的工程建设标准，满足工程建设的要求。

6.3.1 设计标准

设计标准作为区域节能工作的起点和强制性最低要求，对区域节能工作影响最广泛，也是推动我国区域建筑节能工作的重要手段。20世纪80年代起，我国开始为民用建筑建立相应的区域建筑节能标准。1986年原建设部发布了中国第一部民用建筑节能设计标准《民用建筑节能设计标准（采暖居住建筑部分）》JGJ 26—1986，并于1986年8月1日试行。该标准适用于严寒、寒冷地区，提出了节能30%的节能目标，开创了我国建筑节能的历史，初步建立了我国建筑节能设计标准的编制思路和架构，影响了其后所有的节能设计标准的编制和修订。随着我们建筑节能工作不断大规模推进，节能技术不断完善，工程经验不断积累，我国陆续出台或修订了针对不同气候区、不同建筑类型的建筑节能设计标准，如表6-12所示。从1986年的30%节能标准到1995年发布的《民用建筑节能设计标准（采暖居住建筑部分）》JGJ 26—1995的50%节能标准，再到2010年发布实施的《严寒和寒冷地区居住建筑节能设计标准》JGJ 26—2010的65%节能标准，实现了建筑领域的三步节能。至此，我国以区域节能为重点的民用建筑节能设计标准体系已初步形成。

我国城镇建筑节能设计标准发展历程　　　　　　　　　　　　表 6-12

序号	年份	标准编号	标准名称
1	1986	JGJ 26—1986	民用建筑节能设计标准（采暖居住建筑部分）
2	1993	GB 50189—1993	旅游旅馆建筑热工与空气调节节能设计标准

序号	年份	标准编号	标准名称
3	1993	GB 50176—1993	民用建筑热工设计规范
4	1995	JGJ 26—1995	民用建筑节能设计标准（采暖居住建筑部分）
5	2001	JGJ 134—2001	夏热冬冷地区居住建筑节能设计标准
6	2003	JGJ 75—2003	夏热冬暖地区居住建筑节能设计标准
7	2005	GB 50189—2005	公共建筑节能设计标准
8	2009	JGJ 176—2009	公共建筑节能改造技术规程
9	2010	JGJ 26—2010	严寒和寒冷地区居住建筑节能设计标准
10	2010	JGJ 134—2010	夏热冬冷地区居住建筑节能设计标准
11	2010	JGJ/T 229—2010	民用建筑绿色设计规范
12	2012	JGJ 75—2012	夏热冬暖地区居住建筑节能设计标准
13	2012	JGJ/T 129—2012	既有居住建筑节能改造技术规程
14	2015	GB 50189—2015	公共建筑节能设计标准
15	2016	GB 50176—2016	民用建筑热工设计规范

从表 6-12 可以看出，我国建筑节能标准总体呈现如下三个特点：

一是从北方采暖地区扩展过渡到南方地区。我国北方地区的供暖能耗占全国建筑能耗的 40% 左右，是建筑节能工作的重点。在积极推进北方采暖地区建筑节能工作的同时，南方建筑节能工作也在蓬勃发展，夏热冬冷、夏热冬暖地区也迫切需要制定相应的建筑节能标准来推进本区域的建筑节能工作，为此我国于 2001 年和 2003 年先后发布了《夏热冬冷地区居住建筑节能设计标准》JGJ 134—2001 和《夏热冬暖地区居住建筑节能设计标准》JGJ 75—2003，对夏热冬冷地区和夏热冬暖地区居住建筑提出节能 50% 的目标，2010 年和 2012 年分别对两部标准进行修订。

二是从居住建筑逐步扩展到公共建筑。在建筑节能工作开展初期，居住建筑占城镇建筑面积的比例超过 70% 以上，量大面广。基于改革开发的需要，我国开始兴建一批旅游旅馆，以满足外经贸、文化科技交流及来华旅游的需要，由于这类建筑一般都装有全年性空调，要消耗大量能源，1993 年《旅游旅馆建筑热工与空气调节节能设计标准》GB 50189—1993 作为我国第一部针对公共建筑的节能设计标准正式发布。近年来，公共建筑的大批量建设，单位面积能耗远超过居住建筑，逐渐受到越来越多的关注，2005 年原建设部发布了《公共建筑节能设计标准》JGJ 50189—2005，提出 50% 节能目标，大力推进了公共建筑的节能工作。2015 年完成了该标准的修订。

三是从新建建筑逐步过渡到既有建筑。我国自 1997 年开始强制实行建筑节能，已经从节能 30% 过渡到了 170 多个城市必须节能 50%。2000 年年底，全国既有建筑面积中城镇面积已达 76.6 亿 m²，其中住宅建筑面积 44.1 亿 m²。但是，能够满足《民用建筑节能设计标准（采暖居住建筑部分）》JGJ 26—1995 要求的只有 1.8 亿 m²，仅占城镇既有供暖住宅建筑面积的 8%。2007 年我国启动在北方采暖地区开展既有居住建筑供热计量及节能改造 1.5 亿 m² 试点工作，代表着我国既有建筑节能工作已被正式纳入国家节能减排日程，考虑到既有建筑与新建建筑在围护结构、能源系统等方面都有较大差异，2009 年和 2012 年我国相继颁布了《公共建筑节能改造技术规程》JGJ 176—2009 和《既有居住建筑节能改造技术规程》JGJ/T 29—2012，基本建立了我国既有建筑节能改造标准体系。

另一方面，20 世纪 90 年代绿色建筑的概念引入中国，2006 年我国发布了第一部绿色建筑综合评价标准《绿色建筑评价标准》GB/T 50378—2006，适用于居住建筑和办公建筑、商场、宾馆三类公共建筑，标志着我国的建筑节能进入了绿色建筑的阶段。2010 年 8 月发布的《绿色建筑评价导则》，将绿色建筑的标识评价工作进一步扩展到了工业建筑领域，为指导现阶段我国工业建筑规划设计、施工验收、运行管理及规范绿色工业建筑评价工作提供了重要的技术依据。但以上两个标准重点围绕绿色建筑评价表述工作，缺乏相关工程设计标准。为此，2010 年 11 月发布了行业标准《民用建筑绿色设计规范》JGJ/T 229—2010，适用于新建、改建和扩建民用建筑的绿色设计，弥补了绿色建筑标准规范领域无设计规范的空白，可在建筑项目的规划设计阶段为实现绿色建筑目标提供重要的技术依据。

为有效指导和规范不同技术的实施，全国大部分省市根据当地实际情况，纷纷细化国家标准，如表 6-13 所示，部分地区执行标准已高于国家标准要求。其中，北京、天津、河北、山东、吉林等地均已执行 75% 居住建筑节能设计标准。

部分地区建筑节能设计标准出台情况   表 6-13

序号	地区	标准名称	标准编号	实施时间
1	北京	居住建筑节能设计标准	DB 11/891—2012	2013 年 10 月 1 日
		公共建筑节能设计标准	DB 11/687—2015	2015 年 11 月 1 日
		既有居住建筑节能改造技术规程	DB 11/381—2016	2016 年 8 月 1 日
		绿色建筑设计标准	DB11/T 938—2012	2013 年 7 月 1 日
2	天津	天津市居住建筑节能设计标准	DB 29—1—2013	2013 年 7 月 1 日
		天津市公共建筑节能设计标准	DB 29—153—2014	2015 年 4 月 1 日
3	河北	居住建筑节能设计标准（节能 75%）	DB 13（J）185—2015	2015 年 7 月 1 日
		公共建筑节能设计标准	DB 13（J）81—2016	2016 年 11 月 1 日
4	山西	居住建筑节能设计标准	DBJ 04—242—2012	2012 年 6 月 1 日
		公共建筑节能设计标准	DBJ04/T 241—2016	2017 年 3 月 1 日
5	内蒙古	居住建筑节能设计标准	DBJ 03—35—2011	2011 年 11 月 1 日
		公共建筑节能设计标准	DBJ 03—27—2017	2017 年 6 月 7 日
6	辽宁	公共建筑节能（65%）设计标准	DB21/T 1899—2011	2011 年 8 月 22 日
		既有公共建筑节能改造技术规程	DB21/T 1824—2010	2010 年 9 月 10 日
		既有居住建筑节能改造技术规程	DB21/T 1823—2010	2010 年 9 月 10 日
7	吉林	居住建筑节能设计标准（节能 75%）	DB22/T 1887—2013	2013 年 11 月 4 日
		公共建筑节能设计标准（节能 65%）	DB22/JT 149—2016	
8	黑龙江	黑龙江省居住建筑节能 65% 设计标准	DB 23/1270—2008	2008 年 6 月 1 日
		公共建筑节能设计标准黑龙江省实施细则	DB 23/1269—2008	2008 年 6 月 1 日
9	上海	居住建筑节能设计标准	DGJ 08—205—2015	2016 年 5 月 1 日
		公共建筑节能设计标准	DGJ 08—107—2015	2015 年 5 月 1 日
		公共建筑节能工程智能化技术规程	DG/TJ 08—2040—2008	2008 年 7 月 1 日
10	江苏	江苏省居住建筑热环境和节能设计标准	DGJ32/J 71—2014	2015 年 1 月 1 日
		江苏省公共建筑节能设计标准	DGJ32/J 96—2010	2010 年 6 月 1 日
11	浙江	居住建筑节能设计标准	DB 33/1015—2015	2015 年 11 月 1 日
		公共建筑节能设计标准	DB 33/1036—2007	

序号	地区	标准名称	标准编号	实施时间
12	安徽	安徽省居住建筑节能设计标准	DB 34/1466—2011	2012 年 5 月 15 日
		安徽省公共建筑节能设计标准	DB 34/5076—2017	2018 年 7 月 1 日
13	福建	福建省居住建筑节能设计标准	DBJ 13—62—2014	2015 年 1 月 1 日
		福建省绿色建筑设计规范	DBJ/T 13—197—2014	2014 年 10 月 30 日
		福建省绿色建筑设计标准	DBJ 13—197—2017	2018 年 1 月 1 日
14	江西	江西省居住建筑节能设计标准	DB 36—24—2014	2014 年 12 月 25 日
15	山东	居住建筑节能设计标准	DB 37/5026—2014	2015 年 10 月 1 日
		公共建筑节能设计标准	DBJ 14—036—2006	2006 年 6 月 1 日
		既有公共建筑节能改造技术规程	DB37/T 847—2007	2007 年 12 月 10 日
		被动式超低能耗居住建筑节能设计标准	DB37/T 5074—2016	2016 年 12 月 1 日
16	河南	河南省居住建筑节能设计标准（寒冷地区 65%＋）	DBJ 41/062—2017	2016 年 11 月 1 日
		河南省公共建筑节能设计标准	DBJ41/T 076—2016	2017 年 1 月 1 日
17	湖北	低能耗居住建筑节能设计标准	DB42/T 559—2013	2013 年 10 月 1 日
18	湖南	湖南省居住建筑节能设计标准	DBJ 43/001—2017	2017 年 1 月 1 日
		湖南省公共建筑节能设计标准	DBJ 43/003—2017	2017 年 1 月 1 日
19	广东	《广东省居住建筑节能设计标准》	DBJ 15—13—2018	2018 年 5 月 1 日
		《公共建筑节能设计标准》广东省实施细则	DBJ 15—51—2007	
20	广西	广西壮族自治区居住建筑节能设计标准	DBJ 45/024—2016	2016 年 10 月 13 日
		公共建筑节能设计规范	DBJ/T 45/042—2016	2017 年 6 月 1 日
21	海南	居住建筑节能设计标准	JGJ 01—2005	2005 年 7 月 1 日
		海南省公共建筑节能设计标准	DBJ 46—03—2017	2007 年 10 月 1 日
22	重庆	居住建筑节能 65% 设计标准	DBJ 50—071—2010	2010 年 6 月 1 日
		公共建筑节能（绿色建筑）设计标准	DBJ 50—052—2016	2016 年 7 月 31 日
		既有居住建筑节能改造技术规程	DBJ 50/T—248—2016	2017 年 2 月 1 日
23	四川	四川省居住建筑节能设计标准	DB 51—5027—2012	2013 年 3 月 1 日
24	贵州	贵州省居住建筑节能设计标准（修订版）	DBJ 52—49—2008	2009 年 2 月 1 日
25	云南	云南省民用建筑节能设计标准	DBJ 53/T—39—2011	2012 年 6 月 1 日
26	陕西	居住建筑节能设计标准	DBJ 61—65—2011	2012 年 5 月 1 日
27	青海	青海省低层居住建筑节能设计标准	DB63/T 877—2010	2010 年 5 月 7 日
28	宁夏	居住建筑节能设计标准	DB 64/521—2013	2013 年 6 月 1 日
29	新疆	《严寒和寒冷地区居住建筑节能设计标准》新疆维吾尔自治区实施细则	XJJ/T 063—2014	2014 年 5 月 1 日
30	西藏	西藏自治区民用建筑节能设计标准	DBJ 540001—2016	2016 年 5 月 1 日

6.3.2 施工验收标准

从建筑节能和能源利用效率的角度来看，建筑施工验收过程是建筑"产品"全寿命过程的关键阶段，它决定了建筑"产品"的质量和性能。2006年6月1日起开始实施的《绿色建筑评价标准》GB/T 50378—2006主要适用于住宅建筑及办公建筑、商场、宾馆等公共建筑的评价。2007年1月，我国发布了国家标准《建筑节能工程施工质量验收规范》GB 50411—2007，自2007年10月1日起实施。该规范为建筑节能工程施工的质量验收提供了统一的技术要求。同时，作为建筑节能施工质量的重要手段，2010年住房城乡建设部针对居住建筑和公共建筑分别发布了《公共建筑节能检测标准》JGJ/T 177—2009和《居住建筑节能检测标准》JGJ/T 132—2009，规范节能检测方法，推进我国建筑节能的发展。此外，我国在建筑、结构、暖通、给排水和电气施工等单项工程方面也形成了较完整的技术规程，这些技术规程为建筑工程质量提供了施工验收依据和质量保障，主要有《外墙外保温工程技术规程》JGJ 144—2004、《通风与空调工程施工质量验收规范》GB 50243—2002、《居住建筑节能检验标准》JGJ/T 132—2009、《建筑外门窗空气渗透性能分级及检测方法》GB/T 7107—2002等，另外还有关于屋面工程、内保温墙体、供热管网、设备保温等方面的标准及技术规程。其中，《外墙外保温工程技术规程》JGJ 144—2004、《建筑外门窗气密、水密、抗风压性能分级及检测方法》GB/T 7106—2008、《通风与空调工程施工质量验收规范》GB 50243—2016及屋面工程、内保温墙体、供热管网、设备保温等技术规程，既适用于居住建筑，也适用于公共建筑。各地方基于国家标准并结合当地实际，相继编制针对性更强的地方标准，如表6-14所示。

地方建筑节能施工验收标准出台情况　　　　　　　　　　　表 6-14

序号	地区	标准名称	标准编号	实施时间
1	北京	居住建筑节能工程施工质量验收规程	DB 11/1340—2016	2016年8月1日
		公共建筑节能施工质量验收规程	DB 11/510—2017	2017年10月1日
		绿色建筑工程验收规范	DB11/T 1315—2015	2016年4月1日
2	黑龙江	黑龙江省建筑工程施工质量验收标准建筑节能工程	DB 23/1206—2017	2017年8月1日
3	重庆	公共建筑节能（绿色建筑）工程施工质量验收规范	DBJ 50—234—2016	2016年3月1日
4	上海	建筑节能工程施工质量验收规程	DGJ 08—113—2017	

6.3.3 运行标准

相比建筑领域节能设计标准，我国目前缺少建筑系统节能运行与性能优化方面的技术规程或相关导则。目前，我国建筑领域节能工作重点大多集中在采用高效节能技术达到建筑节能的目的，却往往忽略管理上的节能潜力，加上目前我国的物业管理水平与发达国家相比较低，导致先进技术、设施应用后却达不到应有的节能效果，造成一定的资源浪费或者高能耗，而建筑能耗情况的好坏很大程度上取决于设备运行、管理、维护水平的高低，仅依靠节能设计标准约束难以达到长期节能效果。截至2015年11月底，全国共评出3979项绿色建筑设计标识项目，其中设计标识3775项，运行标识204项，仅占5%。根据国家相关政策文件精神，为控制建筑能耗总量，我国开始探索建筑节能运行维护管理相关标准规范的研究，2016年4月住房城乡建设部正式发布《民用建筑能耗标准》GB/T 51161—2016，2016年12月1日实施，用于规范管理建筑运行能耗，根据不同气候区、不同能源方式分别给出能耗指标约束值和目标值。该标准的制定标志着我国建筑节能标准已实现设计、施工、运行全过程覆盖。同年，《绿色建筑运行维护技术规范》JGJ/T 391—2016也正式颁布。

此外，绿色建筑的评价是推广绿色建筑的主要方式，我国现已建立了"绿色建筑评价标识"制度，即依据《绿色建筑评价标准》确认绿色建筑等级并进行信息性标识的制度，包括"绿色建筑设计评价表述"和"绿色建筑评价标识"两种，后者是针对已经竣工并投入使用1年以上的建筑。为实现全寿命期的绿色建筑，地方住房和城乡建设主管部门依据国家标准《绿色建筑评价标准》并结合本地资源、气候、经济、文化等实际情况，因地制宜地组织编写了更加适宜地方建筑特点的绿色建筑评价地方标准，如表6-15所示，进一步补充和完善了我国绿色建筑评价标准体系，适合不同建筑类型、不同气候区、涵盖全寿命期的绿色建筑标准体系逐步建立。

地方已颁布的绿色建筑评价标准　　　　　　　　　　　　　表6-15

序号	地区	标准名称	标准编号	实施时间
1	浙江	《绿色建筑评价标准》	DB33/T 1039—2007	2008年1月1日
2	江苏	《江苏省绿色建筑评价标准》	DGJ 32/TJ76—2009	2009年4月1日
3	广西	《广西绿色建筑评价》	DB45/T 567—2009	2009年2月23日
4	江西	《江西省绿色建筑评价标准》	DBJ/T 36—029—2016	2016年6月1日
5	河北	《绿色建筑评价标准》	DB13(J)/T 113—2015	2016年3月1日
6	广东	《广东省绿色建筑评价标准》	DBJ/T 15—83—2017	2017年5月1日
7	北京	《绿色建筑评价标准》	DB11/T 825—2015	2016年4月1日
8	山东	《绿色建筑评价标准》	DB37/T 5097—2017	2017年10月1日
9	上海	《绿色建筑评价标准》	DG/TJ 08—2090—2012	2012年3月1日
10	四川	《四川省绿色建筑评价标准》	DBJ51/T 009—2012	2012年11月1日
11	海南	《海南省绿色建筑评价标准（试行）》	DBJ 46—024—2012	2012年8月1日
12	辽宁	《绿色建筑评价标准》	DB21/T 2017—2012	2012年10月1日
13	甘肃	《绿色建筑评价标准》	DB62/T 25—3064—2013	2013年8月1日
14	贵州	《绿色建筑评价标准（试行）》	DBJ 52/T065—2013	2013年12月1日
15	宁夏	《绿色建筑评价标准》	DB64/T 954—2014	2014年4月1日
16	内蒙古	《绿色建筑评价标准》	DBJ 03—61—2014	2014年9月1日
17	重庆	《绿色建筑评价标准》	DBJ 50/T—066—2014	2014年11月1日
18	福建	《福建省绿色建筑评价标准》	DBJ/T 13—118—2014	2014年10月30日
19	河南	《河南省绿色建筑评价标准》	DBJ 41/T109—2015	2015年3月1日
20	吉林	《绿色建筑评价标准》	DB 22/JT137—2015	2015年2月9日
21	青海	《青海省绿色建筑评价标准》	DB 63/T1340—2015	2015年4月15日
22	黑龙江	《黑龙江省绿色建筑评价标准》	DB 23/T1642—2015	2015年6月6日
23	云南	《云南省绿色建筑评价标准》	DBJ 53/T—49—2015	2015年7月1日
24	天津	《天津市绿色建筑评价标准》	DB/T 29—204—2015	2016年1月1日
25	湖南	《湖南省绿色建筑评价标准》	DBJ 43/T314—2015	2015年12月10日

综上可以看出，我国区域建筑节能标准从北方采暖地区新建、改建、扩建居住建筑节能设计标准起步，逐步扩展到了夏热冬冷地区、夏热冬暖地区居住建筑和公共建筑；从采暖地区既有居住建筑节能改造标准起步，已扩展到各气候区的既有居住建筑节能改造；从仅包括围护结构、供暖系统和空调系统起步，逐步扩展到照明、生活设备、运行管理技术等；从建筑外墙外保温工程施工标准起步，开始向建筑节能工程验收、检测、能耗统计、节能建筑评价、使用维护和运行管理全方位延伸，基本实现了建筑节能标准对民用建筑领域的全覆盖。

第7章 区域节能的典型案例

7.1 绿 色 建 筑

为落实国家绿色建筑行动方案等相关文件精神，湖南省人民政府于 2013 年 3 月 31 日发布了《湖南省绿色建筑行动实施方案》（湘政发［2013］18 号），提出自 2014 年起政府投资的公益性公共建筑和长沙市的保障性住房全面执行绿色建筑标准；2015 年底全省 20％以上城镇新建建筑达到绿色建筑标准要求，长沙、株洲、湘潭三市城区 25％以上新建建筑达到绿色建筑标准要求；2020 年全省 30％以上新建建筑达到绿色建筑标准要求，长沙、株洲、湘潭三市 50％以上新建建筑达到绿色建筑标准要求。

长沙市作为国家"两型社会"综合配套改革试验区、财政部和国家发展改革委确定的国家首批"节能减排财政政策综合示范城市"、"国家机关办公建筑和大型公共建筑节能监管体系建设示范城市"和国家级"可再生能源建筑应用示范城市"，长沙市委、市政府始终高度重视绿色建筑发展，将其作为推动城市可持续发展的重要举措，专门成立领导小组统筹全市绿色建筑发展，先后推进绿色建筑试点项目建设，设立梅溪湖绿色生态示范城区，编制《长沙市绿色建筑设计导则》，制定《长沙市节能减排财政政策综合示范建筑绿色化实施方案（2012-2014)》，通过一系列具体措施奠定了绿色建筑规模化发展的基础，使长沙市具备了全面推进绿色建筑发展的条件。然而，要达到全面推进绿色建筑的目的，科学高效地开展工作，完全依靠现行的绿色建筑评价标识制度难于实现，这就需要调整思路、结合实际、创新机制，充分考虑长沙地域特点和现行工程建设管理程序，从全寿命期出发，建立一套行之有效的绿色建筑项目监督管理制度。

为了达到在长沙市全面推进绿色建筑的目的，科学高效地开展工作，在住房城乡建设部、湖南省住房城乡建设厅和长沙市政府的支持下，长沙市住房城乡建设委员会与住房城乡建设部科技与产业化发展中心于 2014 年开展了"长沙市绿色建筑监管机制研究"。双方调整思路、结合实际、创新机制，充分考虑长沙地域特点和现行工程建设管理程序，从全寿命期出发，经过一年努力，建立了一套行之有效的绿色建筑项目监督管理制度。

根据国家发展改革委、住房城乡建设部《绿色建筑行动方案》以及住房城乡建设部《房屋建筑和市政基础设施工程施工图设计文件审查管理办法》（住房和城乡建设部令第 13 号）相关要求，施工图审查机构应对执行绿色建筑标准的项目是否达到绿色建筑标准要求进行审查，同时考虑到绿色建筑全寿命期的特点，因此确定的监管体系建立思路为：以国家标准《绿色建筑评价标准》GB/T 50378—2014 为主线，兼顾住房城乡建设部《绿色保障性住房技术导则（试行）》，以达到国家一星级绿色建筑标准及绿色保障性住房最低分值要求为基础，充分结合长沙地域特点和绿色建筑发展基础，本着"因地制宜"和"控制增量成本"的原则，综合考虑设计与运行两个阶段，明确主要建筑类型的绿色建筑基本技术指标，并将其纳入现行工程建设管理程序的主要阶段进行管控，实现绿色建筑基本要求的全过程监管。在监管体系的建立过程中具体遵循以下原则：

（1）因地制宜。一方面充分考虑长沙地域特点和绿色建筑发展基础，在控制增量成本的前提下，兼顾长沙重点推广和应用的成熟技术。另一方面明确绿色建筑基本要求的适用范围，主要适用于量大面广且国家标准适应性较强的长沙市新建居住建筑（含保障性住房），公共建筑中的办公建筑、商场建筑、学校建筑、旅馆建筑以及多功能综合性单体建筑。对于需要执行绿色建筑标准的其他建筑类型项目或按不能完全达到基本技术要求的项目，应按照绿色建筑标识评价管理的要求，依据绿色建筑评价的相关标准，履行相应的评价程序。

（2）科学分配。将挑选的基本技术指标合理分配至现行工程建设管理程序的立项、规划设计与审查、初步设计、施工图设计与审查、施工、竣工验收、运营管理等主要阶段进行管控，明确重点管控环节，同一指标尽量涉及最少的管控环节；同时，管控内容应与工作进展的深度一致，避免不同管理部门之间扯皮。此外，还应在设计与审查环节将基本技术指标分配至各专业进行设计和审查。

（3）便于操作。将绿色建筑评价标准的语言转化为相关部门易于理解掌握、便于操作实施的语言，其文字表述应符合各管理流程中相关文件的表述特点。同时，将相关技术要求纳入工程建设管理程序的主要环节时，应完全在现行工程管理程序框架下，不能额外增加环节，在避免增加过多工作量的前提下实现闭合管理。

（4）责任明晰。通过制定管理规定，提出具体的监管程序，明确发改、园林、国土、规划、住建、施工图审查、工程质监、住房保障和房管等相关部门的监管职责，协调相关部门开展工作，对设计审查结果和竣工验收结果实施备案管理，实现针对绿色建筑项目的全过程闭合管理，同时鼓励项目申报绿色建筑评价标识。

经过一年时间的深入研究，长沙市绿色建筑项目监管机制形成了《长沙市绿色建筑项目管理规定》及《长沙市绿色建筑设计基本规定》、《长沙市绿色建筑基本技术审查要点》、《长沙市绿色建筑施工管理基本规定》、《长沙市绿色建筑竣工验收基本规定》、《长沙市绿色建筑运营管理基本规定》等配套文件，其中：

《长沙市绿色建筑项目管理规定》提出了具体的监管程序，主要涉及立项、土地出让、规划与方案设计与审查、初步设计与审查、施工图设计与审查、施工、验收和运营管理等工程建设阶段，并明确了发改、园林、国土、规划、住建、施工图审查、工程质监、住房保障和房管等相关部门的监管职责，可实现绿色建筑项目的全过程闭合管理。

《长沙市绿色建筑设计基本规定》规定了规划与方案设计、初步设计和施工图设计阶段各相关专业的强制性设计要求及设计需参照的相关标准，同时结合绿色建筑实践经验，提出了具体的设计深度要求和应重点关注的技术要点。

《长沙市绿色建筑基本技术审查要点》规定了园林、规划、住建和施工图审查（包括建筑、结构、暖通、给排水、电气、景观等专业）等部门在规划与方案设计审查、初步设计审查和施工图审查阶段的审查要点和要求，并编写了配套的《长沙市绿色建筑设计审查表》。

《长沙市绿色建筑施工管理基本规定》对施工单位提出了明确的技术和管理要求，并

146

为申报运行标识做好资料的收集和保留。

《长沙市绿色建筑竣工验收基本规定》对于现行工程质量验收标准中已提出明确验收要求的条款，以及只要按图施工即可满足要求的条款，通过制定管理文件进行监管，而不再进行单独验收。对施工图中仅规定设备或材料达到的参数要求，在实施过程中需根据该要求选择设备或材料时，则针对这些条款提出了相应的竣工验收审查要点，并编写了配套的《长沙市绿色建筑竣工验收表》。

《长沙市绿色建筑运营管理基本规定》主要对物业管理部门提出了具体的管理要求，并明确了为申报绿色建筑评价标识而需收集和保留的证明材料。

如图7-1所示，通过上述管理文件的制定，明确了绿色建筑项目在工程建设的各个阶段各行政主管部门的职责，并给建设项目参与单位执行绿色建筑标准提供了良好的依据，构成了一整套绿色建筑全过程监管体系。

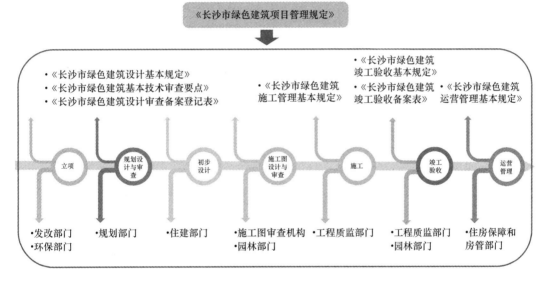

图 7-1 长沙市绿色建筑项目监管体系研究成果

7.2 可再生能源建筑应用

7.2.1 青海省

1. 基本概况

青海省位于我国的西北内陆，"世界屋脊"青藏高原的东部边缘，位于东经 $89°35'\sim103°04'$，北纬 $31°39'\sim39°19'$ 之间，其北部和东部同甘肃省相接，西北部与新疆维吾尔自治区接壤，南部和西南部与西藏自治区为邻，东南部与四川省相连。全省东西长约 1200 多公里，南北宽 800 多公里，总面积 72.23 万 km^2。

青海省地跨青藏高原和黄土高原两大高原，全省地形分为北、中、南三大区域。北部为祁连山-阿尔金山山地，中部为柴达木盆地及黄河、湟水河流域谷地，南部是青南高原。

全省平均海拔 3000 多米，最高点为海拔 6860m 的昆仑山布喀达坂峰，最低点在海拔 1650m 的民和县下川村。在全省总面积中，平地占 30.1%，丘陵占 18.7%，山地占 51.2%。其中，海拔低于 3000m 的地区只占全省总面积的 26.3%，海拔在 3000～5000m 的地区占 67.5%，5000m 以上的面积占 5.2%。

2. 资源特点

青海省气候属于高原大陆性气候，基本气候特征是干燥、少雨、寒冷、多风、缺氧、日温差大，冬季长夏季短，四季不分明，气候地域差异大，垂直变化明显。全省年平均气温-5.8～8.6℃，年平均降水量 300mm，属比较典型的干旱半干旱地区。同时，省域大部分地区空气稀薄，气压低，含氧量少，不适合人类聚居。

青海省太阳能资源丰富，日照时间长、辐射量大。全省总辐射量在 5637～7420MJ/m²，全年日照时数在 2250～3600h 之间，日照百分率达 51%～85%，是全国太阳能资源Ⅰ类Ⅱ类地区，仅次于西藏，位居第二位。

3. 推进方式

（1）组织机构

根据国家下达的被动式太阳能暖房等示范任务，结合区域特点，青海省印发了《关于成立青海省可再生能源建筑应用示范城市和农村示范县工作督导小组的通知》（青建科〔2010〕36 号），成立了专门的工作督导小组，负责对可再生能源建筑应用实施和资金使用情况进行检查和督导，协调解决实施过程中存在的问题，做好技术服务和咨询等工作。各示范城市（县）均成立了县政府主要领导参加的可再生能源建筑应用项目建设领导小组和由各级住房城乡建设部门牵头的管理机构，抽调骨干人员负责可再生能源建筑应用示范项目建设日常的协调、监督和检查，为切实推进示范项目建设提供了组织保障。

（2）技术路径

综合考虑区域实际情况，青海省依托农村节能示范户和危旧房改造，精心研究农牧区被动式太阳能暖房设计施工验收方案，制定了青海省被动式太阳能暖房实施方案，创造性地提出 4 种被动式太阳能暖房技术类型，并邀请中国建筑科学研究院、中国科学技术大学、青海建筑职业技术学院、青海省建筑建材科学研究院作为技术支撑团队提供技术服务，为项目实施提供适宜科学的技术支持，如表 7-1 所示。

被动式太阳能暖房技术类型 表 7-1

技术类型	建设内容	建设任务（户）
1	针对已有阳光间的既有居住建筑实施围护结构节能改造和太阳能热水器建设	2200
2	针对新建农村节能住宅，建设阳光间和太阳能热水器	7700
3	针对新建农村居住（含公共建筑）建筑建设直接受益窗、集热蓄热墙和太阳能热水器	990
4	针对农牧区新建居住建筑实施主动式太阳能炕、双效集热器、集热蓄热墙和阳光间	110
合计		11000

（3）保障措施

为切实推动青海省建筑利用太阳能以及相关产业发展，加强可再生能源建筑应用工作，青海省政府印发了《青海省人民政府办公厅转发省建设厅关于建筑利用太阳能工作指导意见的通知》（青政办〔2008〕46 号），制定了《关于印发〈青海省可再生能源建筑应用示范项目管理办法〉的通知》（青建法〔2008〕261号）、《青海省太阳能建筑应用专项资金管理暂行办法》（青财建字〔2007〕1158号）、《青海省可再生能源建筑应用规划及实施方案》等文件，为推动项目规范实施、做好顶层设计提供了政策保障。

青海省每年还开展了1～2次可再生能源建筑应用示范市县和被动式太阳能暖房项目专项检查，对于实施进度缓慢的地区进行约谈和专项督办，下发了《关于加快推进可再生能源建筑应用示范城市工作的通知》（青建科〔2011〕665号）、《青海省住房和城乡建设厅 财政厅关于督促可再生能源建筑应用示范市、县项目加快工作进度的通知》（青建科〔2013〕761号）、《省住房城乡建设厅关于开展可再生能源建筑应用城市示范、县级示范项目验收工作的通知》（青建科〔2014〕378号）、《青海省住房城乡建设厅 省财政厅关于开展可再生能源建筑应用示范市县和被动式太阳能暖房项目验收工作的通知》（青建科〔015〕201号）等文件，指导各地开展项目的实施、检测和验收等工作。

（4）标准体系

根据推进可再生能源建筑应用的工作需要，在国家相关技术标准规范的基础上，结合地区实际需求，青海省相继研究并制定了《青海省民用建筑太阳能利用规划设计规范》DB 63/866—2010、《青海省民用建筑太阳能热水系统应用技术规程》DB 63/743—2008、《青海省被动式太阳能供暖工程技术规程》DB 63/T 1527—2016、《青海省低层民用建筑平板主动式太阳能供热供暖系统应用技术标准》DB 63/928—2010、《青海省民用建筑太阳能光热系统应用技术规范》、《青海省民用建筑太阳能光伏系统应用技术规范》、《青海省建筑太阳能利用工程量消耗定额》等一系列地方性标准规范，为项目的实施提供技术保障。

（5）能力建设

通过近年来可再生能源建筑应用区域示范的实施，青海省陆续开展了一系列关键技术、标准和图集研究，逐步形成了具有青海特色的被动式太阳能暖房设计、施工和评价体系。其中，"青藏农牧区民居建设中被动式太阳能供暖方式比较性研究与示范研究"、"基于太阳能炕的主被动结合的供暖方式的研究与示范"等课题围绕城镇和农牧区民居建设中被动式太阳能供暖方式进行了比较性研究，并针对青海省不同地区、不同技术类型的被动式太阳房，包括直接受益型、附加阳光间型、集热蓄热墙型等，进行实测温度测试技术数据收集及分析。结合居民的实际舒适性体验，对青藏农牧区民居建设中不同被动式太阳能供暖方式的适应性做出评价。此外，"被动式太阳能建筑应用测试与评价体系"研究课题还对被动式太阳能建筑应用测试与评价体系进行了研究，建立了青海省被动式太阳能建筑测试和评价指标体系，完成了《青海省被动式太阳能供暖技术标准》、《青海省被动式太阳能供暖建筑标准图集》的编制工作；"青海省太阳能建筑规模化应用推广机制研究"课题着重研究了青海省在建设领域规模化推广应用太阳能的技术路线、激励机制、政策研究等内容，编制完成了《青海省太阳能建筑规模化应用推广机制研究报告》、《青海省推进太阳能建筑综合应用方案》、《青海省可再生能源（太阳能）建筑应用建设规划（2014-2020）》和《青海省太阳能供暖技术应用调研报告》等研究成果。其中，《被动式太阳能建筑测试和评价方法研究报告》、《青海省被动式太阳能建筑测试和评价软件》已完成了前期工作。

同时，辖区内各地也不断加强自身能力建设，如西宁市已开展"民用建筑太阳能热水系统技术适应性研究"、"可再生能源建筑应用示范管理体系研究"等课题研究，不断加强能力建设。

（6）宣传培训

为推进被动式太阳能暖房的建设，青海省搭建了沟通交流平台，积极加强技术标准培训，充分发挥专家学者的技术帮扶能力，于2010年起每年组织全省2市6州46个区县（县级市、市辖区、行委）住房城乡建设局负责人、行业从业人员参加可再生能源建筑应用和被动式太阳能暖房现场观摩会、技术标准培训宣贯会等活动，参会人员达1500多人次，提高了项目建设实施的公众参与和社会认知度。

同时，各地在项目实施过程中也总结出了具有地方特色的工作方法和经验。其中，海北藏族自治州在项目建设工程中，在加强组织领导、创新建设模式、拓宽筹资渠道、强化技术服务等方面进行了探索，有力地推动了当地被动式太阳能暖房的建设。特别是门源县在实施过程中，通过强化宣传等手段，有效调动了群众建设被动式太阳能暖房的积极性，并根据当地农民生活习惯，采用合适的技术类型，不断在实践中创新工作机制、思路和方法。《青海日报》和《中国建设报》对门源县实施被动式太阳能暖房项目均进行了宣传报道；青海省住房城乡建设厅也多次组织召开了现场观摩会，推广成功经验和做法。

4. 实施成效

青海省农村被动式太阳能暖房项目经中国建筑科学研究院进行能效测评，并出具了《青海被动式太阳能暖房能效评估报告》。经测算，青海省实施的近11000户被动式太阳能暖房项目，增量投资回收期约10年，每年可替代常规能源3.50万tce，减少二氧化碳排放8.66万t，减少二氧化硫排放0.07万t，减少粉尘排放0.04万t，节约能源支出1822.55万元。通过项目的建设，不仅改变了原有农牧区群众"摸黑走路"、"冷水洗脸洗菜"的生活方式，还提高了老百姓的生活品质，如"火炕变水暖炕"、"不花钱的热水"等，产生了良好的社会和经济效益，并得到了广大农牧区群众的肯定和赞誉。

7.2.2 南京市

1. 城市概况

南京市位于长江中下游，属亚热带季风气候，是典型的夏热冬冷地区。年降水量1090mm，年平均温度16℃，最冷月（1月）平均温度2.7℃；日平均温度小于5℃的天数约70d；最热月（7月）平均温度28.1℃，日平均温度大于25℃的天数约71d。"十二五"期间，南京市新建建筑面积持续增长，年均1600多万m²，进入"十三五"后预计年新增建筑面积保持常态发展。随着人民生活水平的提高，供暖、空调设备的需求逐步增加，生活热水的用量也逐步提高。"十二五"期间，南京市城镇居住建筑用电量增速年均为5.9%。2015年城镇居民建筑总用电量达到653471万kWh，占全社会总用电的13.2%。

2. 资源特点

（1）太阳能

南京市属于太阳能资源较富的Ⅲ类地区。年均辐射总量约4772MJ/m²，年平均日照时数约2020h，如表7-2所示。

南京市按月平均太阳辐射资料 表7-2

月份	1	2	3	4	5	6	7	8	9	10	11	12	全年
月总辐射（MJ/m²）	228	262	418	504	584	484	512	504	391	348	275	252	4772

（2）浅层地能

1）土壤源

南京地区土壤常温层的温度保持在17℃左右，第四纪发育充分，土壤平均导热系数较适中，约为1.9～2.3W/(m·K)。南京地区除局部地区具有较多溶洞外，其他地区-40m以内为含水15%的致密砂土，-40m～-100m以内为砂石，便于埋管的施工。

2）地表水源

南京水资源丰富，江、河、湖俱全，水域面积占总面积的14.4%，本地多年平均水资源总量达26.6亿 m^3 ；外来多年平均水资源总量在9000多亿 m^3 。主要河流有长江、秦淮河等，湖泊有石臼湖、固城湖等。夏季地表水平均温度一般为25～27℃，冬季地表水平均温度一般高于5℃，最低可低至2～4℃，冬季约有1个月热泵机组不能直接利用湖水工作，但南京长江段冬季最低水温一般在9℃以上。

3）污水源

南京城区现有城市污水处理厂20余座，处理能力约200万t/d。据调查，夏季污水处理厂尾水水温不超过28℃，冬季污水尾水水温不低于10℃。

4）空气热能

南京市全年年均温度为16℃，室外空气温度低于5℃的总计时间约占全年的18%。

3. 推进方式

（1）组织机构

南京市可再生能源建筑应用示范城市的建设工作由市政府统一领导，成立了以分管副市长为组长，建委、财政局、发改委、经信委等市相关部门和重点应用地区负责同志为成员的市可再生能源建筑应用示范工作领导小组。市级工作由市建委、市财政局和市级保障房建设管理机构组织实施；各区（园区）工作在区政府（园区管委会）领导下，由区住建局、区财政局（园管委会部门）和区保障房建设管理机构组织实施。同时，还建立了由建筑、能源、水资源等专业80多位专家组成的专家委员会。

（2）技术路径

在应用上坚持因地制宜的原则，南京市不断优化可再生能源应用技术路径，逐步形成适应地域特点、经济发展的可再生能源应用技术路径。

1）太阳能热水系统

公共建筑以集中式为主，居住建筑以集分结合、阳台壁挂等为主，积极鼓励太阳能热水系统与建筑一体化应用创新，强调与建筑同步设计、施工、交付管理。

2）地源热泵系统

以推广闭式土壤源热泵为主，结合实际应用地表水源、长江水源热泵系统。土壤源热泵系统地埋管数量按照冬季取热负荷设计，系统应配置冷却塔等，作为全年热平衡手段。

3）太阳能光伏系统

按自产自用、盈余储能、余能上网的原则。公共建筑一般采用即发即用的系统方式，就地消纳太阳能发电量。工业厂房、商场、体育建筑等具有大面积屋面的建筑，建设可上网的光伏电站。

（3）激励政策

南京市可再生能源建筑应用资金主要来自三个方面，即以项目建设主体投入为主的社会资金投入、国家财政补助资金和市属各级财政投入。财政补助严格按规定主要用于项目建设，其余用于省市配套能力建设。

在应用项目上分重点项目和一般项目，重点项目除应用可再生能源技术外，兼顾节能、绿建和全装修，坚持成熟技术和先进技术并重。补助标准为太阳能热水系统一般项目、重点项目分别为 15 元/m^2、20 元/m^2，土壤源热泵系统一般项目、重点项目分别为 50 元/m^2、70 元/m^2，保障性住房项目也参照制订了补助标准。其中，国家财政补助资金产生了很大的拉动效应，据城市示范测算国家补助 1 元，带动地方各级财政性资金投入 4 元，带动社会投入 10 元。

社会资金通过合同能源管理、PPP 模式、特许经营模式投入到南京市太阳能光热、光伏、地源热泵、区域能源站等项目中，如青奥集中能源站、在建江北新区长江水源热泵能源站采用了 PPP 模式。

市委、市政府出台了支持新兴产业发展和节能减排的优惠政策，将建筑节能、可再生能源应用等放入优惠政策范围。市建委、市财政局 2014 年制订的《南京市建筑节能示范项目管理办法》，积极鼓励包括可再生能源建筑应用在内的建筑节能技术推广并给予适当补助。

（4）保障措施

南京市要求 12 层以下居住建筑和有热水需求的公共建筑需统一设计安装太阳能热水系统，建筑面积 2 万 m^2 以上大型公建应至少利用一种可再生能源。南京市先后出台了一系列可再生能源建筑应用的政策，确保可再生能源建筑应用和城市示范实施，主要包括《南京市民用建筑节能条例》、《市政府关于印发〈南京市可再生能源建筑应用城市示范工作方案〉的通知》、《关于印发〈南京市可再生能源建筑应用城市示范专项资金管理办法〉的通知》、《关于印发〈南京市可再生能源建筑应用城市示范项目管理与考核评估办法〉的通知》、《关于印发〈南京市可再生能源建筑应用城市示范配套能力建设实施方案〉的通知》等文件。

加强项目组织管理，充分发挥各级管理部门、专家和技术支撑单位作用，注重环节控制，在项目组织和评审、项目专项审查、项目能效测评、项目考核评估等环节中强化管理。将项目质量管理纳入现行工程质量监督管理体系中。在绿色建筑全面推广阶段，可再生能源应用更将其纳入绿色建筑工程质量管理体系中进行管理。

（5）标准规范

根据可再生能源应用和城市示范需要，结合江苏省可再生能源应用标准情况，南京侧重在可再生能源系统运行维护、施工技术等方面组织编制了相关标准、工法等。其中，省级地方标准有《地源热泵系统运行管理规程》DGJ32/TJ 141—2012、《太阳能热水系统运行管理规程》DGJ32/TJ 139—2012，省级工法有《竖直地埋管换热器施工工法》、《竖直地埋管换热器施工工法》。此外，还编制了《地源热泵辐射空调系统工程设计和应用导则》等标准规范。

（6）能力建设

加强能力建设是工作的根本保证。一是强化政策支撑能力建设。南京市先后颁布了地方的民用建筑节能条例和节能监察条例，出台了与可再生能源应用相关政策措施，构建了较为完整的政策体系。二是强化技术支撑能力建设。基本建立了技术创新、标准规范、产业基础、检测评估等应用支撑体系。近年来完成各级可再生能源方面研究课题 40 多项，许多达到国内领先和先进水平。培养测评机构国家级 1 家、省综合一级 2 家，综合二级 5 家。在设计、施工、检测测评、运行管理等方面涌现出一批骨干企业。三是强化人才支撑能力建设。建立了专家队伍，培养出一批有较高水平的应用技术专家，形成依托东南大学、南京工业大学、江苏省建科院等一批高校、科研、设计等的技术支撑单位。

（7）宣传培训

南京市通过专题采访、电视和报纸等方式，多渠道、多方位开展宣传报道，形成政府引导、市场推动、社会参与的良好氛围。其中，开展各类培训 20 多次、参训人员达 1400 多人次，包括可再生能源应用技术规范、项目管理、运营和操作、能效测评等，提高应用技术人员能力和水平。此外，还积极组织开展设计竞赛并编制竞赛图集等。

4. 实施成效

（1）规模化推广

南京市城市示范累计完成应用建筑面积 1090 万 m^2，其中太阳能热水系统 673 万 m^2、地源热泵系统 417 万 m^2。通过示范的带动作用，"十二五"期间南京市完成可再生能源应用面积约 2900 多万 m^2。其中，在河西新城、仙林大学城等重点地区凸现了区域效应，应用规模迅速提高、应用类型日趋丰富、应用能力和水平得到发展。

（2）节能减排

可再生能源利用显著减少污染物和温室气体的排放，促进经济和社会可持续发展。城市示范 100 多个项目年可替代标准煤约 5.48 万 t，减排二氧化碳 13.5 万 t，减排二氧化硫 1096t，减排粉尘 548t。经测评，太阳能热水系统平均集热效率为 48%、保证率为 48%，平均增量投资约 30 元/m^2、静态投资回收期约 3 年。地源热泵系统平均系统能效比 3.4/3.1（夏/冬）、机组能效比为 4.8/4.2（夏/冬），平均增量投资约 150 元/m^2，静态投资回收期约 7 年。项目运行状况总体较好。

（3）经济与社会效益

可再生能源的利用可显著降低建筑能耗，在建筑节能领域发挥越来越重要的作用。城市示范项目经折算年可节约 1.26 亿元。同时改善了人居环境，拉动了可再生能源应用市场需求，形成从设备产品制造、工程设计和施工、系统集成与调试管理、能效测评和技术支撑服务等规模企业 30 多家，促进了经济发展，提供了就业岗位和环境，为经济转型与发展做出了贡献。

7.2.3 合肥市

1. 城市概况

合肥市位于中国华东地区、长江三角洲西端，江淮之间，安徽省中部，西接六安市，北连淮南市，东北靠滁州市，东南靠马鞍山市、芜湖市，西南邻安庆市、铜陵市；全市版图总面积 11445.1 km^2，介于北纬 $30°57'\sim32°32'$、东经 $116°41'\sim117°58'$ 之间。合肥地处中纬度地带，属亚热带季风性湿润气候，季风明显，四季分明，气候温和，雨量适中。年均气温 15.7℃，年均降水量约 1000mm，年日照时间约 2000h，年均无霜期 228d，平均相对湿度为 77%。合肥市的降水主要集中在夏季，冬季降水较少，平均全年降水总量为 995.4mm。合肥市 7 月份的降水量最多为 162mm，12 月份的降水量最少为 24mm。春、夏、秋、冬四季的降水量分别占全年降水总量的25％、44％、20％、11％，夏季降水量是冬季的4倍，春季降水量比秋季略多，如图7-2所示。

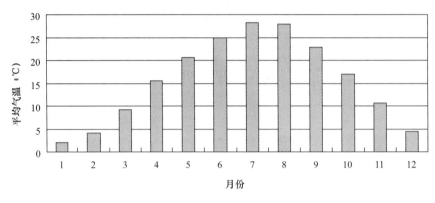

图7-2　合肥市月平均气温

2. 资源特点

（1）太阳能

合肥市是典型的夏热冬冷地区，年均太阳辐射总量为4157.91MJ/m²，年平均日照时数为1873.7h，日照百分率为42％左右，属于太阳能资源一般地区。各月日照时数大于6h的天数差别较大，2~8月份较高，其中1月份最低，5月份日照时数最大，正与本地春夏交季雨水量少相对应，正是合肥市历年的雨季的准确反映，也就是在春夏秋季，太阳能的可利用价值较高，冬季利用价值较低，主要受自然季节影响，冬季月计算太阳总辐射量与可日照时数小于夏季，比较符合人们夏季用水量较大冬季用水量小的卫生习惯，根据历年气象统计资料，合肥市年平均日照时数为2081.3h，平均每天为6.06h，说明合肥市的太阳能具有可利用价值，但受季节与天气因素影响较大，如图7-3~图7-5所示。

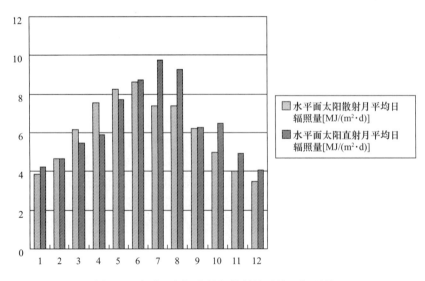

图7-3　水平面太阳直射与散射月平均日辐照量

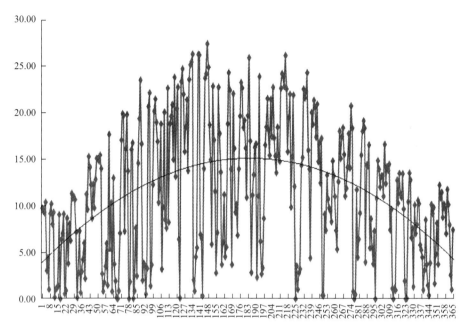

图 7-4 全年辐照量变化趋势图

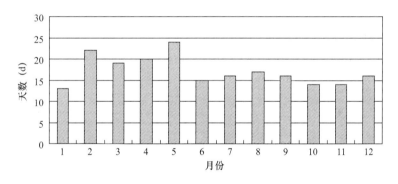

图 7-5 合肥市月日照大于 6h 的天数

（2）浅层地能

合肥地区属于江淮波状平原区，区内基岩地层主要为侏罗系、白垩系地层，次为古近纪地层。基岩地区地下水位较浅，水质好，无腐蚀性，地下水恒温层埋深 4～5m，地下水温度 18～20℃，浅层（200m 以浅）无大范围含水层，地下水总体较为贫乏，单井日出水量一般小于 100m³，仅局部地区发育构造裂隙水和风化裂隙水，日单井出水量大于100m³。根据合肥的水文地质条件，本区域含水层富水性差、大部分地区地下水较贫乏，地下水回灌困难，除南淝河河漫滩等富水区外，大部分地区不适宜用地下水水源热泵系统。

合肥地区地表为第四系覆盖，上部为黏土、亚黏土、亚砂土，下部基岩多为砂岩、泥岩，岩石硬度不高，地埋管钻孔施工容易，较适宜土壤源热泵系统。

（3）空气热能

合肥市地居中纬度，气候温和，年平均气温在 15～16℃ 之间，属于温和气候型。每年4、5 两个月，南北气流相互交汇，酿成春季天气变化无常。一般在 6 月中旬以后，合肥地区进入为期一个月的梅雨期。根据空气源热泵热水器的能效比曲线，空气能全年运行的能效比 80% 在 3.0 以上，具有丰富的空气热能资源，如图 7-6 所示。

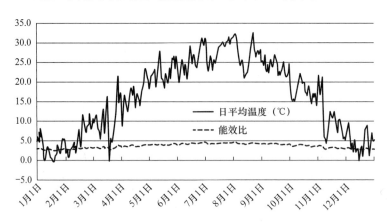

图 7-6 空气能热水器全年能效比

3. 推进方式

（1）建章立制，规范示范项目管理

1）印发了《合肥市促进可再生能源建筑应用奖励暂行办法》（合建能组〔2010〕001 号），明确了奖励资金使用范围、资金补助标准及拨付、项目申报及评审、项目的监督管理等内容，规范可再生能源建筑应用示范城市奖励补助资金的管理。

2）制定了合肥市可再生能源建筑应用城市示范项目《申报指南》、《评审办法》、《评分细则》、《评审纪律》等相关管理文件，对申报项目材料、评审专家组成、评审内容、评分标准进行了明确规定，评审过程邀请纪检部门全过程监督。评审结果通过市城乡建委和市财政局等门户网站向社会进行公示，保证了项目评审过程和结果科学、公平、公正和透明。

3）出台了《合肥市可再生能源建筑应用示范项目建设管理办法》（合建〔2009〕51号），要求示范项目纳入工程建设质量监督程序，由工程质量监督管理机构实施过程监督管理。根据示范项目的应用技术类型、应用面积、建设进度等，对示范项目进行检查、验收、考核与奖惩。

4）出台了《合肥市可再生能源建筑应用示范项目专项验收暂行办法》（合建〔2011〕161 号），明确示范项目专项验收条件、内容及程序，要求所有示范项目单位做到工程报批手续规范、可再生能源建筑施工图设计文件及审查报告齐全，对奖励补助资金实行专款专用，委托专门机构出具能效测评报告等。

（2）强化过程监管，确保示范项目工程进度

1）为确保示范项目顺利实施，实行月报制度，通过巡查和重点督查等方式加强示范项目的调度与监管，对进展慢、施工质量差等项目共下发《合肥市可再生能源建筑应用示范项目督查意见书》27 份，有效提高了示范项目的建设进度和质量。

2）为确保示范项目按期完成，下发了《关于加快可再生能源建筑应用示范项目工程进度的紧急通知》（合建设〔2012〕18 号），要求建设单位采取有力措施，克服困难，抓紧组织实施示范项目建设任务。同时，协调项目参建各方责任主体解决遇到的各种问题和

障碍，确保示范工程建设按期完工。

3）先后确定"安徽省地质资料库"等多个示范项目安装了"能耗在线监测系统"，实现能耗和运行监测数据的实时收集和传输，为全市可再生能源建筑规模化应用提供了基础数据和经验积累。

4）为确保中央财政补助资金专款专用，市城乡建委会同市财政局采取公开招投标方式选取省财政厅定点的会计事务所对下拨的补助资金进行了专项审计，并出具了专项审计报告。

（3）严把质量关，确保示范项目竣工验收

1）为做好示范项目的能效测评和示范项目验收工作，按照《合肥市可再生能源建筑应用示范项目验收暂行专项办法》（合建〔2011〕161号），市城乡建委、市财政局组织专家对示范项目进行了专项验收。验收采取听汇报、查资料、核现场、综合评定四环节进行，确保每一个示范项目均能达到目标要求并取得良好效果。

2）按照《合肥市可再生能源建筑应用示范项目建设管理办法》（合建〔2011〕51号）要求，对达不到示范项目相关要求的项目，市城乡建委、市财政局按照规定，联合下发文件取消其示范资格，并及时追回已下拨的示范项目补助资金。

（4）配套能力建设

2011年8月，经市政府第87次常务会议同意，通过公开招标方式，确定了合肥工业大学、安徽建筑大学、安徽省建筑科学研究设计院等科研院校承担全市10个配套能力建设课题研究，有效提升了合肥市可再生能源建筑应用的科技创新能力。通过配套能力建设，不断完善相关技术规程和标准编制，为推进可再生能源在建筑领域规模化应用打下了坚实基础，如表7-3所示。

配套能力建设课题研究　　　　　　　　　　表7-3

序号	课题名称	标准编号
1	合肥市绿色建筑设计导则	DBHJ/T 010—2014
2	太阳能热水系统与建筑一体化技术导则	DBHJ/T 005—2012
3	太阳能光热建筑一体化设计标准图集	安徽省工程建设标准设计（皖2012）
4	合肥市地源热泵系统工程技术规范实施细则	DBHJ/T 003—2012；
5	既有居住建筑节能改造技术导则	DBHJ/T 006—2013
	既有公共建筑节能改造技术导则	DBHJ/T 007—2013
6	合肥市可再生能源建筑应用能效测评技术导则	DBHJ/T 004—2012
7	合肥市可再生能源建筑应用城市示范实施效果调查评价分析报告	—
8	合肥市可再生能源建筑应用城市示范绩效评价报告	—
9	合肥市"十二五"可再生能源建筑应用规划	—
10	合肥市太阳能资源评估报告	—

4. 实施成效

（1）规模化推广

截至目前，合肥市已累计推广可再生能源建筑应用面积达7269万㎡，其中，太阳能光热建筑一体化应用面积 6819 万 m²；浅层地能应用面积 450 万 m²；已建成并网光伏电站 348MWp，其中光伏建筑一体化 22.75MWp。可再生能源建筑应用的推广，促进了建筑领域的节能减排，对增加清洁能源供应、改善能源结构、保障能源安全、保护环境等起到了积极作用。

（2）经济效益

按照已建示范项目进行测算，可再生能源建筑应用项目的实施每年将直接节约费用 15529.16 万元。按照单位面积太阳能光热项目投资 40 元/m² 计算，地源热泵系统项目按 300 元/m² 计算，实施可再生能源建筑应用示范城市建设带动可再生能源建筑直接投资 7.09 亿元，带动可再生能源建筑应用产业经济增长约 20 亿元；带动合肥 GDP 增长 35 亿元。

（3）社会效益

可再生能源建筑应用示范城市建设促进了合肥市太阳能光热、太阳能光伏、风能和生物能源等新能源产业的发展，带动了阳光电源、国轩高科、荣事达集团等太阳能企业快速成长。扶持建设可再生能源企业 47 家，创造就业岗位 8000 多个；出台可再生能源建筑应用管理政策 7 项、标准规范 10 套；建设 5 个省部级工程技术研究中心和 7 个可再生能源建筑应用检测机构，建设完善可再生能源建筑应用产学研平台。

（4）环境效益

可再生能源的开发利用替代大量化石能源，显著减少了污染物和温室气体的排放，对我国经济的可持续发展将起到重要作用。合肥市可再生能源建筑应用示范城市的建设，降低了有害气体、温室气体排放，减少空气污染和温室效应，环境效益显著。

7.3 既有居住建筑节能改造

7.3.1 北京市

随着北京市既有居住建筑供热计量及节能改造工作的大规模推进，越来越多的居民享受到改造后带来的好处，冬季室内供热温度不达标、顶层渗漏、供热管网老化等问题得到了解决。但同时百姓对小区内环境、楼道脏乱差、基础设施老化等综合改造需求变得愈加强烈。因此，2012 年 1 月 21 日，北京市人民政府印发《北京市老旧小区综合整治工作实施意见》（京政发〔2012〕3 号），对老旧小区改造范围、改造内容、工作目标等作出详细规定。

1. 改造内容

北京市老旧小区综合改造分为四个方面。一是对 1990 年（含）以前建成的，进行节能改造、热计量改造和平改坡；对水、电、气、热、通信、防水等老化设施设备进行改造；对楼体进行清洗粉刷；根据实际情况，进行增设电梯、空调规整、楼体外面线缆规整、屋顶绿化、太阳能应用、普通地下室治理等内容的改造。二是 1980 年（含）以前建成的老旧房屋进行抗震鉴定，对不达标的老旧房屋进行结构抗震加固改造。不符合抗震标准的建筑，实施抗震加固改造。三是针对小区公共部分，进行水、电、气、热、通信等线路、管网和设备改造；进行无障碍设施改造；进行消防设施改造；进行绿化、景观、道路、照明设施改造；更新补建信报箱；根据实际情况，进行雨水收集系统应用、补建机动车和非机动车停车位、建设休闲娱乐设施、完善安防系统、补建警卫室、修建围墙等内容的改造。四是针对简易楼房采用保障性住房安置等方式实施腾挪搬迁改造。如图7-7所示为北京市西城区黑窑厂西里老旧小区综合改造（抗震加固改造）；如图7-8所示为北京市西城区黑窑厂西里老旧小区综合改造（改造后）。

图 7-7　北京市西城区黑窑厂西里老旧小区综合改造（抗震加固改造）

图 7-8　北京市西城区黑窑厂西里老旧小区综合改造（改造后）

2．工作进展

"十二五"期间北京市老旧小区综合改造任务目标为完成四项改造内容5850万 m²。截至2015年底，共完成6262万 m²，涉及1678个小区，1.37万栋居住建筑，惠及居民81.9万户，实现节能55万 tce。其中，西城区1980～1990年的既有非节能建筑全面完成节能改造；抗震加固改造完成20万 m²，惠及居民300户；搬迁简易楼用户484户。

3．经验做法

（1）组织保障

2012年北京市建立了由有关市政府委办局参加的老旧小区综合整治工作联席会制度，联席会议办公室设在市重大工程建设指挥部，由市政府分管副秘书长任主任，市重大工程建设指挥部办公室、市住房城乡建设委、市市政市容委、市财政局等部门主要领导任副主任。联席会下设办公室和资金统筹组、房屋建筑抗震节能综合改造组、小区公共设施综合整治组3个工作组，工作组由市重大工程建设指挥部办公室、市财政局、市住房城乡建设委、市政市容委等部门牵头组成。各区县政府参考市级机关的设置模式，也建立了各区县的老旧小区综合整治工作推进机构，机构与相关责任如表7-4所示。在联席会议制度的保障下，北京市共发布涉及老旧小区综合整治规范性文件46个，涉及重大问题的签报41个、纪要73个，有力保证了老旧小区综合整治工作的开展。

老旧小区综合整治工作联席会制度 表7-4

名称	组成	职责
北京市老旧小区综合整治办公室	市重大办牵头	全面统筹协调解决相关问题，组织汇总本市老旧小区综合整治总体规划及年度计划并监督实施；组织研究制定多渠道筹集资金的相关措施；依据综合整治工作需要，研究提出制订或修订本市相关地方性法规、政府规章、规范性文件的建议；组织汇总各单项技术标准，组织汇总施工流程和技术指南并监督实施；负责组织宣传动员工作，组织社会各界参与相关工作；指导、协助、督查各区县开展工作，协调中直管理局、国管局、驻京部队同步展整治工作；承办市委、市政府交办的其他工作任务
资金统筹组	由市财政局牵头	负责研究确定财政资金来源，明确财政补助的比例、规模、方式及对应项目，落实综合整治年度市级补助资金计划
房屋建筑抗震节能综合改造组	由市住房城乡建设委牵头	负责房屋建筑本体部分工程的组织管理，负责编制老旧小区房屋建筑抗震节能综合改造总体计划、年度计划以及简易住宅楼拆改工作计划，组织制定房屋建筑抗震加固、节能改造、附属设施改造、平改坡标准，会同市质监局、市公安局消防局组织制定增设电梯标准，会同市规划委、市残联制定无障碍设施改造标准
小区公共设施综合整治组	由市市政市容委牵头	负责老旧小区公共部分工程的组织管理，组织供热计量与温控改造，开展环境整治，组织绿化、美化、亮化和道路改造，组织机动车和非机动车停车位改造，协调相关部门和单位进行配电设施、安防系统、消防设施的改造
各区县政府	设立专门机构	负责本行政区域内综合整治工作的组织实施和监督管理

（2）明确标准与实施程序

北京市老旧小区综合改造有效推进是建立在明确标准、程序和责任基础上的。特别是推动老旧小区的抗震加固与节能改造两项内容，都借鉴了新建建筑的基本建设程序，在规划审批、施工图设计、质量监管等方面借力新建建筑监管环节和能力优势，形成有利于推动老旧小区综合改造的机制。同时，北京市先后发布《北京市政府关于印发北京市老旧小区综合整治工作实施意见的通知》（京政发〔2012〕3号）、《北京市房屋建筑抗震节能综合改造工作实施意见》（京政发〔2011〕32号）、《北京市既有非节能居住建筑供热计量及节能改造项目管理办法》（京建发〔2011〕27号）等文件，明确提出改造工程目标，使改造有标准可依。抗震加固改造、围护结构改造和热计量改造标准如表7-5所示。

老旧小区综合改造有关标准 表7-5

类型	改造目标
抗震加固改造	改造后抗震标准达到现行标准要求
围护结构节能改造	改造后围护结构部位达到现行《居住建筑节能设计标准》对传热系数限值的要求
室内供热系统计量及温控改造	达到《供热计量技术规程》JGJ 173—2009和《北京市供热计量应用技术导则》（京政容发〔2010〕115号）的要求

同时，为了便于管理部门和实施主体开展有关工作，北京市明确了项目组织实施的步骤和程序，使其有章可循。其中，抗震节能综合改造是由区县建委组织实施抗震鉴定和加

固价值评估，将鉴定、评估结果书面通知实施责任主体。实施主体向区县政府提供综合改造申请。区县政府编制改造计划，经审批后纳入年度重点工程。被确定为当年改造的房屋建筑，其实施责任主体组织工程设计报规划部门审定后，按基本建设程序组织施工。区县政府做好工程质量、施工安全的监督管理工作。针对供热计量及节能改造项目，由实施主体向区县住房城乡建委申报供热计量及节能改造综合实施方案。区县建委会同市政市容委对申报的实施方案进行审核，审核同意的项目，区县财政局预拨财政补助资金。改造项目按有关规定办理规划、施工图设计审查、节能设计验收备案和施工许可手续。区县建设工程主管部门按照属地原则，实施施工安全和施工质量监督责任。改造项目完成后，实施单位向区县住房城乡提交《专项验收备案登记表》，经现场核定后，给予办理节能专项验收备案，并拨付剩余补助资金。

上述要求既明确了实施程序也明确了不同阶段不同主体的责任，并借力原有监督管理机构和管理方式，形成了有利工作的推进机制。

（3）稳定的融资渠道

北京市综合改造工作得以顺利推进，其以政府投资为主体的稳定的融资渠道是关键。从改造成本来看，抗震加固改造成本依不同改造技术有所不同，主要采用的技术方案为外套式混凝土加固、拆除重建或圈梁加构造柱的形式，其成本、施工期搬迁等如表 7-6 所示。另外，既有建筑在实施抗震加固改造前，需进行抗震加固检测，费用为 10 元/m²，由市财政单独列支。既有建筑节能改造项目改造成本主要包括室内供热系统计量及温度调控改造、热源及供热管网热平衡、建筑围护结构节能改造三项成本，其中建筑围护结构依住宅结构和不同保温材料有所不同，平均成本约为 505 元/m²。根据西城区简易房安置情况测算，简易房安置成本约为每户 70 万元，公共部分综合改造视不同改造内容成本也有所不同。

抗震加固技术类型及成本 表 7-6

加固技术类型	技术方案	成本（市政府统一概算）	是否搬迁	搬迁补贴标准	检测费用
外套式	现浇混凝土加固、拆除重建	3100 元/m²（4000 元/m²）	是	100 元/（m²·月）	10 元/m²
圈梁加构造柱	—	900 元/m²	是	100 元/（m²·月）	10 元/m²

从融资渠道上看，政府投资占老旧小区综合改造投入的绝大部分。北京市规定老旧小区综合整治工作中热计量与节能改造资金，实现财政专户管理。市级和各区县财政按照市区 1:1 的比例将资金拨付至"资金主管部门"开设的老旧小区综合整治资金归集账户。同时规定，各区县的配套资金打入"归集账户"后，方可使用本区县的配套资金与相同数额的市财政资金。市财政按一定比例提前拨付市级补助资金，当市区负担资金比例达到 95% 时，预留 5% 资金待工程验收合格和财政决算评审后再行拨付。水、电、气、热配套设施的改造费用由产权单位和专业供应公司等负担，市发展改革委和市财政按有关规定另外给予补助。各项改造资金与节能改造的资金分开，不得混用。

从居民受益看，实施抗震加固改造增加面积产权可以转移给个人，并变更房产证面积。在改造工程竣工后或房产交易环节，按照北京市统一规定缴纳 4000 元/m² 的建安成本，抗震加固增加的面积即可计入房本面积，居民财富有明显增加，群众积极性很高。

7.3.2 威海市

2008 年山东省威海市成为首批全国 12 个供热计量试点城市，全市坚持"政府主导、市场运作、企业参与、用户配合"的原则开展改造工作。而随着新建建筑的迅速崛起，大量既有居住建筑由于未实施节能措施致使能耗较高，供热计量效果有限。威海市既有建筑总面积为 1.56 亿 m²，其中具有改造价值的非节能居住建筑面积 4326.83 万 m²。受当时条件限制，这部分建筑设计标准低，外墙多为 240mm 厚黏土砖墙，墙体未做保温层，空鼓开裂现象严重，窗户多为木制和铝合金单层推拉窗，楼梯间为敞开式楼宇门，保温密闭性差，建筑能耗高，冬冷夏热舒适度差，尤其是冬季供暖期室内温度不达标，一直是居民投诉的热点、难点问题，也是供热企业节能的短板。为此，威海市决定对 20 世纪 60～70 年代至 2007 年建成的老旧小区内既有居住建筑进行供热计量及节能改造。

1. 改造内容

威海市根据既有居住建筑节能标准进行分类改造。对达到 65% 节能标准的既有居住建筑，只进行供热计量及管网改造；对达到 50% 未达到 65% 节能标准的建筑，对屋面和门窗进行改造，同时实施供热计量及管网改造；对低于 50% 节能标准的既有建筑，实施外墙围护节能改造，同时实施供热计量及管网改造。

与既有居住建筑供热计量及节能改造同时实施的是智慧热网平台的建设。自 2010 年以来，以威海热电集团为骨干，通过三年自主研发和攻关，已建成山东省首例、国内领先的大型供热智慧热网管理平台 5 处，实现供热智能控制面积 4488 余万 m²，智能控制率达 51.6%，标志着向"供热计量智能化、系统控制自动化、居民用热自主化、政府监控网络化"的"四化目标"迈进了一大步。如图 7-9、图 7-10 所示为远程智能供热控制流程图和调度指挥中心。

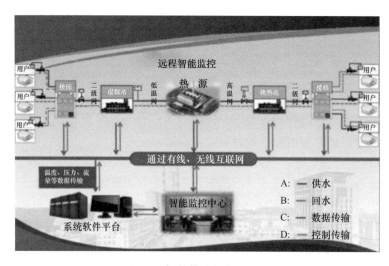

图 7-9　智慧供热控制流程图

图 7-10　智慧供热调度指挥中心

2．工作进展

在政府部门的大力推进下，截止 2016 年底，威海市完成既有居住建筑供热计量及节能改造面积 4283.57 万 m^2，涉及住户 50.39 万户（占可改造建筑的 99%），改造面积占山东全省面积的 50%，其中 2015 年山东省下达的 1615 万 m^2 改造计划中威海市有 1596.1 万 m^2 改造任务。图 7-11 为威海市某小区改造后全貌。

图 7-11　威海市既有居住建筑供热计量及节能改造后全貌

3．保障措施

（1）组织机构设置

为确保既有居住建筑供热计量及节能改造工作稳妥推进，威海市成立了以分管市长为组长，市财政局、市住房城乡建设局等部门主要负责人为副组长，城区街道办事处、供热企业等单位为成员的工作领导小组，各部门目标明确、措施到位，形成一个各司其职、各负其责、团结协作、齐抓共管的工作机制。承担具体改造任务的各供热企业，也配套成立了既有居住建筑节能改造领导小组。同时，市委市政府将节能改造工作纳入各区市目标管理绩效考核，由市、县（区）、镇（街道）层层签订目标责任书，实行周调度、月通报、季点评，加强督导，落实责任，努力调动各方积极性。

（2）多元化资金配套

一是实施地方配套资金支持。除中央和省财政补助外，威海市按照"属地管理"的原则设立改造专项资金，明确要求各区市负责筹集辖区所需改造资金，按照"实施2项节能改造（热计量及管网热平衡）的按 10 元/m² ，实施3项综合节能改造（热计量、管网热平衡、围护结构）的按 37 元/m²"的标准予以补助。同时，充分运用"以奖代补"手段，设立供热计量奖补资金，年底由各区市对供热企业能耗情况、服务质量、供热计量执行情况等进行综合考评，根据考评名次确定拨付比例。

二是鼓励企业多元化筹资。为有效破解既有居住建筑供热计量及节能改造资金瓶颈问题，按照"政府主导、多元投入"的原则，突出发挥市场机制的作用，大力推行企业投资进行节能改造，节能收益由企业与单位、居民分享。对达不到预期节能目标的项目，不予拨付该项目的财政奖励资金。

三是加强对奖补资金的管理。切实加强对奖励和补助资金的管理，确保资金专款专用，坚决杜绝冒领、截留、挪用、滞留等行为。

（3）质量控制

在前期大量走访调研的基础上，威海市制定了详细的改造年度计划，2008～2009年为试点期，每年完成计划的3％；2010～2011年为推广期，每年完成计划的12％；2012～2013年为巩固期，每年完成计划的17％；2014～2015年为攻坚期，全部完成改造任务。

在工程管理中按照公开、公平、公正的原则，严把"五关"，一是严把"队伍关"，通过严格的招标程序，选定资质健全、实力雄厚的队伍参与改造施工。二是严把"材料关"，材料采购供应全部纳入全市统一招标体系进行招标，节能产品必须选择被山东省住房城乡建设厅列入推荐目录及在威海备案的供热计量产品，外墙围护材料必须达到相应的防火、防水、耐潮等安全等级；产品安装前必须进行检测，检测等级在二级以上；热计量装置、温控阀分别在安装使用后的9年、15年内免费保修保换。三是严把"施工工艺关"，每幢楼施工严格遵守国家、省、市规范进行施工，按基层处理—粉刷界面剂—粘结砂浆—粘贴保温聚苯板—抗裂砂浆，内置耐碱玻纤网格布—抗裂砂浆—涂料层（包括柔性腻子两遍、底漆一遍、弹性涂料两遍）六道工序组织施工。四是严把"验收关"，每幢楼施工前必须将聚苯板进行送检，待抽检全部合格后方可使用；所用砂浆、网格布、锚栓，以每幢楼为单位做检测报告；每幢楼保温完成后刷涂料前还要进行拉拔和取芯试验，施工吊篮必须定期检测。同时，围绕安全生产和工程质量，先后多次修订完善了工程质量、工程验收等标准规范，以制度规范行为，以标准保证质量。五是严把"后序维护关"，确保长效化。通过向居民住户发放《既有建筑外墙保温后需注意事项》，要求住户必须注意改造后墙体的保护，如发生问题及时拨打热线电话、投诉电话、检修电话进行处理。

同时，按照"谁受益谁负责"的原则，威海市将既有居住建筑供热计量及节能改造工作统一交由供热企业总体负责，从外围护改造到热源、换热站、区内管网、楼内立管及表箱内供热计量装置全部由供热企业负责，这就促使供热企业在完成改造任务的同时，加大了技术革新力度，降低了供热能耗、提高了企业经济效益，企业热情极高。

（4）宣传培训

既有居住建筑节能改造作为一项全新的系统工作，改造初期群众反映强烈，尤其是对门窗等入室改造不支持，阻力较大。为此，威海市各相关企业加大宣传力度，采取多种形式宣传节能改造的政策法规和优点。一是利用报纸、电视等新闻媒体进行宣传，跟踪报道，广造社会舆论，营造支持改造的氛围；二是开展社区走访活动，现场发放宣传材料，与群众面对面地直接交流，消除疑虑，取得市民的理解与支持；三是建立联络员制度，发展社区居民联络员，挂牌上岗，既当监督员，又当宣传员，全程参与改造工作，配合社区居委会登门入户，做好政策咨询、走访情况汇总、用户负担资金的收取联系等工作，发放明白纸，让百姓对施工材料、施工质量、施工工艺、资金来源、收费标准有知情权，社区居委会逐家逐户地做工作，反复讲明有关政策，实现了入户率、见面率、参与率三个百分之百。四是典型引路，选择率先改造的典型小区进行现场说法，使群众看到了实实在在的变化，对节能改造的态度从陌生到理解，从回避到支持，从"要我改"变为"我要改、要快改"。

4. 实施成效

威海市通过实施既有居住建筑供热计量及节能改造，改善了外墙保温性能，强化了主体结构安全性，提高了墙体的防水和气密性，延长了建筑物寿命，使小区面貌焕然一新，公共服务设施配套完善，庭院步道绿化美化，居住环境愈加舒美怡人，实现了生态效益、经济效益、社会效益的共赢。

（1）群众得实惠。节能改造后，单体楼宇冬季室温平均提高 3～5℃，夏季室温平均降低 2～3℃，且改造效果简洁美观，提升了房产价值，赢得了群众赞誉。

（2）供热企业增效益。威海市区供热企业在原有热源不变的情况下，可新增供热面积 600 余万 m²，相当于减少投产 1 台锅炉和 1 台发电机组、减少建设投资 2 亿元；每年节约供热运行成本 8100 多万元。

（3）城市降耗。三项综合改造项目供热能耗由改造前的 47.60W/m² 降低到 30.45W/m²，节能率达 36%；两项改造项目供热能耗由改造前的 42W/m² 降低到 29.5W/m²，节能率达 30%。威海市一个供暖期节省 25.53 万 tce，减少二氧化碳排放量 66.88 万 t、二氧化硫排放量 1225t、烟尘粉尘排放量 3413t，节约热能增加供热面积 900 万 m²，极大地改善了城市生态环境。

与此同时，威海市开发的"智慧供热平台"创新了供热运行模式，住房城乡建设部专家评审组给予"该系统达到国际先进水平"的评价，山东省住房城乡建设厅对该成果予以专题推广，列入山东省科技成果推广项目，获得"住房城乡建设部华夏建设科学技术三等奖"，"山东省重大节能成果奖"；2016 年参与编制山东省智慧供热系统技术标准，该标准已列入山东省建设工程定额站技术标准评审程序。

7.3.3　榆中县

榆中县位于甘肃省中部，地处兰州市东郊，是国家扶贫开发工作重点县。全县地处甘肃中部干旱区，由于深入内陆，离海遥远，大陆性气候十分显著，主要特征是春季多风频旱，盛夏多雨，冬季寒冷少雪。榆中县既有居住建筑面积共计 221 万 m²，主要建于 20 世纪 90 年代，大多为砖混结构，7 层以下，6 层较多，外墙多为 370mm 厚黏土实心砖墙体，窗多为空腹钢窗，能耗普遍较高，单元入口大部分没有安装单元门，房屋隔热保温性差，存在冬冷夏热的情况，供暖期平均能耗在 45W/m² 左右。2011 年 6 月，榆中县被财政部、住房城乡建设部批准为国家首批"节能暖房"工程的工作。"十二五"期间，榆中县计划完成改造面积212万 m²。截至2016年度供暖季，经过节能改造，榆中县城区供热能力达到350万 m²，集中供热面积325万 m²，县城集中供热普及率达到98%以上。图7-12为榆中县某小区改造前后对比图。

(a)   (b)

图 7-12　榆中县某小区改造前后对比图
(a) 改造前；(b) 改造后

1. 改造原则

榆中县改造工程按照"五位一体"原则开展工作：一是坚持以热源点或换热站覆盖区域整体改造的原则；二是坚持以重点老旧建筑小区为改造对象的原则；三是坚持节能改造与居民小区环境综合整治结合，完善小区功能的原则；四是坚持节能改造与提升城市景观，打造精品街路同步的原则；五是坚持合同能源管理模式，促进"节能暖房"工程快速推进的原则。

2. 改造内容

榆中县节能暖房工程改造内容主要包括围护结构节能改造、供热计量改造、热源及供热管网平衡改造和老旧小区环境综合整治，具体改造内容如表7-7所示。

表 7-7
榆中县"节能暖房"工程改造内容

改造类别	改造内容
围护结构节能改造	建筑外围护结构、墙面采取建筑节能保温措施（安装保温苯板）；外窗更换节能窗
供热计量改造	安装分户控制系统；在户外楼梯间安装供热计量温度控制装置；热源安装计量装置，并采取安全保护措施。
热源及供热管网平衡改造	热源选用高效节能锅炉，并对原循环水泵进行校核计算、安装变频装置；安装气候补偿器；增设或完善必要的水处理装置；增加或更换破损管网、阀门等部件；在建筑热力入口处安装水力平衡装置
环境综合整治	完善小区车行道、人行道、泊车位、文体活动场所和环卫照明设施；拆除乱搭乱建的构筑物，增加庭院绿化面积；统一楼面广告牌匾及店面门头；改造弱电管网并移埋地下

3. 组织机构设置

为加强对"节能暖房"工程实施工作的组织领导，县政府成立以县委副书记、县长任组长，分管副县长任副组长，发改、财政、审计、住建、行政执法、公安、规划、广电等部门负责人为成员的榆中县"节能暖房"工程领导小组，负责审批既有居住建筑供热计量及节能改造规划，安排落实节能暖房改造预算，决定节能改造工作中的重大事项。领导小组下设办公室，办公室设在住房城乡建设局，办公室主任由住建局局长兼任，主要负责组织编制节能暖房改造规划，监管节能暖房改造项目实施，组织协调相关职能部门及供电、有线电视、通信等部门配合节能改造工作，有效推进"节能暖房"工程顺利实施。另外，为明确工作职责，榆中县"节能暖房"工程成立了5个工作组，定期召开联席工作会议，如表7-8所示。

榆中县"节能暖房"工程工作组构成　　　　　　　　　　　　　表7-8

工作组	责任内容
项目实施工作组	组长由住建局局长兼任。具体负责既有居住建筑基本情况调查、制定实施方案、选定合同能源服务公司、监督管理节能暖房改造项目的实施，组织做好设计、施工方案的审查和群众工作
规划编制工作组	组长由规划局局长兼任。具体负责组织编制节能暖房改造规划、组织审定改造工程效果图等工作
市容整治工作组	组长由执法局局长兼任。具体负责协调县供电公司、移动公司、联通公司、电信公司、广播电视台等单位，对楼体线路按照"节能暖房"工程要求进行改造，负责拆除、更换影响施工或市容观感的广告牌匾及店面门头字号，并做好统一工作
财务保障工作组	组长由财政局局长兼任。具体负责协助项目实施单位做好国家奖励补助资金的申请、拨付，并会同审计部门做好项目资金使用情况的监督工作
宣传报道工作组	组长由广电局局长兼任。具体负责实施"节能暖房"工程的宣传报道、营造氛围等工作，通过广播、电视广泛宣传"节能暖房"工程的重大意义、主要内容和具体措施，做到家喻户晓、深入人心，切实增强居民群众参与"节能暖房"工程的积极性和自觉性

4. 资金筹集方式

为解决"节能暖房"工程资金缺口问题，榆中县根据财政部、住房城乡建设部《关于进一步深入开展北方采暖地区既有居住建筑供热计量及节能改造工作的通知》（财建〔2011〕12号）和国家发展改革委、财政部、人民银行、税务总局《关于加快推行合同能源管理促进节能服务产业发展的意见》（国办发〔2010〕25号）及《合同能源管理项目财政奖励资金管理暂行办法》（财建〔2010〕249号），积极引入节能服务公司，采用合同能源管理模式，拓展改造资金。同时，按照《政府采购法》有关规定，政府采购中心于2012年6月26日对榆中县"节能暖房"工程项目选定合同能源管理服务公司向全国进行公开招标，北京华仪乐业节能服务有限公司中标，并在2012年7月第十八次兰洽会上签约，按65％的节能标准实施"节能暖房工程"，项目实施期为4年，2015年10月底完成全部改造。改造过程中，由榆中县供热管理站、北京华仪乐业节能服务有限公司共同筹措，双方通过节能项目的实施，共同分享节能收益。

5. 保障措施

（1）健全规章制度。自2003年国家开展供热计量改革试点以来，甘肃省、兰州市出台了一系列有关供热计量改革的政策文件。尤其是2009年12月29日甘肃省人民政府办公厅出台《关于加快城镇供热计量改革工作的意见》（甘政办发〔2009〕240号）后，兰州市政府先后出台了《兰州市城镇供热计量管理暂行办法》、《兰州市推进供热计量工作实施意见的通知》（兰政办发〔2010〕109号）等文件，对建筑节能及供热计量改革工作做了更加明确和具体的要求。"十二五"期间，为贯彻落实《关于印发"十二五"节能减排综合性工作方案的通知》（国发〔2011〕26号）文件精神，甘肃省建设厅、财政厅制定了《关于印发"甘肃省既有居住建筑供热计量及节能改造工作的实施方案"》，兰州市人民政府办公厅出台了《兰州市人民政府办公厅〈关于印发兰州市"十二五"既有居住建筑节能改造工作实施方案的通知〉》（兰政办发〔2012〕141号），用于深入推进"节能暖房"工程的开展。

（2）强化质量管理。为确保工作顺利实施、按时完成，榆中县"节能暖房"工程实行"领导包片，干部包段，责任到人"的包干制度，并建立了五级质量及安全控制体系，对项目监理人员、项目经理、技术员，进场材料，施工设备进行严格把关。甲方、监理方、合同能源管理公司每周进行一次协调例会，及时解决施工中出现的问题，确保改造工程的质量和安全。第一级用能单位（榆中县供热管理站）成立协调督查室，全面负责改造项目的协调，对项目全过程进行督促检查，将发现和存在的问题及时向相关部门反馈；第二级合同能源管理服务单位（北京华仪乐业节能服务有限公司）建立健全项目质量管理组织机构，加强实现项目质量管理的制度化、科学化、标准化；第三级发挥社会监督作用（改造小区业主），制作了改造施工工艺流程、材料标准及举报电话公示图版，悬挂在改造小区醒目位置，接受用户监督，并在改造小区聘请部分退休人员为义务监督员，对发现的问题及时投诉，监督人员及时取证处罚，如图7-13所示；第四级监理单位（项目主管部门选定的监理公司）强化施工管理，依照法律法规、工程建设标准、勘察设计文件，对建设工程质量、进度进行控制，并履行建设工程安全生产管理法定职责的服务活动；第五级政府层面的监督单位（榆中县建设工程质量监督站、榆中县墙改节能办）勤检查、严执法，指派专人对施工流程、进场材料、工地安全负责，确保工程质量和安全。最后，验收考核方面，由榆中县"节能暖房"工程领导小组办公室牵头，组织成员单位、专家按照《榆中县"节能暖房"工程验收办法》对改造项目进行全面验收。

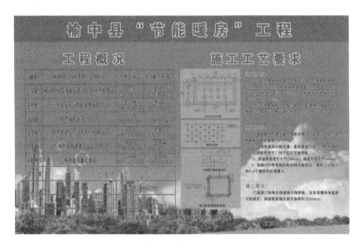

图7-13　榆中县"节能暖房"工程质量控制

（3）完善标准规范。为了确保榆中县"节能暖房"工程质量达标，榆中县邀请专家在认真学习领会国家及省市相关法规和技术标准的基础上制定和出台了一系列标准规范，包括《榆中县"节能暖房"工程技术方案》、《榆中县"节能暖房"工程建筑外立面改造规划》、《榆中县"节能暖房"工程改造政府住宅（三个单元）节能改造设计》、《榆中县"节能暖房"工程改造 KP1 型黏土砖墙内外粉 30 厚保温砂浆节能改造施工图》、《榆中县"节能暖房"工程改造 370 砖墙单层铝合金窗封闭阳台节能改造施工图》等。

（4）加强宣传培训。"节能暖房"工程是一项民心工程，在工程开始前邀请县墙改办、质监站负责人对工程施工人员、旁站监理人员进行专业知识培训。同时，组织人员对纳入改造范围的楼栋统一标示了"节能暖房"字样，制作了施工工艺、步骤、现场负责人、工程监理人员公示牌在改造小区上墙公示。其次，邀请县有线电视台对改造工程前期楼栋整体情况、施工步骤、改造完成后效果进行跟踪报道，建设行政主管部门每周组织召开一次由质监、墙改、供热、设计、监理人员组成的榆中县"节能暖房"工程例会，对改造施工过程中遇到的难点问题及时研究解决，确保工程进度和质量。

榆中县在供热计量及节能改造实施过程中，为提高广大群众对"节能暖房"工程的认识，调动公众参与的积极性，充分利用报纸、广播、电视等媒体，开辟宣传专栏，邀请计量缴费试点受益用户"现身说热"，提高广大群众对节能改造及实行计量收费的认识和积极性，打好群众参与基础；利用法制宣传日（周）和大型节会，制作宣传手册、改造范例图版等多种方式，广泛宣传相关政策措施；召开住户座谈会、现场答疑，详细讲解项目实施后达到的效果。通过公众的大力支持及积极参与，形成了良好的舆论氛围，使节能改造及实行计量收费工作持续稳定深入推进，如图 7-14 所示。

图 7-14　榆中县"节能暖房"工程宣传栏

6. 改造效果

（1）节能减排效益

榆中县实施"节能暖房"工程及供热计量收费后，用户的节能意识显著增强。近几年统计数据显示，经过节能改造后，既有建筑平均能耗下降31%～39%，每个供暖季可节约燃煤 2.8 万 t，减少二氧化碳排放量 7.4 万 t，一定程度上降低了碳排放量，减轻了大气污染，改善了空气质量，促进了蓝天工程建设。

（2）经济效益

据统计，榆中县"节能暖房"工程改造后实行供热计量收费，按计量缴费用户供暖期平均热费支出减少约 26％，受益面达 93.7％，而且在相同供热参数下，用户室内温度普遍提高 3～5℃，室内舒适度大幅提升。老百姓称赞节能工程为"旧房变新房、冷房变成暖房"。另外，节能改造后，供热企业在锅炉房设施不增容的情况下，增加供热面积 40％左右，既节省基础设施建设资金，又扩大了供热面积，是"节能暖房"工程真正的受益者。

（3）社会效益

榆中县"节能暖房"工程实施后，不仅缓解了供需矛盾，供热质量明显改善，实现了供热区域远端和垂直单管系统层间（近热远冷、上热下冷）的供热平衡，避免了少数住户因欠费致使整栋楼停暖的现象，维护了多数缴费用户的利益，调动了百姓参与节能改造的积极性，并在项目实施期间创造就业岗位约 1500 个。据统计，近年来榆中县累计接待北方采暖地区考察调研团（组）46 个，共计 1054 人次，为甘肃省乃至北方采暖地区范围内建筑节能改造项目的推广及实施起到示范带动效应。2017 年 1 月，榆中县"节能暖房"工程获得住房城乡建设部颁发的"中国人居环境范例奖"，如图 7-15 所示。

图 7-15　榆中县"节能暖房"工程荣获"中国人居环境范例奖"

7.4　公共建筑节能改造

7.4.1　重庆市

1. 基本概况

重庆市于 2012 年建成国家机关办公建筑和大型公共建筑能耗监测平台，累计对 400 余栋公共建筑能耗进行了在线实时监测，全面摸清了重庆市各类公共建筑的能耗水平，如图 7-16、图 7-17 所示。

重庆市先后被列为首批和第二批国家公共建筑节能改造重点城市，按要求应分别完成不少于 400 万 m² 和 350 万 m² 的公共建筑节能改造示范项目。自 2011 年来，重庆市采用合同能源管理模式大力推动公共建筑节能改造示范，于 2016 年改造完成首批 99 个、408

万 m² 国家公共建筑节能改造重点城市示范项目并通过国家验收，经第三方节能量核定机构审核，这些示范项目整体节能率在 21.52% 以上。

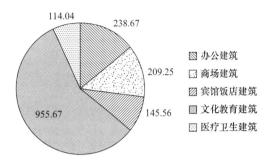

图 7-16　各类公共建筑建筑面积
分布情况（单位：万 m²）

2. 主要工作做法及成效

重庆市通过推动既有公共建筑改造重点城市建设，探索建立了由市城乡建委与市财政局负责监督管理、项目业主单位具体组织、节能服务公司负责实施、第三方机构承担改造效果核定和金融机构提供融资支持的既有公共建筑节能改造新模式，并在公共建筑节能改造市场机制建立、管理体系建设、技术路线研究、激励措施制定和节能服务产业发展等方面取得了初步成效，为推动公共建筑节能改造走市场化发展道路进行了有益探索。主要工作做法如下：

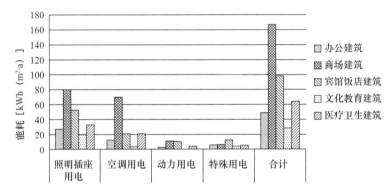

图 7-17　各类公共建筑改造前能耗水平状况对比图

（1）科学实施引导，着力培育公共建筑节能改造市场要素。一是实施政府引导。由市城乡建委牵头，会同市财政局、市机关事务管理局、市卫生局和市旅游局等相关行业主管部门建立形成了公共建筑节能改造工作协调机制，并积极调动区县城乡建设主管部门和节能服务公司的主观能动性，统筹协调解决公共建筑节能改造实施过程中的困难和问题。二是实施技术引导。充分发挥全市国家机关办公建筑和大型公共建筑能耗监测平台作用，在对全市各类公共建筑能耗实时监测数据以及节能改造潜力进行系统分析的基础上，明确了全市公共建筑节能改造以空调系统、照明插座系统和能耗监测与节能控制系统等为主，围护结构、动力系统、热水系统、燃气设备和特殊用电节能改造为辅的技术路线。三是实施舆论引导。着力发挥电视、网络、报纸、杂志等媒体的宣传作用，广泛宣传公共建筑节能改造的政策、技术、模式和效果。

（2）创新工作机制，充分激发公共建筑节能改造市场活力。一是创新改造方式。率先采用了"节能效益分享型"的合同能源管理模式，规模化推动既有公共建筑节能改造。二是创新激励措施。全面落实市级财政 1∶1 配套中央财政补助资金进行补贴的激励政策，并根据改造主体和效果的不同，实施差异化的激励措施。一方面实行补助资金标准与节能率挂钩；另一方面对采用合同能源管理模式的示范项目，按8∶2的比例将补助资金拨付给节能服务公司和项目业主单位。三是创新融资平台。积极推动节能服务公司与银行等金融机构合作，搭建形成了"政府—企业—银行"三位一体的融资平台，重点支持运用合同能源管理模式推动既有公共建筑节能改造。四是创新培育市场主体。建立实施了建设领域节能服务企业备案管理制度，培育发展了近30家专业化的节能服务公司。

（3）强化监督管理，有效保障公共建筑节能改造实施效果。一是强化项目管理。市城乡建委会同市财政局先后发布了《重庆市公共建筑节能改造重点城市示范项目管理暂行办法》（渝建发〔2012〕111号）和《重庆市公共建筑节能改造示范项目和资金管理办法》（渝建发〔2016〕11号），明确了改造示范项目实施流程以及项目申报、方案评审、施工实施、过程监管、工程验收、效果核定、补助资金拨付等流程环节的具体管理要求，并创设了涵盖四阶段的全过程质量控制制度。二是强化行业管理。指导重庆市建筑节能协会成立了既有建筑节能改造和服务分会，切实加强全市建设领域节能服务公司市场行为自律和管理，着力搭建既有建筑节能改造技术交流、推广和共享平台。

（4）突出能力建设，着力完善公共建筑节能改造支撑体系。一是组织制定发布了重庆市《公共建筑节能改造应用技术规程》，作为指导全市公共建筑节能改造示范项目节能诊断、方案设计、施工管理和竣工验收的主要技术依据。二是制定发布了《重庆市公共建筑节能改造示范项目审查要点》，统一示范项目的审查原则、审查内容和审查深度，保障示范项目改造技术方案的编写质量。三是制定了《重庆市公共建筑节能改造技术及产品性能规定》，对全市公共建筑节能改造项目采用的主要技术措施及产品的技术性能做出了明确规定，防止伪劣产品用于示范项目，保障改造示范项目实施质量。四是在全国率先编制了《公共建筑节能改造节能量核定办法》和《公共建筑节能改造节能量核定指南》，作为全市公共建筑节能改造示范项目节能效果核定的主要依据。五是组织编制并广泛推广了《公共建筑节能改造项目合同能源管理标准合同文本》，切实规范节能服务公司与项目业主单位间的市场行为。

3. 主要改造技术措施

经对重庆市已改造完成及正启动的项目进行统计分析，重庆市公共建筑节能改造项目主要对照明系统、空调系统、动力系统、供配电系统、特殊用能系统、围护结构、可再生能源、水系统等进行了节能改造，并要求改造项目全部同步安装了能耗计量监测装置并接入能耗监测平台，具体技术措施如表7-9所示。

重庆市各类公共建筑节能常用改造技术　　　　　　　　　　表7-9

类型	照明插座系统	空调系统	动力系统	供配电系统	特殊用能系统	围护结构	可再生能源	水系统
办公建筑	更换LED光源；加装红外感应开关；更换节能插座	更换水泵；水泵变频；调整主机温度；分体式空调更换或加控制装置	电梯加装电能回馈装置	三相平衡器	更换厨房燃气灶芯；吸油烟机变频改造；更换高效节能热水器	加装外窗；外窗贴膜	—	更换节水龙头

172

类型	照明插座系统	空调系统	动力系统	供配电系统	特殊用能系统	围护结构	可再生能源	水系统
商场建筑	更换 LED 光源；更换节能插座	更换水泵；水泵变频；调整主机温度；全新风改造；更换电动阀；水系统清洗	电梯加装电能回馈装置；扶梯加装变频控制器	—	—	—	—	更换节水龙头
学校建筑	更换 LED 光源；加装红外感应开关；更换节能插座	更换水泵；水泵变频；调整主机温度；水系统清洗	电梯加装电能回馈装置	三相平衡器	更换厨房燃气灶芯；吸油烟机变频改造	加装外窗；外窗贴膜	屋顶安装光伏发电系统并接入电网	更换节水龙头
医院建筑	更换 LED 光源；加装红外感应开关；更换节能插座	更换水泵；水泵变频；调整主机温度；锅炉烟气回收	电梯加装电能回馈装置	—	更换厨房燃气灶芯；吸油烟机变频改造；更换高效节能热水器	外窗贴膜	安装空气源热泵	更换节水龙头
酒店建筑	更换 LED 光源；更换节能插座	更换水泵；水泵变频；调整主机温度；锅炉烟气回收	电梯加装电能回馈装置	三相平衡器	更换厨房燃气灶芯；吸油烟机变频改造	外窗贴膜	安装空气源热泵	更换节水龙头

4. 实施成效

（1）节能减排效益

经对截至 2016 年年底已改造完成的 123 个节能改造示范项目进行分析，94% 的节能改造示范项目的节能率超过 20%，节能效益十分显著。示范项目数量、面积和分项节能率如图 7-18、图 7-19 所示。

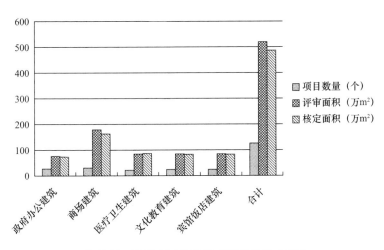

图 7-18　重庆市已改造完成项目的基本情况

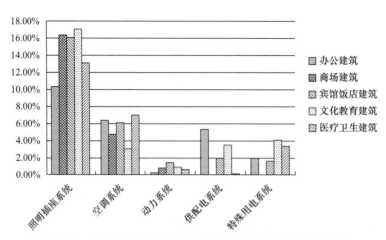

图 7-19　重庆市已改造完成项目的节能率及分项节能率情况

（2）经济效益

从已改造完成项目的统计分析情况来看，重庆市各类型公共建筑节能改造项目的平均投入成本和回收期如图 7-20、图 7-21 所示。

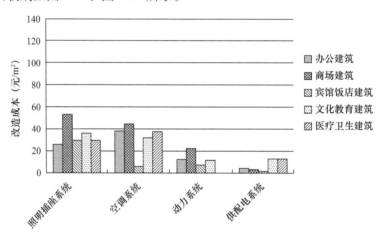

图 7-20　重庆市各类型公共建筑改造成本对比图

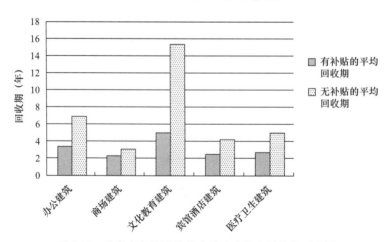

图 7-21　重庆市各类型公共建筑改造静态回收期对比图

174

7.4.2　深圳市

1. 基本概况

根据深圳市建筑节能与绿色建筑基本情况统计，截至 2016 年，在全市各类建筑中，公共建筑面积 15827 万 m²，其中面积超过 2 万的大型公共建筑约 1400 栋，建筑面积 10437 万 m²，约占公共建筑面积的 60%。

2. 工作进展

全市以机关办公建筑、医疗卫生建筑、商城建筑和宾馆酒店为重点，积极推进公共建筑节能改造重点城市建设工作，完成了 167 个项目、涉及 821 万 m² 公共建筑节能改造示范项目，改造内容主要为照明系统改造、中央空调改造，为最大限度控制建筑用能，部分项目亦实施了运行管理节能手段。

另外，167 个项目中，申报项目的改造投资方式大多采用合同能源管理 EMC 模式，EMC 模式中分为节能效益分享型和节能量保证型。申报项目采用的改造投资方式和投资额分布情况如图 7-22 所示。

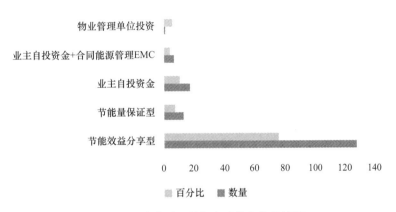

图 7-22　改造项目投资方式分布数量情况

由图 7-22 可知，167 个改造项目中，采用节能效益分享型改造投资方式的项目最多，共有 128 个，占总项目数量的 76.6%；业主自投资金的改造项目次之，共有 18 个，占总项目数量的 10.8%；节能量保证型的改造项目 13 个，占总项目数量的 7.8%；业主自投资金＋合同能源管理 EMC 模式、物业管理单位投资方式分别为 7 个、1 个，分别占项目总量的 4.2%、0.6%。

3. 实施方式

(1) 加强统筹协调，创立规范的公共建筑节能改造体制机制

一是建立协调机制。市政府通过建筑节能和绿色建筑联席会议，确立了市住房建设局牵头组织，各区政府、市财政委、机关事务管理局、市文体旅游局等相关行业主管部门协同推进的工作机制，共同推动节能改造工作；协调解决公共建筑节能改造实施过程中的困难和问题，为节能工作的推进和后续发展奠定坚实的组织基础。二是注重政策引领。建章立制，坚持政策先行，先后出台了《深圳市公共建筑节能改造重点城市建设工作方案》、《实施〈深圳市公共建筑节能改造重点城市建设工作方案〉指引》、《深圳市公共建筑节能

改造重点城市建设专项经费管理工作规程》等系列文件。三是创新考核机制。在公共建筑节能改造重点城市申报阶段，深圳市创新提出以"折算面积"作为考核公共建筑节能改造工作指标，促使更多的公共建筑业主和物业管理公司结合自身用能特点，充分挖掘节能潜力，实施综合技术改造或者单项技术改造。

（2）多措并举，激发公共建筑节能改造市场活力

一是加大激励力度。全面落实市级财政1.5：1配套中央财政、共同形成补助资金的激励政策，并根据改造效果不同实施差异化的激励措施。对单位建筑面积能耗下降20%（含）以上的项目，按42元/m²进行补助，对单位建筑面积能耗下降10%（含）～20%的项目，按折算后面积进行补助。二是创新改造模式。根据改造项目情况，灵活采用"节能效益分享型"、"节能效益保证型"和"项目托管型"等多种合同能源管理模式实施，这样既降低了改造项目风险、确保改造实施质量和节能效果，同时也调动了节能服务企业和建筑业主的积极性，增强双方改造意愿。三是实施舆论引导。重点发挥报纸、杂志、互联网等媒体的宣传作用，通过组织节能改造技术专题交流会、成果展示会、工程案例现场观摩活动等方式，广泛宣传公共建筑节能改造政策、技术、模式和效果，扩大重点城市影响力，营造健康良好的市场环境。四是积极培育市场主体。经过多年的市场培育，深圳市已有155家备案的专业化节能服务公司，在建筑节能服务和建筑智能化等方面，已处于行业领先地位，其影响力辐射全国。

（3）加强能力建设，完善公共建筑节能改造技术支撑体系

一是制定发布了《公共建筑节能改造设计与实施方案范本》，指导节能服务企业有效地开展能耗分析、节能诊断、方案设计、施工管理等各项工作。二是制定发布了深圳市《公共建筑节能改造设计与实施方案审查要点》，统一项目改造方案的审查原则和审查要点，确保方案编写的广度和深度达到可审核、可实施的要求，从而保障方案编写质量。三是组织编制并推广《公共建筑节能改造项目合同能源管理合同范本》，切实规范项目业主单位与节能服务企业的行为，为公共建筑节能服务市场营造健康有序的良好环境。四是制定发布了《深圳市公共建筑节能改造能效测评技术导则》，用于指导、规范能效测评机构开展能效测评工作，科学评价节能改造效果。五是开展课题研究，形成"能源托管型合同能源管理模式推广路径的研究"及"建筑节能改造能效测评方法的优化研究"等成果。六是加强信息化建设。组织开发"深圳市公共建筑节能改造重点城市建设项目管理系统"，通过系统完成项目申报、方案审查、能效测评、项目验收和专项经费补助申请等各项工作，提升工作质量和效率。

（4）强化项目监管，保障公共建筑节能改造实施质量

一是实行能效测评"三步走"。通过招标确定了深圳市建筑科学研究院股份有限公司作为第三方节能量测评机构，建立了严格的节能量核定机制，实施能效测评预评估、中期测评和后评估三阶段测评规则。二是强化项目管理。深圳市印发了《实施〈深圳市公共建筑节能改造重点城市建设工作方案〉指引》，明确了改造项目申报、方案评审、过程监管、工程验收、效果核定等实施流程的具体管理要求，建立了全过程质量监管机制。

4. 实施成效

申报改造项目的主要改造技术措施包括照明系统、空调系统、围护结构、热水系统改造等。各改造技术措施的节能效果采用分项节能率进行评价，分项节能率是指各项节能措

施实施后的节能量与基准年建筑能耗的比值，即相对于总建筑能耗的节能率。各改造技术措施的平均分项节能率如图 7-23 所示。

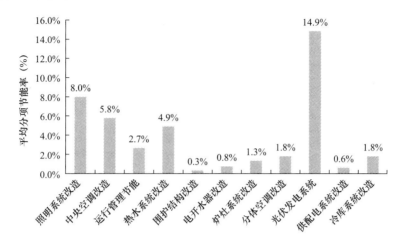

图 7-23　各改造技术措施的平均分项节能率分布情况

可见，光伏发电系统系统改造项目分项节能率为 14.9%，在改造措施中节能率最高，其主要原因是申报项目中仅有两个项目采用了光伏发电系统改造，其中一个项目为 10MW 光伏电站，其规模化的发电效果明显，此处的光伏发电节能改造措施的节能率仅为两个项目的平均值，属于个案，不代表普遍现象。

除光伏发电系统改造以外，照明系统改造、中央空调系统改造可实现的平均分项节能率分别为 8.0%，5.8%。根据目前建筑用能和改造效果情况看，进行照明系统节能改造的申报项目较多，相应的节能效果也较大。

第8章 城市适应气候变化

气候变化是环境问题，也是国际政治中的热点问题，但归根到底是发展问题。应对气候变化是当前以及今后很长时期内全人类共同面临的巨大挑战，而应对气候变化转型发展也是人类社会的一次重大创新机遇。"减缓"和"适应"作为应对气候变化的两大对策，相辅相成，缺一不可。减缓是通过提高能源效率和使用可再生能源，减少导致气候变化的温室气体排放；而适应是通过调整自然系统和人类系统以应对实际发生的或预估的气候变化和影响，其本质是行为调整，核心是趋利避害。

为推进城市适应气候变化行动，落实《国家适应气候变化战略》的要求，2016年2月，国家发展和改革委、住房和城乡建设部共同印发了《城市适应气候变化行动方案》，明确了开展城市适应气候变化行动的指导思想和基本原则，提出了目标愿景、重点任务和保障措施，第一次提出了"气候适应型城市"一词。2017年2月，国家发展和改革委、住房和城乡建设部发布《关于印发气候适应型城市建设试点工作的通知》，同意将内蒙古自治区呼和浩特市等28个地区作为气候适应型城市建设试点。但总体来看，我国适应气候变化问题尚未纳入我国城市规划建设发展重要议事日程，仍存在认识不够、基础不实、体制机制不完善等问题，适应意识和能力亟待加强。

城市在国民经济和社会发展中占有主体地位，但同时也是资源能源消耗的重点领域和受气候变化影响的高风险区。据专家估算，世界城市以占全球2％的表面积容纳了全球约50％的人口，占有全球85％的资源与能源消耗。气候变化和极端气候事件导致城市供暖需求不稳定和空调使用期延长增加建筑能耗、水资源供需矛盾加剧、内涝风险加大、降低建筑安全性和耐久性、生命线系统运行成本提高和风险加大、建设作业风险加大、生态环境问题突显，造成的灾害损失和影响巨大且具有明显连锁和放大效应，严重影响城市运行和人民财产生命安全。适应气候变化是城市生态文明建设和绿色发展的客观需要和内在要求。

8.1 全球适应气候变化的发展历程

8.1.1 政府间气候变化专门委员会报告

政府间气候变化专门委员会（IPCC）发布了气候变化评估报告，其中第二工作组发布的《影响、脆弱性与适应》分报告是反映国际社会适应气候变化研究的典型代表。从历次报告的进程看，1990年发布的第一次评估报告，首先将适应作为与减缓并列的应对气候变化措施而提出；1996年发布的第二次评估报告将适应分为"自主适应"和"计划适应"两类，此时适应决策的理论基础主要是基于系统"自适应性"的科学认知；第三次评估报告进一步将适应的系统分为人类系统和自然系统，人类系统又分为公共部门和私营部门，将适应措施分为"响应性"和"预见性"，适应决策的理论基础为"关注的理由"，包括关注独特的和受到威胁的系统，关注全球总体影响的分布，以及关注极端天气事件和大范围的异常事件；第四次评估报告赋予了适应更多的内涵，包括与减缓的协同、发展道路的选择等，适应决策的理论基础为关键脆弱性；在第五次评估报告中，适应决策的理论基础转变为"风险"，适应的方式也分为减少脆弱与暴露程度、渐进适应、转型适应与整体转型。

2014 年发表的 IPCC 第五次评估报告第二工作组报告指出，适应是自然和人类系统对于实际或预测的气候和影响所作出的调整过程。对于人类系统，适应是寻求减轻或避免气候变化所产生的危害或开发气候变化所带来的有利机遇。对于一些自然系统，适应通过人类干预措施诱导自然系统朝向预期发生的气候和影响进行调整。IPCC 上述定义的核心是趋利避害，即在努力减轻气候变化不利影响的同时，充分利用气候变化所带来的某些机遇。关键词是调整。虽然适应气候变化几乎与所有人类活动都有关，但只有针对气候变化的影响，对自然系统和人类系统做出的调整才属于适应。

IPCC 第五次评估报告总结了过去几年在适应工作中的进展：一是提出了适应气候变化以减少脆弱性和暴露度及增加气候恢复能力的有效适应原则；二是提出了适应极限的概念，明确了在适应气候变化中的意义；三是适应气候变化的研究视角从自然生态脆弱性转向更广泛的社会经济脆弱性及人类的响应能力；四是提出了保障社会可持续发展的气候恢复能力路径，注重适应和减缓的协同作用和综合效应，指出转型适应是应对气候变化影响、突破适应极限的必要选择。

8.1.2 国际气候适应型城市的发展历程

面临日益严峻的环境和气候危机，1992 年联合国环境与发展大会在巴西里约热内卢召开，会议上通过了《联合国气候变化框架公约》，各国政府承诺将阻止"危险性气候变化"，等于是在全世界范围确定了应对气候变化的"宪法"。从此，世界各国开始了应对气候变化的政治谈判和博弈，如图 8-1 所示。

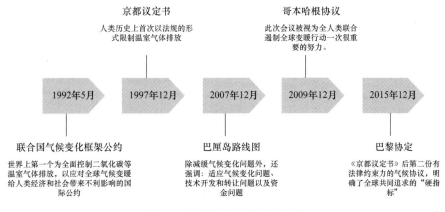

图 8-1　国际气候变化重要事件

（1）联合国气候变化框架公约

《联合国气候变化框架公约》（以下简称《公约》）是 1992 年 5 月 22 日联合国政府间谈判委员会就气候变化问题达成的公约，于 1992 年 6 月 4 日在巴西里约热内卢举行的联合国环发大会上通过。《公约》是世界上第一个为全面控制二氧化碳等温室气体排放，以应对全球气候变暖给人类经济和社会带来不利影响的国际公约，也是国际社会在对付全球气候变化问题上进行国际合作的一个基本框架，于 1994 正式生效。《公约》要求：发达国家作为温室气体的排放大户，采取具体措施限制温室气体的排放，并向发展中国家提供资金以支付他们履行公约义务所需的费用。而发展中国家只承担提供温室气体源与温室气体汇的国家清单的义务，制订并执行含有关于温室气体源与汇方面措施的方案，不承担有法律约束力的限控义务。《公约》建立了一个向发展中国家提供资金和技术，使其能够履行公约义务的资金机制。

（2）巴厘岛路线图

2007 年 12 月 15 日，联合国气候变化大会通过名为"巴厘岛路线图"的决议。目的在于针对气候变化全球变暖而寻求国际共同解决措施。除减缓气候变化问题外，还强调了另外三个在以前国际谈判中曾不同程度受到忽视的问题：适应气候变化问题、技术开发和转让问题以及资金问题。

在应对气候变化问题上，国际社会长期以来对减缓气候变化高度关注，减排温室气体是气候变化谈判的主旋律；但适应气候变化战略没得到应有的重视，更缺乏具体行动计划和时间表。

2002 年气候变化公约第八次缔约方会议通过的《德里宣言》，强调应在可持续发展的框架下应对气候变化的原则，强调要重视气候变化的影响和适应问题，需采取适当的适应气候变化的行动。2004 年第十次缔约方会议通过了《气候变化适应和相应措施的布宜诺斯艾利斯工作计划》，把适应气候变化问题提到前所未有的高度。2007 年《联合国气候变化框架公约》第十三次大会通过的"巴厘行动计划"，将适应气候变化与减缓气候变化置于同等重要位置。

（3）哥本哈根世界气候大会

此次会议被视为全人类联合遏制全球变暖行动一次很重要的努力。会议达成不具法律约束力的《哥本哈根协议》。具体内容为：全球气温升幅应限制在 2℃ 以内；全球温室气体排放量应尽快封顶，但未定下年限。各国在 2010 年 2 月 1 日前，向联合国提出 2020 年减排目标。所有新兴经济体必须自我监察减排进度，并每两年向联合国汇报。发达国家将从 2020 年起向发展中国家及小岛国等提供 1000 亿美元援助。未来 3 年内发达国将提供 300 亿美元，其中欧盟、日本及美国将联合出资 252 亿美元提供足够资金，限制森林砍伐。

（4）巴黎协定

《巴黎协定》是 2015 年 12 月 12 日在巴黎气候变化大会上通过、2016 年 4 月 22 日在纽约签署的气候变化协定。

《联合国气候变化框架公约》近 200 个缔约方在巴黎气候变化大会上达成《巴黎协定》。这是继《京都议定书》后第二份有法律约束力的气候协议，为 2020 年后全球应对气候变化行动作出了安排。《巴黎协定》共 29 条，当中包括目标、减缓、适应、损失损害、资金、技术、能力建设、透明度、全球盘点等内容。

美国、欧盟、英国、德国等已确立国家适应气候变化目标、行动和计划，建立健全协调机制，出台适应气候变化规划，提供公共财政资金保障，积极开展城市适应气候变化工作。毛里塔尼亚、尼泊尔和塞舌尔等发展中国家也在积极开展适应气候变化规划和能力建设等方面工作。目前，我国在适应气候变化领域工作也取得了一定的进展，改进了之前认识不清、目标不明，重减缓、轻适应等问题，城市适应气候变化工作方向愈发清晰，工作进展更加稳步推进。

8.2 国际适应气候变化政策与实践

8.2.1 政策机制

发达国家在面对气候变化时普遍积极行动，在政策工具创新和政策模式选择方面，联合采用了"自上而下"和"自下而上"两种方式，既重视城市管理者的政策驱动，也重视各利益相关者的投入和驱动，如表 8-1 所示。

部分发达国家适应气候变化政策措施一览表　　　　表 8-1

国别	立法	战略/规则	气候变化影响检测与风险评估	协调机制	资金	提高适应能力的措施	技术	国际合作
美国	—	《联邦部门制定适应气候变化规则的实施指南》、《气候变化适应规则》	所有联邦部门评估气候变化风险和脆弱性，研究对策	—	2011 年要求 6.46 亿美元用于适应、清洁能源、可持续景观项目	《调整联邦气候研究适应气候变化挑战》	灾害辅助支撑项目（DASP）——技术培训	2010 年与气候有关的国外援助资金增至 10 亿美元。CSRD; SEVIR（技术支持）
加拿大	—	《国家应对全球变暖行动战略》、《加拿大气候变化规划》、《联邦适应政策框架》	气候变化检测计划	适应行动的合作机制；国家适应平台；气候变化适应实践联盟和地区合作	气候和大气科学基金投资适应方案，国内气候变化适应基金	气候变化信息；国家适应平台；	建筑标准适应气候变化；提升交通韧性技术	捐助资金支持的发展中国家超过 60 个；约 1/3 的财政支持气候变化脆弱国家的适应行动
澳大利亚	南澳大利亚州立法——《国家温室气体与能源报告法》	国家气候变化适应框架；悉尼都会区规划——悉尼规划	沿海脆弱性评估；国家级评估报告等	气候变化特别委员会，跨辖区工作组	政府投资 450 万美元于 13 个适应项目	优化适应领域：水资源海岸、基础设施等	—	—

国别	立法	战略/规则	气候变化影响检测与风险评估	协调机制	资金	提高适应能力的措施	技术	国际合作
新加坡	—	适应计划	—	气候变化跨部门委员会；气候韧性工作组	—	两大气候行动计划	韧性框架；新加坡气候研究中心	通过开展双边合作项目为其他国家提供项目培训
欧盟	—	《欧盟气候变化适应战略》	欧盟半年期评估机制；适应年度报告	CLIMATE-adapt交流信息平台	财政支持2008~2012年超过40亿美元	适应督查组咨询；临时在线公开咨询等	CIRCLE-2建立INFO-BASE	帮助LDCs用于适应项目的资金超过2.59亿美元
德国	在相关立法中纳入气候变化适应	《德国适应气候变化战略》、《适应行动计划》	2015年进度报告《气候变化适应战略的进展报告》；建立了德国气候变化适应委员会	"德国康帕斯气候影响和适应"行动；建立了德国气候变化适应委员会	气候保护高技术战略森林气候基金	Rhine-land-Pal-atinat气候保护项目；基于生态系统的适应措施	—	为发展中国家设立适应气候变化的财政支持；基金支持下开展国际合作；多边合作基金；IKI2008
法国	—	《国家适应气候变化战略》、《国家适应气候变化行动规划（2011-2015）》	法国国家适应计划评估报告	气候变化影响和适应途径部际小组；地方制定《气候和能源规划》相关规则	由财政资金支持的气候变化影响与管理基金（GICC）	2001年政府开始在气候变化适应领域有所行动	适应研究主要集中在农业与林业等领域	给予毛里求斯水坝建设的贷款
英国	《气候变换法》、《2008能源法案》	颁布气候变化国家战略、《英格兰适应气候变化：行动框架》、《国家适应规划》	气候变化委员会适应分委员会每年发布发展报告	专门成立气候变化委员会	公共财政资金应对极端气候事件，适应性支出逐年增加	提高公共认知，发放适应气候变化指南等	—	气候变化方面每年向发展中国家援助45亿美元

2013年4月，欧盟发布了《欧盟适应气候变化战略》，确立了鼓励成员国采取全面的适应战略、提供资金支持、能力建设和适应行动。同时，该战略还提出了建立成员国协调框架、加强气候变化适应的资金支持、适应政策的监控和评估等工作机制。除了这些综合政策，欧盟还将气候变化纳入重要行业和领域的政策中。在成员国层面上，截至2012年，已有英国、德国、法国等15个国家制定了气候变化适应战略，14个国家制定了行动方案，部署本国适应气候变化的政策和行动。

英国是欧盟国家中积极应对气候变化的先行者，2008年颁布了《气候变化法》，成为世界上首个专门针对减缓和适应气候变化立法的国家。该法要求组建气候变化委员会及适应分委员会，为政府提供减缓和适应气候变化的建议，并向议会报告进展。该法还要求国务大臣至少每5年一次向议会报告气候变化影响及其适应规划，同时也赋予国务大臣要求相关部门和机构汇报气候变化对该部门的影响及其适应政策和进展的权力。《气候变化法》颁布的同年，英国发布了《英格兰适应气候变化：行动框架》，其后苏格兰和威尔士政府相继发布了气候变化适应框架或战略。2013 年 7 月，英国发布了《国家适应规划》，部署了建筑环境、基础设施、健康的适应型社区、农业和林业、自然环境、商业、地方政府等领域适应气候变化的具体目标、行动方案、责任部门和进度安排。针对能源系统，英国于 2008 年通过了《2008 年能源法案》，规定加强监管，允许私营投资以保证天然气供给基础设施建设，从而保障英国能源供给安全；规定允许部长建立针对可再生供热生产的财政支持项目，以鼓励可再生能源发展，从而加强能源供给的结构性调整等。这些举措都是英国在能源系统方面适应气候变化做出的探索。

德国于 2008 年制定了《适应气候变化战略》，分析了气候变化对人体健康、建筑业、水资源及海岸和海洋保护、土壤、生物多样性、农业、林业、渔业、能源行业、金融业、交通及其基础设施、工商业、旅游业等领域的影响和可能的适应行动。2011 年，德国出台了《适应气候变化战略的行动规划》，确定了扩大知识基础、促进信息共享和交流，建立联邦政府适应框架和工作机制，推动联邦政府直接负责的行动，开展国际合作和援助发展中国家等 4 项核心任务。在制定国家战略和行动规划的过程中，联邦政府与各州密切合作，目前大多数州也制定了相应的气候变化适应战略和计划。对于关键领域和部门，德国通过在相关立法中纳入气候变化适应来提高其应对能力，例如：《空间规划法》、《建设法》、《水资源法》等已经把考虑气候变化减缓和适应列为其相应工作的原则。

2006 年，法国发布了《国家适应气候变化战略》，确定了适应气候变化的原则、目标和战略方向，并提出了农业、能源和工业、交通、建筑业、旅游业、银行和保险业、水资源、灾害预防、健康、生物多样性、城镇、沿海和海洋、山区、林区等重要部门、领域和区域的适应对策建议。2011 年，法国出台了《国家适应气候变化行动规划（2011-2015）》，该规划包含健康、水资源、生物多样性、自然灾害、农业、林业、渔业和养殖业、交通基础设施、城市规划和建筑环境等 20 个领域的 84 项行动和 230 条具体措施。

澳大利亚在适应气候变化方面的主要做法是加强对气候变化影响的风险管理，通过指导各级政府、企业开展风险评估，鼓励他们采取适应气候变化的措施。2001 年，澳大利亚发布了《澳大利亚气候变化预测》，预测了澳大利亚各地区的气候变化趋势；2003 年，根据 IPCC 第三次报告及本国现状，澳大利亚发布了《气候变化：澳大利亚科学和潜在影响指南》，提出应根据风险管理框架并结合其他相关因素对气候变化进行整体评估；2006 年发布的《适应于风险管理指南之初始风险评估的气候变化情景》和随后发布的《气候变化影响和风险管理：企业和政府指南》，指导政府和企业按照气候变化风险管理过程规定的"确定背景—识别风险—分析风险—评价风险—处理风险"五个步骤，把气候变化的影响纳入风险管理和其他战略规划中；2007 年，澳大利亚出台了《地方政府气候变化适应行动》，对地方政府的各项职能进行了细化，逐项列出气候变化的潜在后果以及对应的适应方案，并定性评估了相应的经济、社会和环境效益及潜在成本。针对地方政府的基础设施建设和房地产服务职能，从高温、强降水、极端恶劣气候等方面列出了相应的适应行动、效益及成本；2010 年出台的悉尼都会区规划 2036 和悉尼规划，将电力设施适应气候变化纳入到规划当中❶。

---

❶ 任洪波.地方政府处在应对气候变化的最前线——澳大利亚《地方政府气候变化适应行动》述评［J］.全球科技经济瞭望，2009，24（03）：21-25.

8.2.2 重点行动

针对近年来全球不同气候区产生的严重气象灾害，不同国家城市先后出台了具有针对性的规划与战略，如表 8-2 所示。

部分国际城市适应气候变化典型行动方案一览 表 8-2

城市	适应规划名称	发布时间	主要气候风险	目标及重点领域	投资（美元）	总人口（人）
美国纽约	《一个更强大，更有韧性的纽约》（A Stronger, More Resilient New York）	2013 年 6 月	洪水、风暴潮	修复桑迪飓风影响，改造社区住宅、医院、电力、道路、供排水等基础设施，改进沿海防洪设施等	195 亿	820 万
英国伦敦	《管理风险和增强韧性》（Managing Risks and Increasing Resilience）	2011 年 10 月	持续洪水、干旱和极端高温	管理洪水风险、增加公园和绿化，到 2015 年 100 万户居民家庭的水和能源设施更新改造	23 亿（伦敦洪水风险管理计划）	810 万
美国芝加哥	《芝加哥气候行动计划》（Chicago Climate Action Plan）	2008 年 9 月	酷热夏天、浓雾、洪水和暴雨	目标：人居环境和谐的大城市典范；特色：用以滞纳雨水的绿色建筑、洪水管理、植树和绿色屋顶项目	—	270 万
荷兰鹿特丹	《鹿特丹气候防护计划》（Rotterdam Climate Proof）	2008 年 12 月	洪水，海平面上升	目标：到 2025 年对气候变化影响具有充分的恢复力，建成世界最安全的港口城市；重点领域：洪水管理，船舶和乘客的可达性，适应性建筑，城市水系统，城市生活质量。特色：应对海平面上升的浮动式防洪闸、浮动房屋等	4 千万	130 万
	《鹿特丹气候变化适应战略》	2013 年	海平面上升、强降雨、长期干旱和高温	适应战略在识别城市气候风险的基础上，针对每一项风险提出具体的适应行动，建立城市气候变化适应框架	—	—
厄瓜多尔基多市	《基多气候变化战略》（Quito Climate Change Strategy）	2009 年 10 月	泥石流、洪水、干旱、冰川退缩	重点领域：生态系统和生物多样性，饮用水供给、公共健康、基础设施和电力生产、气候风险管理	3.5 亿	210 万
南非德班市	《适应气候变化规划：面向韧性城市》（Climate Change Adaptation Planning: For A Resilient City）	2010 年 11 月	洪水、海平面上升、海岸带侵蚀等	目标：2020 年建成为非洲最富关怀、最宜居城市；重点领域：水资源、健康和灾害管理	3 千万	370 万

1. 纽约

规划目标：至少实现 30％的温室气体减排目标

规划预期结果：每年减排 CO_2 3360 万 t，并且通过在纽约为 90 万人提供住房来实现额外 1560 万 t 的减排。具体措施体现在四个方面：

（1）避免城区的无序扩张。至 2030 年，通过吸引 90 万新居民实现减排 1560 万 t；

（2）清洁能源。通过改善纽约市的电力供给实现减排 1060 万 t；

（3）高效节能建筑。通过减少建筑能耗实现减排 1640 万 t；

（4）可持续性交通运输。通过加强纽约市的交通运输系统实现减排 610 万 t；

在适应气候变化的规划方面，考虑到在过去的 10 年间，世界范围内有超过 2560 亿 t 的二氧化碳已经被释放到大气中，它们的影响将在未来几十年内爆发，因此在努力阻止全球变暖的同时，也必须准备好应对那些不可避免的改变。

相关举措为：

（1）创建政府间工作小组来保护城市的重要基础设施

2004 年，纽约城市环境保护局发起了一个气候变化专题小组研究气候变化对水利设施的潜在影响。与来自美国航天局戈达德太空研究所、哥伦比亚大学气候系统研究中心和其他机构的科学家合作工作，环境保护局所制定的全球和区域气候模型已被用于局里的战略和资产规划。

（2）与弱势社区合作来开发针对性的区域性战略

纽约市已经与哥伦比亚大学、UPROSE 和日落公园社区设计一个标准化流程，来鼓励滨海社区参与有关适应气候变化的讨论。继续与社区合作，让他们了解气候变化和可能的解决方案，并设法了解他们的考虑重点。

确保所有的新规划考虑到气候变化的影响，并制定战略以应对每个社区的特色，包括建筑类型、滨海的进出和使用，以及现有社区规划的工作。

（3）启动覆盖全市的战略规划来适应气候变化

制定综合全面的适应气候变化政策、创建战略规划过程适应气候变化影响、记录洪泛区管理战略，为纽约市民提供更优惠的洪水保险、修建建筑规范应对气候变化的影响。

2. 伦敦

大伦敦市政府（Greater London Authority，GLA）是英国唯一一个由直选产生的市长进行管理，并通过专门的立法机构设立的政府。2008 年 8 月，GLA 颁布了《伦敦气候变化适应战略——总结报告草案》，确定了应对气候风险的关键事项并接受广泛的社会讨论。在此基础上，2010 年通过了《伦敦气候变化适应战略草案》，2011 年正式发布了《气候变化适应战略——管理风险和增强韧性》。该战略以提高城市应对极端天气事件能力、提高市民的生活质量为主要目标，系统评估了气候变化对伦敦的影响，制定了详细的适应行动。伦敦把适应气候变化行动分为四个层次：预防（prevent）、准备（prepare）、响应（respond）和恢复（recover），简称为"P2R2 框架"。预防行动是适应气候变化的早期行动，通过结构性的调整措施和空间规划来减小风险发生的概率，降低其影响程度，如加强防洪基础设施建设、提高防洪标准等。准备行动指在识别气候变化机遇和风险的基础上，降低社区和个人的脆弱性，增强韧性，如洪水风险评估、早期预警系统、保险机制、提高公众意识等。响应行动是一种应急措施，如干旱期间限制非必需的水的使用，为流离失所的人们提供应急住所等。恢复行动是一种事后措施，通过采取一系列行动，使城市快速、低成本地恢复到正常状态，如基础设施的恢复重建、为受灾居民提供咨询服务等。

3. 鹿特丹

为了应对气候变化挑战，有效利用气候变化为城市发展带来的有利机遇，鹿特丹在2008年通过鹿特丹气候防护计划，旨在将鹿特丹打造成为能够"抵御气候变化"和更适宜人类居住的城市。作为C40气候领导联盟和克林顿气候倡议的成员之一，鹿特丹加快其在气候变化领域的国际国内行动进程。积极参与全球气候治理和国际合作，加入三角洲城市网络，与上海、休斯敦和伦敦等城市密切合作，并在2008年成功举办世界港口城市气候大会。鹿特丹市政府于2013年底发布《鹿特丹气候变化适应战略》，开启了城市适应气候变化行动的序幕。适应战略在识别城市气候风险（海平面上升、强降雨、长期干旱和高温）的基础上，针对每一项风险提出具体的适应行动，建立了城市气候变化适应框架。除了政府的主要作用外，居民、企业、房地产协会、开发商和研究机构等也为城市适应规划的成功制定和实施提供了重要支撑。

鹿特丹充分利用智能工具对城市适应能力提升的促进作用，将一些智能工具运用到城市适应规划中，如传感器技术、决策支持系统和交互式的知识工具等，显著提高了不同利益相关者的气候风险意识。"气候适应晴雨表"是鹿特丹适应规划中用到的一个有效的智能监测工具，它概括了城市适应规划各个阶段的主要工作，包括按序排列的八个步骤。在实际应用中，城市适应气候变化遵循的是一个循环往复的过程，制定适应战略并付诸实施后并不意味着适应过程的结束，由于气候变化的不确定性，城市需要根据气候变化的未来趋势不断地对适应方案进行调整，并对实施后的适应行动进行监测、评估，使适应规划成为一个循环的过程，有助于城市及时跟踪适应行动实施进程，提高适应能力建设。

总体来看，这些城市适应气候变化战略的成功要素主要包括：将政府作为适应气候变化治理的主体，并确立其领导地位；提高各利益相关者的意识，建立跨区域、跨部门的协调机构，实现有效的政策沟通与公众参与；科学制定城市适应气候变化政策体系，并进行持续跟踪和评估；因地制宜地提出符合本地特征的适应行动和措施，适应措施最好能获得可持续发展过程中的多重收益。领导力是城市适应气候变化成功的核心要素，提高决策机构的适应气候变化意识至关重要。对适应气候变化具有深刻认识的领导人，有助于提高适应规划在决策机构中的优先级，同时有助于推动适应行动的落实。为了保证适应行动的开展，及时地跟踪监测非常重要，鹿特丹的适应气候变化晴雨表是非常值得借鉴的分析工具。

此外，欧洲城市在适应气候变化方面针对城市高温、洪水等灾害采取了一系列的具体措施，值得我们借鉴：

1. 针对城市高温：英国曼彻斯特——通过增加绿色基础设施来进行降温

对大曼彻斯特卫星城的地表温度进行模拟，表明地表温度与城市地区植物覆盖率紧密相关。虽然气候变化会导致城市所有区域气温升高，但绿色空间对气候变暖起着重要的缓冲作用。因此，城市绿地的数量对控制温度和气候变化产生的其他影响起到重要作用。

曼彻斯特市议会进行了"城市中心的绿色基础设施计划"的项目。认识到这一影响因素，同时指出城市哪里最需要绿地。它还确定了行动需要采取的具体步骤。在更大的范围内，大曼彻斯特地区目前正在实施绿色基础设施框架，用以解决整个城市绿色空间的需求和缺失问题。

2. 针对洪水——城市和建筑的防洪设计

荷兰的阿姆斯特丹和阿尔梅勒，建立了带有浮动房屋的人工岛屿，自然地适应洪水水位的变化。

瑞典弗兰芒建立了一个新的开放性暴雨管理系统，该系统利用绿色屋顶和开放式渠道将雨水引入收集点，形成一个临时收集雨水的水库。

荷兰鹿特丹，新社区建成的开放式渠道增加了城市的储水和排水能力。该城市所谓的"水广场"即利用地势低洼的公共空间，作为发生极端降水或洪水事件时的临水储水空间。

在维也纳、奥地利等地，污水处理系统本身就提供了储水空间。对该系统进行连续监控，并通过中水控制闸和泵站对污水流动进行干预，来优化长达 2300km 系统的出水空间，并防止降水时的流溢。

奈梅亨和荷兰都在研究将建筑本身作为防洪措施的一部分，提出强适应性的防洪设施，如重新设计停车场、建筑物、住宅或道路结构以保护内地不受洪水侵袭。

哥本哈根正在建设一条新的地铁线路。提高该地铁的入口，以防止洪水涌入地铁轨道。

3. 波兰罗兹的城市河流防洪治理

在工业化和城市化时期，罗兹的大部分城市河流都变成了排水和污水处理的混合系统。可透水土地面积的减少导致罗兹洪灾频发。

河流的生态恢复措施包括建立水库、开发雨水生物过滤系统以及开发更广泛的河谷发展计划。

实践案例证明，将水循环与城市发展联系在一起是十分正确的方法。

4. 针对干旱缺水——西班牙萨拉戈萨市通过提高认识和加强监管提高水资源利用率

自从 20 世纪 90 年代中期出现水资源短缺开始，萨拉戈萨市就开始通过发展以"节水文化"为目标的企业、行业和当地居民来增加供水和管理水资源的需求。

生态与发展基金会（FED）在该市的支持下于 1996 年启动了萨拉戈萨城市节水项目。包括节水宣传活动，50 个节水项目示范、市民和企业的自愿公开承诺。在考虑居民能够负担水费的基础上修订水价。该项目最终使得家庭水资源消耗至少降低了 10%。

节水项目成功的背后包括以下因素："节水文化"的积极推广、联合各利益相关者的方法以及民众过得广发参与。建立一个协调机构、直接与各利益相关者合作、案例和政治承诺的引导是该项目成功的关键因素。

5. 德国——能源基础设施调整以适应气候变化

21 世纪以前，德国的能源生产分布较为集中，大型发电企业主要位于人口较为密集的南部和西部。随着对电能需求的日益增长，德国发电厂的选址逐渐向北部、东部扩散，趋于分散化，电网线路的增长使得暴露在地面上的配电设施在极端天气下极易受到损害。对于常规能源，气候变化带来的增温导致燃气发电效率降低，而高温热浪对河水的影响也直接影响到热力发电冷却水的冷却效果。因而，能源传输和能源生产是德国能源基础设施在气候变化影响下脆弱性较大的两个部分。

针对发电厂的冷却水问题，德国能源生产企业主要采用新型冷却水，使冷却过程不再依赖于河水。新的能源生产系统在规划和建造时就采用先进的冷却技术，旧能源生产系统也改进冷却设备，这些改进正好符合能源企业希望通过降低能耗增加收益的需求。研究表明，设备改进的效益成本比为 2.5 左右，使得很多能源生产企业有自主提高气候适应能力的意愿。

德国于 1995 年全面征收"团结互助税"，为与气候适应政策相关的基础设施建设提供资金。在对能源运输基础设施采取气候适应措施方面，主要是加强暴露在地面上的配电设施或者提高地下或者海底电缆的铺设率以应对极端天气事件，这类设施往往是共有财产，自主适应较难实现，需要政府干预。德国联邦政府 1991 年引入团结互助税的概念，1995年全面征收，它是采用德国统一固定税率的企业税收，可被用于资助建设具备气候适应性的能源基础设施或其他关键设施等❶。

8.3 我国气候适应型城市试点进展

8.3.1 适应政策

我国政府高度重视适应气候变化工作的开展。在《国家应对气候变化规划（2014—2020)》中明确提出了"减缓与适应并重"的战略措施；在《国家适应气候变化战略》中明确指出了适应气候变化的重点任务和重点区域。城市作为适应气候变化的主体，被赋予了越来越重要的责任，城市如何开展适应行动，已成为城市可持续发展过程中的重要议题，如表 8-3 所示。

我国适应气候变化政策措施一览表 表 8-3

立法	战略/规划	气候变化影响监测与风险评估	协调机制	资金机制	提升适应气候变化能力的举措	技术支持	国际合作机制
国家层面编制《应对气候变化法》草案	2007 年《国家应对气候变化国家方案》，2013 年《适应气候变化国家战略》，2014年《国家应对气候变化规划(2014-2020)》	每年发布《中国应对气候变化的政策与行动》，总结评估应对气候变化行动的进展与成效，其中包含适应气候变化内容	2007 年 6 月，国务院成立国家应对气候变化领导小组作为国家应对气候变化和节能减排工作的议事协调机构	部分 CDM 基金用于支持适应气候变化项目，海绵城市建设专项资金补助，地下综合管廊试点城市专项资金补助	开展城市双修试点、海绵城市试点、综合管廊建设城市试点、气候适应型城市试点建设、推广被动房等	开展了具有中国特色又兼具全球意义的全球变化基础研究	积极开展与亚洲、非洲、小岛屿国家在应对气候变化方面的合作与援助项目，举办研修班，并宣布设立 200 亿元的中国气候变化南南合作基金

1. 2015 年中央城市工作会议

2015 年 12 月，中央城市工作会议在北京召开。会议将环境容量和城市综合承载能力作为确定城市定位和规模的基本依据。提出城市建设要以自然为美，要大力开展生态修复，让城市再现绿水青山。要控制城市开发强度，划定水体保护线、绿地系统线、基础设施建设控制线、历史文化保护线、永久基本农田和生态保护红线，防止"摊大饼"式扩

❶ 朱寿鹏，周斌，智协飞．气候变化背景下能源基础设施调整的政府干预——以德国为例［J］．阅江学刊，2017，9（05）：37-44＋145.

张，推动形成绿色低碳的生产生活方式和城市建设运营模式。要坚持集约发展，树立"精明增长"、"紧凑城市"理念，科学划定城市开发边界，推动城市发展由外延扩张式向内涵提升式转变。城市交通、能源、供排水、供热、污水、垃圾处理等基础设施，要按照绿色循环低碳的理念进行规划建设。

2. 减缓和适应同举并重

气候变化对中国造成的负面影响已在各个领域显现，在气候变化国际谈判中，我国近年来一贯坚持"减缓和适应同举并重"的原则。

2011 年发布的《中华人民共和国国民经济和社会发展第十二个五年规划纲要》明确提出要增强适应气候变化能力，制定国家适应气候变化战略。在 2013 年华沙会议气候大会期间，发布了《国家适应气候变化战略》，要求将适应气候变化的要求纳入我国经济社会发展的全过程，统筹并强化气候敏感脆弱领域、区域和人群的适应行动，全面提高全社会适应意识，有效维护公共安全和人民生产生活安全，得到各方积极评价。

2016 年 2 月，国家发展改革委和住房城乡建设部共同发布了《城市适应气候变化行动方案》，明确了今后一段时期城市适应气候变化的总体目标和重点任务。通过的《巴黎协定》要求各方制定适应政策方案并落实相关行动，评估气候变化影响和脆弱性，拟定国家优先行动，并酌情定期提交和更新适应信息通报。

2015 年，财政部、住房城乡建设部、水利部将厦门等 16 个城市评选为海绵城市建设试点；2016 年第二批海绵城市试点包括北京在内的 14 个城市。

2016 年 5 月，国家林业局办公室印发《林业应对气候变化"十三五"行动要点》，明确提出提升林业适应能力。加强林木良种基地建设和良种培育，提高在气候变化条件下造林良种壮苗的使用率；坚持适地适树，培育适应气候变化的优质健康森林；加强森林抚育，增强抵御气候灾害能力；实施湿地生态恢复工程，开展重点区域湿地恢复与综合治理，提升湿地生态系统适应气候变化能力；加快沙化土地综合治理，增强荒漠生态系统适应气候变化能力；加强林业自然保护区建设，提升气候变化情况下生物多样性保育水平；保护国家级野生动植物，拯救极小种群，提高气候变化情况下重要物种和珍稀物种适应性。

2017 年 2 月 21 日，国家发展改革委 住房城乡建设部联合印发气候适应型城市建设试点工作的通知，将内蒙古自治区呼和浩特市等 28 个地区作为气候适应型城市建设试点。同年 3 月，住房城乡建设部发文，将 19 个城市列为第二批生态修复城市修补试点城市。住房城乡建设部在城市应对气候变化方面开展了建筑节能、绿色建筑、装配式建筑、海绵城市、综合管廊、城市生态修复等大量工作，为进一步整合行动，加强城市适应气候变化能力打下坚实基础。

8.3.2 试点建设

我国气候类型复杂多样，各地城市发展不均衡，城市面临的气候变化问题也是千差万别。为推进城市适应气候变化行动，落实《国家适应气候变化战略》的要求，2016 年 2 月，国家发展和改革委、住房和城乡建设部共同印发了《城市适应气候变化行动方案》，明确了开展城市适应气候变化行动的指导思想和基本原则，提出了目标愿景、重点任务和保障措施，第一次提出了"气候适应型城市"一词。

1. 试点申报方案逻辑框架

结合近年来国内外气候适应型城市建设案例及一些城市已经开展的适应工作所取得的

有益经验分析，气候适应型城市试点建设要充分认清城市基本现状，准确分析城市气候类型与气候风险、城市功能和城市规模、气候地理特征和敏感脆弱领域、城市经济社会发展阶段和现有气候适应工作基础等，要以城市在气候变化条件下的突出性、关键性问题为导向，针对性地提出试点建设总体目标及分解目标，进而提出开展适应工作的工作思路及重点任务，分解出不同建设阶段的主要行动及支撑项目，最后明确保障措施支撑方案落地。

通过国内外应对气候变化所采取的政策措施及行动方案，建议试点方案的主要工作内容为以下五个方面：

（1）风险评估。科学分析气候变化主要问题及影响，加强城乡建设气候变化风险评估，将适应气候变化纳入城市发展目标体系，在城市规划中充分考虑气候变化因素。

（2）顶层设计。出台城市适应气候变化行动方案。

（3）适应行动。出台城市适应气候变化行动方案，优化城市基础设施规划布局，针对强降水、高温、干旱、台风、冰冻、雾霾等极端气候事件，修改完善城市基础设施设计和建设标准。

（4）能力建设。提高监测预警能力。加强气候变化和气象灾害监测预警平台建设和基础信息收集，加强信息化建设和大数据应用，健全应急联动和社会响应体系，实现各类极端气候事件预测预警信息的共享共用和有效传递。加强城市公众预警防护系统建设。

（5）保障措施。创建政策试验基地。鼓励试点地区出台有针对性的适应气候变化财税、金融、投资等扶持政策，实施适应气候变化示范工程。开展体制机制和管理方式创新。鼓励应用 PPP 等模式，引导各类社会资本参与城市适应气候变化项目。

2. 试点申报方案总体情况

根据国家发展改革委、住房城乡建设部 2016 年 8 月 2 日下发的《国家发展改革委 住房城乡建设部关于印发开展气候适应型城市建设试点工作的通知》（发改办气候〔2016〕1687 号），各省根据通知要求组织申报了气候适应型城市试点，提交试点方案。截至 2016 年 11 月 2 日，共收到来自 20 个省（直辖市、自治区）中 35 个地区的试点建设工作方案。从地域分布来看，包括东北地区的 2 个城市，华北地区 2 个，华中地区 8 个，西北地区 12 个，华东地区 5 个，华南地区 3 个，西南地区 3 个，如表 8-4 所示。

气候适应型城市试点申报地域分布   表 8-4

地区	省份	城市
东北地区	辽宁省	大连市、朝阳市
华北地区	内蒙古自治区	呼和浩特市、赤峰市
华中地区	湖南省	岳阳市、常德市
	湖北省	武汉市、十堰市
	贵州省	六盘水市、黔西南州市兴仁县、毕节市赫章县
	河南省	安阳市
西北地区	甘肃省	天水市、庆阳市西峰区、白银市
	青海省	西宁市
	新疆维吾尔自治区/新疆建设兵团	乌鲁木齐市、库尔勒市、喀什市、和田市、阿克苏市石河子市
	陕西省	商洛市、西咸新区

地区	省份	城市
华东地区	浙江省	丽水市
	安徽省	合肥市、淮北市
	山东省	济南市
	江西省	九江市
华南地区	海南省	海口市
	广东省	中山市
	广西壮族自治区	百色市
西南地区	四川省	广元市
	重庆市	重庆市璧山区、潼南区

各地申报试点工作方案总体情况如下：

（1）城市基本情况方面，大多数申报地区在试点方案中进行了气候脆弱性评估和气候风险分析，提出的气候风险主要集中在高温、干旱、洪涝、大风、低温冰冻、沙尘暴和雾霾等方面。

（2）试点目标方面，部分申报地区提出了明确的试点创建目标，28个城市（区）还提出了定量的指标体系。

（3）试点工作内容方面，申报地区普遍对适应气候变化的工作要求理解不够深入，主要依托已有试点的内容，而在适应气候变化的管理机制方面创新不足。

（4）体制机制建立方面，35个城市（区）提出了建设适应工作领导小组，并都以城市（区）主要领导作为领导小组组长。

经对35份试点工作方案的核心内容汇总并根据气候变化主要问题分析是否充分、目标是否合理、有无定量指标、主要行动是否有针对性、是否成立领导小组等方面初步评估，20个城市（区）试点工作方案较为完整，具有一定针对性，6个城市（区）试点工作方案对适应理解差距较大，目标不够清晰，内容针对性不强。专家评审是试点城市评选的主要依据，专家根据评审指标进行评分，按照评分高低对申报城市划分等级。

2017年2月，国家发展和改革委、住房和城乡建设部《关于印发气候适应型城市建设试点工作的通知》，同意将内蒙古自治区呼和浩特市等28个地区作为气候适应型城市建设试点。但总体来看，我国适应气候变化问题尚未纳入我国城市规划建设发展重要议事日程，仍存在认识不够、基础不实、体制机制不完善等问题，适应意识和能力亟待加强。

8.4 城市能源系统适应行动与案例

8.4.1 能源系统适应行动

能源是国家发展的关键领域之一，能源领域基础设施的日常运行直接关系到各个行业，即使是短时间因功能故障而导致的能源系统中断，都会给全社会带来严重后果。在当前气候变化的背景下，减缓政策已无法在短时间内控制全球变暖及极端气候事件的发生，整个能源产业链存在的隐患日益凸显。因此，保护能源基础设施，保证能源基础设施正常工作，对于经济和社会均具有重要意义❶。

能源产业链各个阶段都将直接或间接地受到气候变化的影响。能源产业主要包括了使用不同资源生产能源、通过配给向用户提供能源的全过程，可分为能源结构、能源生产、能源传输、终端能源使用需求等环节，如图 8-2 所示。

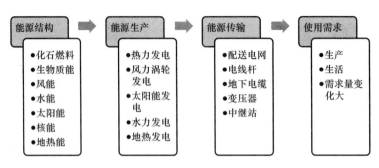

图 8-2　能源产业链

由于发电厂的自身储备以及能源选择具有一定可替代性，能源结构只有在长时间受到全方位的阻碍时，才会影响到末端的用户使用，而能源生产、能源传输则相对脆弱，最容易受到气候变化的影响。

1. 能源结构

1992 年里约峰会签订气候变化框架公约以来，中国和国际上应对气候变化的行动已经深入到各种政策和措施的实施方面。对我国来讲，近几年对气候变问题的视角已经有了很大变化，不仅是国际谈判和合作，而且已经成为国内政策重要组成部分。低碳发展已经成为国家战略和规划的重要内容，是我国可持续发展的重要因素之一。

低碳发展主要从经济结构、能源结构、技术选择、生活方式改变等方面入手。能源结构的选择是能源产业链的基础，包括传统能源如煤、石油、天然气等化石燃料，以及可再生能源如风能、水能、核能、太阳能、地热能、生物质能等。可再生能源作为减少碳排放、缓解气候变化的重要能源，正在快速发展壮大。

2. 能源生产

在能源生产过程中，对于常规能源而言，气候变化所带来的持续升高的环境温度将对热力发电造成直接的负面影响，对燃气发电的影响最为严重，增温将导致燃气发电产能效率下降，导致大量的经济损失。此外，热力发电效率还取决于冷却水的数量与质量。

如硬煤发电、燃气发电以及核电发电等方式在能源生产过程中使用的冷却水主要来自河流，冷却质量与河水温度直接相关——水温越低冷却效果越好。因此，在高温热浪袭来之时，这类发电方式通常都会受到冷却水条件的限制：一方面，冷却水总量减少，供应量有限；另一方面，水温升高导致冷却水质量降低，冷却效率不足。

同样，诸多新能源的生产过程也受到气候条件的限制，如太阳能电池板、风电涡轮机等生产设备都极易受到极端气候事件的影响。可再生能源的也利用依赖于诸如降水、风

────────────────

❶　朱寿鹏，周斌，智协飞. 气候变化背景下能源基础设施调整的政府干预——以德国为例［J］. 阅江学刊，2017，10（5）：37-44.

速、日照、温度、湿度等气候要素的大小与稳定度。例如，降水量太小，水电站的利用效率低，发电量小，无法大规模进行电力生产；降水量太大，造成水灾、洪灾、泥石流等现象，同样不利于水电站的正常运转❶❷。

3. 能源配送

受极端气候事件影响主要体现在基础设施的损毁。如冰灾、雾凇、雷击、风暴易导致高压线路发生跳闸和故障，城市内涝易导致地下变电站设施淹没、电缆输电线路绝缘下降等问题，影响供电安全和可靠性。例如2005年7月30日强雷暴云团影响上海，全市212条供电线路遭受雷击跳闸。2008年大面积、持续性覆冰造成了输电线路大范围倒塌（覆冰厚度超过设计极限），707座变电站停运，电力设备故障4500起。气温变化会影响空调的需求，频发的极端高温事件会导致电力需求激增，压倒性的输配电能会造成局部或区域系统停电或限电❸。

另外，受持续低温天气和大雾天气影响，天然气运输船只等交通运输工具无法卸货，导致地区能源供应出现临时短缺，严重影响了部分资源输入和消费型城市的能源供应。

4. 终端能源使用

通常情况下，我国城市夏季电力负荷峰值最大，电力系统面临着严峻的挑战；同时，随着"煤改气"项目的推进，供暖季天然气的需求量越来越大，尤其是我国华北地区天然气供给系统受气候因素的影响越来越明显。也就是说，在极端高温天气条件下，电力负荷峰值超过电网设计最大电力负荷；极端低温天气条件下，天然气供应量无法满足需求量。而我国城市规划体系中一直通过电力、燃气和热力等供应侧专项规划引领和指导城市能源系统的规划建设，这在实际生产中不同程度地出现了负荷的高估和重复计算、产能过剩、结构失衡等问题，在正常情况下造成了一定的资源浪费。因此，在气候变化的背景下，传统的供给侧能源需求计算模式已经无法到达技术要求。

综上所述，气候变化对城市能源系统的影响主要体现在电力、天然气及可再生能源的生产运输及需求量预测等方面。针对能源系统在气候变化下呈现出的脆弱性，相关领域开展了一系列的适应行动。

（1）评估气候变化对能源设施的影响，调整能源设施标准。根据《城市适应气候变化行动方案》，针对不同城市及城市居民、企业、公共部门等不同用户，评估气候变化对制冷、供暖及节能标准的影响，修订相关设施标准。调整能源工程与供电系统运行的技术标准，如根据气温、风力与冰雪灾害的变化调整输电线路、设施建造标准与电杆间距。

（2）加快能源基础设施改造和建设

加强供电、供热、供水、排水、燃气、通信等城市生命线系统建设，提升建造、运行和维护技术标准，保障设施在极端天气气候条件下平稳、安全运行。

---

❶ 朱寿鹏，周斌，智协飞. 气候变化背景下能源基础设施调整的政府干预——以德国为例 [J]. 阅江学刊，2017，10（5）：37-44.

❷ 陈莎，向翩翩，姜克隽，王骥. 北京市能源系统气候变化脆弱性分析与适应建议 [J]. 气候变化研究进展，2017，13（5）.

❸ 何淑英，金颖，齐康. 上海市能源领域适应气候变化现状和对策研究 [J]. 上海节能，2015，12（1）：633-637.

（3）完善电力科学调度

部分城市已经落实电力公司联合市气象局开展常态化气象服务合作，气象局定时向电力调度控制中心报送气象预测，及时通报地区天气状况，电力公司以各区调度的负荷预测数据作为参考，综合考虑历史负荷情况和天气变化等因素，绘制负荷曲线，据此采取电力电量平衡、协调电力检修等一系列应对措施，保证充足电力供应、保障电网安全稳定运行。

（4）增加分布式能源的普及与使用

积极推广分布式能源的使用。相对于集中大型区域电力，分布式能源系统具有环境效益好、成本低、效率高、调峰性能好、操作灵活、调度简易、安全可靠等特点。历来受到发达国家乃至发展中国家的重视。自可再生能源电力系统投入运营以来，分布式能源发电一直是主要运营模式。

（5）城市综合管廊建设

建设地下综合管廊工程，有效支撑城市生命线系统正常运行；综合管廊铺设既节约集约利用土地和地下空间资源，也增强了管线运行安全可靠性，提高城市综合承载力，改善城市景观，消除蜘蛛网式架空线。目前城市综合管廊建设已全面展开。

（6）建立电力和燃气应急保障体系

针对极端高温和用电负荷过高的情况，进行电网应急演练，联合电力、消防、机场、铁路等相关部门应对突发公共事件应急联合演练，在电力应急物资保障组织体系、供应保障框架、信息平台建设等方面加强电力应急物资物流保障。建立燃气用户侧管理应急预案，在气量不足的情况下，通过优先关闭燃机电厂、工业大用户用气设备，来保障城市居民燃气用气。

8.4.2　典型案例

1. 区域能源项目——芝加哥湖畔改造项目能源规划❶

芝加哥湖畔改造项目能源规划除科学合理达到减排目的外，在提升技术设施、合理预测未来能源需求量、提升建筑设计标准、提升先进技术手段减少能源浪费等方面对适应气候变化做了充分准备。

（1）背景介绍

如图 8-3 所示，整个湖畔改造项目在规划之初就提出一个整体的"湖畔概念"（Lakeside Idea），希望通过这个项目来示范和验证"下一代基础设施"。规划中对能源系统提出了三个最重要的目标：能够提供一揽子清洁能源，随着技术的发展，有更清洁的能源可供选择的时候也同样可以兼容进来；通过计量，用能源数据来撬动进一步创新；提供比传统解决方案更低廉的价格。

（2）规划业态和总体概念

规划总面积 239 公顷，新建建筑面积 450 万 m^2，住宅 18500 套。其中第一期（核心区）50％为住宅（800 套住宅），25％为商业，另外 25％为研究机构和办公楼，平均容积率为 2.5。如图 8-4 所示为芝加哥湖畔改造项目第一期功能规划。

---

❶ 本案例由美国 SOM 公司设计并提供相关资料；同济大学提供相关资料。

图 8-3　芝加哥湖畔改造项目效果图

①市场和公共空间
②住宅
③中学
④变电站升级项目
⑤湖畔创新中心
⑥基督教青年会
⑦民权纪念碑

图 8-4　芝加哥湖畔改造项目第一期功能规划

　　"创新的基础设施"是整个湖畔项目的核心之一。规划的出发点是以此为催化剂，带动周边建设和服务，从而创造竞争优势。另一大特色是居住区和著名高校以及国家实验室等交织在一起。规划的数据和计算研究中心"镶嵌"其中，形成"创新中心"。数据服务带来周边的收益，带动科研，商业孵化，社区拓展以及模式的创新。创新中心可以由"三核"构成：数据中心，能源创新中心，"智慧"工作中心。如图 8-5 所示为创新中心的"三核"。

　　（3）基础设施设计和负荷预测

　　根据规划的发展轨迹、能效水平和消费目标来确定包括能源、水、废弃物和 ICT 的需求（负荷），并且绘制出 20 年发展的路线图。这些负荷表达成峰值的需求和基础需求，为供给侧的设计提供依据。

　　基础设施的设计，除了达到既定的标准外，还设法合理选取技术，尽量采用成熟的或即将成熟的技术，以逐步抵消前期支付的溢价。还可以应用场地特有的被动式策略，如深层湖水直接用于供冷。探索可以延伸到项目边界之外的策略，从而影响周边社区和南部更多城区。

从核心区到周边区，基础设施的"绿色"的程度也有一个递减的关系，如图8-6所示。

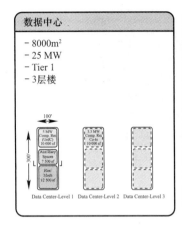

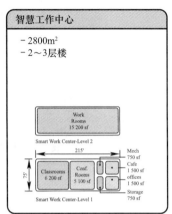

图 8-5　创新中心的"三核"

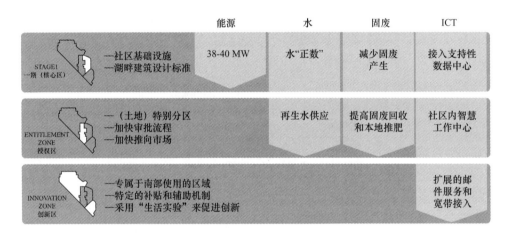

图 8-6　绿色基础设施的程度递减关系

（4）建筑设计标准

在建筑层面上，采用被动措施减少负荷。通过建筑设计规范，提高围护结构性能，外窗等重要构件的设计遵循一定的导则，规定使用高效的灯具等。结合智能化基础设施的监测系统。采用中水处理和回用。在电力使用上，通过智能电网实现电力交换和备用，减少冗余。

（5）区域供冷供热

第一阶段的负荷足以支撑区域供冷供热的运行，达到投资收益的平衡。系统的扩展考虑到技术的进步，除了新建社区，在可行的前提下也将系统延伸到既有的社区。在近期尽可能使用地源热泵技术，远期则考虑湖水冷却。

区域供冷供热采用更合理的商业模式。分期实施可以支撑城区能源中心的扩展步调。小面积的换热机房可以替代制冷制热机房，因此可以节约建筑面积。屋顶无冷却塔，可以有更多空间用于绿化、休闲以及可再生能源系统。易于适应新技术，模块化、灵活的区域供冷供热系统更容易采用替代技术。城区供冷系统可以减少建筑层面的系统冗余（备用）

度，通过整个城区的同时使用系数优化可以减少配置容量约 20%。

2. 被动式超低能耗建筑

国家发展改革委和住房城乡建设部联合发布的《城市适应气候变化行动方案》中关于提高城市建筑适应气候变化能力时提到，积极发展被动式超低能耗绿色建筑，通过采用高效、高性能外墙保温系统和门窗，提高建筑气密性，鼓励屋顶花园、垂直绿化等方式增强建筑集水、隔热性能，保障高温热浪、低温冰雪极端气候条件下的室内环境质量。

被动式超低能耗绿色建筑是指适应气候特征和自然条件，通过保温隔热性能和气密性能更高的围护结构，采用高效新风热回收技术，最大限度地降低建筑供暖供冷需求，并充分利用可再生能源，以更少的能源消耗，提供舒适室内环境并能满足绿色建筑基本要求的建筑。

2009 年我国开始引入以德国为代表的欧洲被动房理念探索适应我国气候条件、建筑形式和居民生活习惯的被动式低能耗建筑，为下一步提升建筑节能标准，发展我国超低能耗建筑进行技术探索和储备。2011 年，住房和城乡建设部与德国交通、建设和城市发展部签署了《关于建筑节能与低碳生态城市建设技术合作谅解备忘录》，明确双方持续实施中国低能耗被动式房屋合作项目，住房和城乡建设部科技与产业化发展中心与德国能源署在两国政府的支持和指导下开展中国被动式低能耗建筑技术研究和集成示范，对示范项目提供设计—施工—质量控制—验收的全过程技术咨询服务。

济南市中心城区防灾避险公园救灾指挥中心项目位于泉城公园西北角，该项目是山东省首批 11 个省级被动式超低能耗绿色建筑试点示范项目之一，同于 2014 年成为中德合作被动式低能耗建筑示范项目，如图 8-7 所示。项目的建造时间是 2015 年 7 月～2016 年 3 月。项目占地面积约 700m²，总建筑面积为 2030.9m²，地下 1 层，地上 3 层，其中地上建筑面积 1346.12m²，地下建筑面积 684.78m²，总建筑高度为 14.115m（高度从室外地面算至女儿墙顶部）。建筑体形系数为 0.32。在观赏温室西侧建设救灾指挥中心，作为整个防灾避险公园的核心，在灾害发生时发挥指挥调度的中枢作用，具备救灾指挥、医疗救助、灾情发布、物资储存等重要功能。建筑楼顶安装了百余平方米的太阳能热水系统，24h 提供热水，同时配备了太阳能光伏系统，将光能转化为电，为指挥所提供电力供应。

图 8-7　济南市中心城区防灾避险公园救灾指挥中心

该项目由德国能源署和住房城乡建设部科技与产业化发展中心负责全过程建设技术指导，能耗标准相当于中国建筑节能81%以上的标准。其中外保温选用的石墨聚苯板导热系数为 0.032W/(m·K)，门窗的传热系数为 0.74W/(m²·K)，仅以上两项的技术标准就远超过国家节能标准。项目采用低温驱动的太阳能空调技术作为整栋楼的冷热源，用电量与一台5匹空调一年的用电量相同，每年仅由太阳能空调系统节约的电量就可以达到47487度电，节约标准煤 75t，减排二氧化碳 200t。除此之外，该建筑还使用了热风回收、电动外遮阳、天然光导照明、光伏发电、低能耗太阳能、辐射吊顶、屋顶绿化等众多节能技术。项目总体节能率高达85%以上，大大超过了"十二五"期间公共建筑节能65%的要求❶。采用逐时的热平衡计算方法进行能耗分析，以11月1日至次年3月31日作为供暖计算期（共计151d），该项目的供暖需求为 7.40kWh/(m²·a)；以6月1日至9月30日作为制冷计算期（共计122d），该项目的制冷需求为 19.33kWh/(m²·a)。整栋楼的终端能耗总量、一次能源需求总量和二氧化碳排放总量分别为 32.12kWh/(m²·a)、96.37kWh/(m²·a) 和 32.03kg/(m²·a)。

该项目每日 8：00～17：00 为正常运营时间。供暖期运营时间室内设定温度为 20℃，非运营时间室内设定温度为 15℃；制冷期运营时间室内设定温度为 26℃，非运营时间不人为控制室内温度。由于项目外围护结构采用了以被动式技术为主导的技术手段，通过改善外围护结构的保温隔热性能，使室内外的热交换减少，改善建筑热稳定性，可以在不大幅提高能耗的同时使得室内温度保持在人体适宜的温度范围内，提高了室内的热舒适度。同时，由于外围护结构气密性的增强，再通过新风系统对冷、热空气的循环回收，使室内空气保持清新。建筑整体适应高温、严寒、雾霾等天气的能力显著提高。

采取的主要措施有：

（1）优化外墙及屋面围护体系。济南地处寒冷地区，建筑外围护结构不仅要承受低温和风雪的侵扰，同时也要承受雨水及太阳辐射的侵扰，因此对外墙保温隔热性能的要求也高于其他地区，通过对外墙及屋面围护体系设计的热工分析，使外墙及屋面保温体系能够耐受外界环境温度计湿度变化，系统各层材料的性能趋于稳定，在夏季足以抵抗太阳辐射传到室内。

（2）选用采光、高效隔热和保温性能的门窗系统。在供暖建筑传热热损失中，门窗与空气渗透的热损失所占比例高达50%左右，其中门窗传热和空气渗透大约各占一半，所以门窗的保温隔热性能和气密性对于供暖能耗具有重大的影响。该项目选用采光、高效隔热和保温性能的门窗系统显得尤为重要。在南、东、西立面外窗设置可自动调节的升降百叶，百叶角度、高度均可根据天气情况进行自动调节，减少太阳辐射对室内温度的影响。

（3）供暖及非供暖空间分隔系统。救灾指挥中心需设置地下空间，主要是设备机房和救灾物资储备空间，属于非供暖空间，地下室顶板保温材料采用燃烧性能 B1 等级的双层110mm 厚石墨聚苯板。同时自室外地坪以上 450mm，采用耐水、耐腐蚀的挤聚苯板保温，分两层错缝安装❷。

---

❶ 该案例转自美国联合商会北京代表处的博客"［被动房在线］济南市中心城区防灾避险公园救灾指挥中心建成（总第192期）"。

❷ 李昊翼，王昭，孙璐楠，魏琪. 被动式超低能耗绿色建筑外围护结构热工性能研究——济南市中心城区防灾避险公园救灾指挥中心项目实践［J］；陕西建筑，2016 年 10 期.

（4）2016年3月18日，该项目通过住房和城乡建设部科技与产业化发展中心及德国能源署（dena）的质量验收。2016年3月31日，在第十二届国际绿色建筑与建筑节能大会暨新技术与产品博览会上，获得中德合作高能效建筑——被动式低能耗建筑质量标识。

该项目为被动式超低能耗建筑在适应气候变化方面树立的良好的示范意义。被动式超低能耗绿色建筑因其采用先进节能设计理念和施工技术，使建筑围护结构达到最优化，极大限度地提高建筑的保温、隔热和气密性能，并通过高效的系统，显著减低建筑的供暖和制冷需求，提高了建筑在高温、极寒、大风等极端天气中的耐久度、安全性及可靠性，也极大限度地增强了人的舒适度，提高了城市建筑对气候变化影响的适应能力。

附录 建筑节能大事记
（2015 年 2 月～2017 年 12 月）

2015 年

2015 年 12 月

中央城市工作会议在北京举行

2015 年 12 月 20～21 日，中央城市工作会议在北京举行。习近平总书记在会上发表重要讲话，分析城市发展面临的形势，明确做好城市工作的指导思想、总体思路、重点任务。李克强总理在讲话中论述了当前城市工作的重点，提出了做好城市工作的具体部署，并作总结讲话。会议明确指出："要提升建设水平，加强城市地下和地上基础设施建设，建设海绵城市，加快棚户区和危房改造，有序推进老旧住宅小区综合整治，力争到 2020 年基本完成现有城镇棚户区、城中村和危房改造，推进城市绿色发展，提高建筑标准和工程质量，高度重视做好建筑节能。"

全国住房城乡建设工作会议在北京召开

2015 年 12 月 28 日，全国住房城乡建设工作会议在北京召开，会议明确提出："要推动装配式建筑取得突破性进展。在充分调研的基础上，制定出行动计划，在全国全面推广装配式建筑；抓实抓好改善乡村人居环境工作。着重推进农村垃圾治理、污水治理和绿色村庄建设等工作；完成改造危房任务；进一步加大传统村落和民居保护力度"等具体要求。

2016 年

2016 年 2 月

国家发展改革委 住房城乡建设部关于印发城市适应气候变化行动方案的通知（发改气候［2016］245 号）

2016 年 2 月 4 日，《国家发展改革委 住房城乡建设部关于城市适应气候变化行动方案的通知》提出：到 2020 年，普遍实现将适应气候变化相关指标纳入城乡规划体系、建设标准和产业发展规划，建设 30 个适应气候变化试点城市，典型城市适应气候变化治理水平显著提高，绿色建筑推广比例达到 50%。到 2030 年，适应气候变化科学知识广泛普及，城市应对内涝、干旱缺水、高温热浪、强风、冰冻灾害等问题的能力明显增强，城市适应气候变化能力全面提升。

中共中央 国务院关于进一步加强城市规划建设管理工作的若干意见

2016 年 2 月 6 日，《中共中央 国务院关于进一步加强城市规划建设管理工作的若干意见》提出：要按照适用、经济、绿色、美观的建筑方针，突出建筑使用功能以及节能、节水、节地、节材和环保，防止片面追求建筑外观形象；推广建筑节能技术。提高建筑节能标准，推广绿色建筑和建材。支持和鼓励各地结合自然气候特点，推广应用地源热泵、水源热泵、太阳能发电等新能源技术，发展被动式房屋等绿色节能建筑。完善绿色节能建筑和建材评价体系，制定分布式能源建筑应用标准。分类制定建筑全生命周期能源消耗标准定额；实施城市节能工程。在试点示范的基础上，加大工作力度，全面推进区域热电联产、政府机构节能、绿色照明等节能工程。明确供热供暖系统安全、节能、环保、卫生等技术要求，健全服务质量标准和评估监督办法。进一步加强对城市集中供热系统的技术改造和运行管理，提高热能利用效率。大力推行供暖地区住宅供热分户计量，新建住宅必须全部实现供热分户计量，既有住宅要逐步实施供热分户计量改造。

2016 年 4 月

住房城乡建设部办公厅印发《省级公共建筑能耗监测平台验收和运行管理暂行办法》

为确保省级公共建筑能耗监测平台（以下简称监测平台）建设质量和运行效果，规范指导监测平台验收和运行工作，2016 年 4 月 11 日，住房城乡建设部印发《省级公共建筑能耗监测平台验收和运行管理暂行办法》（建办科〔2016〕18 号）。该办法明确省级公共建筑能耗监测平台验收条件、验收程序和验收内容等具体要求。其中，省级监测平台验收工作分为预验收和验收两个阶段。预验收由省级住房城乡建设主管部门会同财政主管部门组织。验收由住房城乡建设部建筑节能与科技司组织。预验收应采取专家评议、软件测试、现场核查等方式进行，对监测平台建设情况、相关制度建设情况、分项计量装置安装情况、数据中心运行情况、资金使用情况等内容进行全面评测。预验收完成后，对预验收中发现的问题已按要求整改完毕，且可稳定上传中央级平台不少于 200 栋建筑能耗数据的，省级住房城乡建设主管部门可向住房城乡建设部建筑节能与科技司提交验收申请报告。住房城乡建设部建筑节能与科技司收到验收申请报告后，对提供的资料进行核查，必要时可进行实地复核。确认具备验收条件后，组织专家进行验收。验收完成后，各级住房城乡建设行政主管部门应继续建立健全监测平台运行管理制度，强化监测平台的运行维护管理，安排专项运行维护资金和专职管理人员，确保省级监测平台高效运行及与中央级平台稳定对接。

2016 年 8 月

国家发展改革委 住房城乡建设部关于印发开展气候适应型城市建设试点的通知（发改气候〔2016〕1687 号）

为落实《国家适应气候变化战略》和《城市适应气候变化行动方案》有关工作部署，积极推进城市适应气候变化行动，切实提高城市适应气候变化能力和水平，国家发展改革委和住房城乡建设部发布《国家发展改革委 住房城乡建设部 关于印发开展气候适应型城市建设试点的通知》，决定开展气候适应型城市建设试点。其中，明确提出：根据不同的城市气候风险、城市功能和城市规模，在全国选择 30 个左右典型城市开展气候适应型城市建设试点，针对城市面临的突出问题，开展前瞻性和创新性探索，强化城市气候敏感脆弱领域、区域和人群的适应行动，提高城市适应气候变化能力。到 2020 年，试点城市普遍实现将适应气候变化纳入经济和社会发展总体规划、城市规划及产品发展相关专项规划、建设标准、适应气候变化理念知识广泛普及，适宜气候变化治理水平显著提高，取得明显的生态效益、社会效益和经济效益，相关试点经验经过总结推广，引领带动我国城市适应气候变化工作。

2016 年 9 月

国务院办公厅关于大力发展装配式建筑的指导意见

2016 年 9 月 3 日，国务院办公厅发布了《国务院办公厅关于大力发展装配式建筑的指导意见》（国办发〔2016〕71 号），提出：以京津冀、长三角、珠三角三大城市群为重点推进地区，常住人口超过 300 万的其他城市为积极推进地区，其余城市为鼓励推进地区，因地制宜发展装配式混凝土结构、钢结构和现代木结构等装配式建筑。力争用 10 年左右的时间，使装配式建筑占新建建筑面积的比例达到 30%。同时，逐步完善法律法规、技术标准和监管体系，推动形成一批设计、施工、部品部件规模化生产企业，具有现代装配建造水平的工程总承包企业以及与之相适应的专业化技能队伍的工作目标。同时，明确了健全标准规范体系、创新装配式建筑设计、优化部品部件生产、提升装配施工水平、推进建筑全装修、推广绿色建材、推行工程总承包和确保工程质量安全的重点任务。

2016 年 10 月

第十五届中国国际住宅产业暨建筑工业化产品与设备博览会在北京召开

由住房和城乡建设部支持，住房和城乡建设部科技与产业化发展中心（住房和城乡建设部住宅产业化促进中心）、中国房地产业协会、中国建筑文化共同主办的"第十五届中国国际住宅产业暨建筑工业化产品与设备博览会"于 2016 年 10 月 13～15 日在北京中国国际展览（新馆）召开。本届中国住博会以"发展装配式建筑，建设绿色宜居家园"为主题，设有中国明日之家 2016、装配式混凝土结构、钢结构、木结构、被动式低能耗建筑、国家住宅产业化试点城市综合成就、国家住宅产业化基地建设、城市建设与规划、国际住宅技术与产品、绿色建材部品、太阳能利用技术与产品、墙体保温技术与产品、内装工业化、整体家居厨卫等多个主题展区，设有千余个展位，展览总面积达 4 万 m^2。

2016 年 12 月

住房和城乡建设部办公厅印发《公共建筑能源审计导则》

为进一步加强公共建筑节能管理，指导各地开展公共建筑能源审计工作，住房和城乡建设部启动了《国家机关办公建筑和大型公共建筑能源审计导则》的修订工作，并经公开征求意见后于 2016 年 12 月发布了《住房城乡建设部办公厅关于印发公共建筑能源审计导则的通知》（建办科〔2016〕65 号）。该导则依据能量平衡和能量梯级利用原理、能源成本分析原理、工程经济与环境分析原理以及能源利用系统优化配置原理编制而来，由总则、术语、基本规定、审计程序、审计内容、审计方法和审计报告 7 个部分组成，针对单体公共建筑，旨在通过规范审计程序、审计内容和审计方法，摸清建筑基本信息和能源使用状况，分析用能规律，发现存在问题，并提出节能改造方向和措施，提升建筑能效水平，降低能源资源消耗。

住房城乡建设部办公厅关于开展 2016 年度建筑节能、绿色建筑与装配式建筑实施情况专项检查的通知（建办科函〔2016〕1054 号）

2016 年 12 月 5 日，住房城乡建设部办公厅发布了《住房城乡建设部办公厅关于开展 2016 年度建筑节能、绿色建筑与装配式建筑实施情况专项检查的通知》，决定于 2017 年 1～4 月开展建筑节能、绿色建筑与装配式建筑实施情况专项检查。通知明确检查内容包括建筑节能、绿色建筑、绿色建材和装配式建筑 4 个方面。检查分为两个阶段：第一阶段即

2017 年 1 月中旬前，各地区按照检查重点及要求完成自查；第二阶段即 2017 年 3～4 月住房城乡建设部组织抽查。其中，检查地区包括除西藏外的各省、自治区、直辖市、新疆生产建设兵团。自查阶段每个省级行政区域的检查范围应覆盖所有市县；抽查阶段抽查部分省（自治区）省会城市（自治区首府）和 1 个地级市、1 个县；直辖市、计划单列市抽查市本级、1 个区（县）。本次检查中，新建建筑执行民用建筑节能强制性标准和绿色建筑、绿色建材推广情况检查结果将作为国家节能考核、大气污染防治行动计划实施情况考核的依据。

中央财经领导小组第十四次会议召开

中共中央总书记、国家主席、中央军委主席、中央财经领导小组组长习近平 12 月 21 日下午主持召开中央财经领导小组第十四次会议，并强调从解决好人民群众普遍关心的突出问题入手，推进全面小康社会建设。会议指出推进北方地区冬季清洁取暖等 6 个问题，都是大事，关系广大人民群众生活，是重大的民生工程。推进北方地区冬季清洁取暖，关系北方地区广大群众温暖过冬，关系雾霾天能不能减少，是能源生产和消费革命、农村生活方式革命的重要内容。要按照企业为主、政府推动、居民可承受的方针，宜气则气，宜电则电，尽可能利用清洁能源，加快提高清洁供暖比重。

2017 年

2017 年 1 月

关于印发《省级公共建筑能耗监测系统数据上报规范》的通知（建科节函［2017］7 号）

为进一步规范省级公共建筑能耗监测平台与部级监测平台之间的数据传输，住房和城乡建设部组织对《国家机关办公建筑和大型公共建筑能耗监测系统数据上报规范》（建科综函［2011］169 号）进行了修订，并于 2017 年 1 月 18 日正式印发《省级公共建筑能耗监测系统数据上报规范》。该规范明确了数据上报内容和要求、接口协议及示例等内容。其中，数据上报内容应包含建筑基础信息和能耗数据两部分；通信协议应采用 HTTP WebService 连接，通过访问 WebService 相应服务接口发送能耗数据报文，服务器接收到能耗数据报文后，服务端进行相应的数据处理和核查，并将数据核查结果发送给发送者。

国务院关于印发"十三五"节能减排综合工作方案的通知

2017 年 1 月 5 日，《国务院关于印发"十三五"节能减排综合工作方案的通知》（国发［2016］74 号）明确提出：强化建筑节能。实施建筑节能先进标准领跑行动，开展超低能耗及近零能耗建筑建设试点，推广建筑屋顶分布式光伏发电。编制绿色建筑建设标准，开展绿色生态城区建设示范，到 2020 年，城镇绿色建筑面积占新建建筑面积比重提高到 50%。实施绿色建筑全产业链发展计划，推行绿色施工方式，推广节能绿色建材、装配式和钢结构建筑。强化既有居住建筑节能改造，实施改造面积 5 亿 m² 以上，2020 年前基本完成北方采暖地区有改造价值城镇居住建筑的节能改造。推动建筑节能宜居综合改造试点城市建设，鼓励老旧住宅节能改造与抗震加固改造、加装电梯等适老化改造同步实施，完成公共建筑节能改造面积 1 亿 m² 以上。推进利用太阳能、浅层地热能、空气热能、工业余热等解决建筑用能需求等重点任务。

2017 年 2 月

国家发展改革委住房城乡建设部关于印发气候适应型城市建设试点工作的通知（发改

气候〔2017〕343号）

为深入贯彻落实生态文明建设总体要求，切实提高城市适应气候变化能力，经认真研究，2017年2月21日，《国家发展改革委　住房城乡建设部关于印发气候适应型城市建设试点工作的通知》，确定将内蒙古自治区呼和浩特市、辽宁省大连市、辽宁省朝阳市、浙江省丽水市、安徽省合肥市、安徽省淮北市、江西省九江市、山东省济南市、河南省安阳市、湖北省武汉市、湖北省十堰市、湖南省常德市、湖南省岳阳市、广西壮族自治区百色市、海南省海口市、重庆市璧山区、重庆市潼南区、四川省广元市、贵州省六盘水市、贵州省毕节市（赫章县）、陕西省商洛市、陕西省西咸新区、甘肃省白银市、甘肃省庆阳市（西峰区）、青海省西宁市（湟中县）、新疆维吾尔自治区库尔勒市、新疆维吾尔自治区阿克苏市（拜城县）、新疆建设兵团石河子市28个地区作为气候适应型城市建设试点。试点期间，试点城市要以全面提升城市适应气候变化能力为核心，坚持因地制宜、科学适应，吸收借鉴国内外先进经验，完善政策体系，创新管理体制，将适应气候变化理念纳入城市规划建设管理全过程，完善相关规划建设标准，到2020年，试点地区适应气候变化基础设施得到加强，适应能力显著提高，公众意识显著增强，打造一批具有国际先进水平的典型范例城市，形成一系列可复制、可推广的试点经验。

国务院办公厅关于促进建筑业持续健康发展的意见

2017年2月24日，《国务院办公厅关于促进建筑业持续健康发展的意见》（国办发〔2017〕19号）提出了整合精简强制性标准，适度提高安全、质量、性能、健康、节能等强制性指标要求，逐步提高标准水平。积极培育团体标准，鼓励具备相应能力的行业协会、产业联盟等主体共同制定满足市场和创新需要的标准，建立强制性标准与团体标准相结合的标准供给体制，增加标准有效供给。及时开展标准复审，加快标准修订，提高标准的时效性。加强科技研发与标准制定的信息沟通，建立全国工程建设标准专家委员会，为工程建设标准化工作提供技术支撑，提高标准的质量和水平等工作要求。

2017年3月

住房和城乡建设部办公厅关于印发《绿色建筑后评估技术指南》（办公和商店建筑版）的通知

为进一步提高绿色建筑发展质量，确保绿色建筑各项技术措施发挥实际效果，2017年3月1日住房和城乡建设部办公厅发布了《关于印发〈绿色建筑后评估技术指南〉（办公和商店建筑版）的通知》。该指南以办公建筑和商店建筑为重点，从节地与室外环境、节能与能源利用、节水与水资源利用、节材与材料资源利用、室内环境品质和运行管理6个方面，对绿色建筑投入使用后的效果评价提出了要求，主要包括建筑运行中的能耗、水耗、材料消耗水平评价，建筑提供的室内外声环境、光环境、热环境、空气品质、交通组织、功能配套、场地生态的评价，以及建筑使用者干扰与反馈的评价。

住房和城乡建设部关于印发建筑节能与绿色建筑发展"十三五"规划的通知（建科〔2017〕53号）

根据《国民经济和社会发展第十三个五年规划纲要》和《住房城乡建设事业"十三五"规划纲要》要求，2017年3月1日，住房和城乡建设部印发了《建筑节能与绿色建筑发展"十三五"规划》。该规划在全面总结"十二五"工作的基础上，明确提出"到2020年，城镇新建建筑能效水平比2015年提升20%，部分地区及建筑门窗等关键部位建筑节能标准达到或接近国际现阶段先进水平。城镇新建建筑中绿色建筑面积比重超过 50%，绿色建筑应用比重超过 40%。完成既有居住建筑节能改造面积 5 亿 m² 以上，公共建筑节能改造 1 亿 m²，全国城镇既有居住建筑中节能建筑所占比例超过 60%。城镇可再生能源替代民用建筑常规能源消耗比重超过 6%。经济发达地区及重点发展区域农村建筑节能取得突破，采用节能措施比例超过 10%"的工作要求。

住房城乡建设部建筑节能与科技司关于印发 2017 年工作要点的通知（建科综函〔2017〕17 号）

2017 年 3 月 1 日，《住房城乡建设部建筑节能与科技司关于印发 2017 年工作要点的通知》提出"2017 年建筑节能与科技工作思路是，全面贯彻党的十八大和十八届三中、四中、五中、六中全会精神，深入贯彻习近平总书记系列重要讲话精神，认真落实中央城市工作会议、全国科技创新大会要求，按照《中共中央　国务院关于进一步加强城市规划建设管理工作的若干意见》任务分工，根据全国住房城乡建设工作会议部署，遵循创新、协调、绿色、开放、共享理念，强化责任担当，开拓创新、整合资源、提高效率，重点抓好提升建筑节能与绿色建筑发展水平、全面推进装配式建筑、积极推动重大科技创新以及应对气候变化、务实推进智慧城建等工作"。

第十二届全国人民代表大会第五次会议在北京召开

2017 年 3 月 5 日，第十二届全国人民代表大会第五次会议在北京人民大会堂开幕，国务院总理李克强进行了政府工作报告。其中，在 2017 年重点工作任务中明确提出了"坚决打好蓝天保卫战。加快解决燃煤污染问题。全面实施散煤综合治理，推进北方地区冬季清洁取暖，完成以电代煤、以气代煤 300 万户以上，全部淘汰地级以上城市建成区燃煤小锅炉。加大燃煤电厂超低排放和节能改造力度，东中部地区要分别于今明两年完成，西部地区于 2020 年完成。抓紧解决机制和技术问题，优先保障清洁能源发电上网，有效缓解弃水、弃风、弃光状况"等工作要求。

住房和城乡建设部关于印发《"十三五"装配式建筑行动方案》《装配式建筑示范城市管理办法》《装配式建筑产业基地管理办法》的通知（建科〔2017〕77 号）

为全面推进装配式建筑发展，2017 年 3 月 23 日，住房城乡建设部《"十三五"装配式建筑行动方案》、《装配式建筑示范城市管理办法》和《装配式建筑产业基地管理办法》，提出了到 2020 年，全国装配式建筑占新建建筑的比例达到 15% 以上，其中重点推进地区达到 20% 以上，积极推进地区达到 15% 以上，鼓励推进地区达到 10% 以上；培育 50 个以上装配式建筑示范城市，200 个以上装配式建筑产业基地，500 个以上装配式建筑示范工程，建设 30 个以上装配式建筑科技创新基地，充分发挥示范引领和带动作用的工作目标，并明确示范城市和装配式建筑产业化基地的申请、评审、认定、发布和监督管理等具体要求。

2017 年 5 月

财政部 住房城乡建设 环境保护部 国家能源局关于开展中央财政支持北方地区冬季清洁取暖试点工作的通知（财建〔2017〕238 号）

2017 年 5 月 16 日，《财政部、住房城乡建设部、环境保护部和国家能源局关于开展中央财政支持北方地区冬季清洁取暖试点工作的通知》，明确提出以京津冀及周边地区大气污染传输通道"2+26"城市为重点，开展北方地区冬季清洁取暖试点工作，重点针对城区及城郊，积极带动农村地区，从"热源侧"和"用户侧"两方面实施清洁取暖改造，实现试点地区散烧煤供暖全部"销号"和清洁替代，尽快形成"企业为主、政府推动、居民可承受"的清洁取暖模式，为其他地区提供可复制、可推广的范本。

2017 年 6 月

关于对 2017 年北方地区冬季清洁取暖试点城市名单进行公示的通知

2017 年 6 月 5 日，财政部经济建设司、住房和城乡建设部建筑节能与科技司、环境保护部规划财务司、国家能源局综合司印发了《关于对 2017 年北方地区冬季清洁取暖试点城市名单进行公示的通知》。根据评审结果，对拟纳入 2017 年北方地区冬季清洁取暖试点范围的天津、石家庄、唐山、保定、廊坊、衡水、太原、济南、郑州、开封、鹤壁、新乡等 12 个城市进行公示。

住房城乡建设部办公厅 银监会办公厅关于深化公共建筑能效提升重点城市建设有关工作的通知（建办科函 [2017] 409 号）

为进一步强化公共建筑节能管理，充分挖掘节能潜力，解决当前仍存在的用能管理水平低、节能改造进展缓慢等问题，确保完成国务院印发的《"十三五"节能减排综合工作方案》确定的目标任务，住房城乡建设部办公厅、银监会办公厅发布《住房城乡建设部办公厅银监会办公厅关于深化公共建筑能效提升重点城市建设有关工作的通知》。通知要求："十三五"时期，各省、自治区、直辖市建设不少于 1 个公共建筑能效提升重点城市（以下简称重点城市），树立地区公共建筑能效提升引领标杆。直辖市、计划单列市、省会城市直接作为重点城市进行建设。重点城市应完成以下工作目标：新建公共建筑全面执行《公共建筑节能设计标准》GB 50189。规模化实施公共建筑节能改造，直辖市公共建筑节能改造面积不少于 500 万 m^2，副省级城市不少于 240 万 m^2，其他城市不少于 150 万 m^2，改造项目平均节能率不低于 15%，通过合同能源管理模式实施节能改造的项目比例不低于 40%。完成重点城市公共建筑节能信息服务平台建设，确定各类型公共建筑能耗限额，开展基于限额的公共建筑用能管理。建立健全针对节能改造的多元化融资支持政策及融资模式，形成适宜的节能改造技术及产品应用体系。建立可比对的面向社会的公共建筑用能公示制度。

2017 年 7 月

住房城乡建设部办公厅关于印发《公共建筑节能改造节能量核定导则》的通知（建办科函 [2017] 510 号）

为指导公共建筑节能改造节能量核定工作，规范节能改造示范项目验收，推动完善合同能源管理等市场机制，2017 年 7 月 20 日，住房和城乡建设部办公厅印发了《公共建筑节能改造节能量核定导则》。该导则是对公共建筑节能改造实施效果的分析判断，主要根据改造措施实施前后公共建筑能源消耗情况的检测、监测和分析结果对节能量进行核定，适用于单体公共建筑和建筑群，以及与建筑或建筑群相关联的用能系统的节能改造，核定范围主要包括具有常规功能的围护结构、用能设备及系统等的改造。

住房城乡建设部办公厅关于 2016 年建筑节能与绿色建筑工作进展专项检查情况的通报（建办科函 [2017] 491 号）

2017 年 7 月 1 日，住房城乡建设部办公厅印发了《关于 2016 年建筑节能与绿色建筑工作进展专项检查情况的通报》，主要对 2016 年度全国各地新建建筑、绿色建筑、既有居住建筑节能改造、公共建筑节能、可再生能源建筑应用、关于建筑节能与绿色建筑保障体系建设等重点工作开展情况进行说明。通报指出："2016 年，各级住房城乡建设部门围绕国务院确定的建筑节能、绿色建筑工作重点，进一步加强组织领导，落实政策措施，强化技术支撑，严格监督管理，推动各项工作取得积极成效。截至 2016 年底，全国城镇新建建筑全面执行节能强制性标准，累计建成节能建筑面积超过 150 亿 m^2，节能建筑占比 47.2%，其中 2016 年城镇新增节能建筑面积 16.9 亿 m^2；全国城镇累计建设绿色建筑面积 12.5 亿 m^2，其中 2016 年城镇新增绿色建筑面积 5 亿 m^2，占城镇新建民用建筑比例超过 29%；全国城镇累计完成既有居住建筑节能改造面积超过 13 亿 m^2，其中 2016 年完成改造面积 8789 万 m^2；全国城镇太阳能建筑应用集热面积 4.76 亿 m^2，浅层地热能应用建筑 4.78 亿 m^2，太阳能光电装机容量 29420MW。全国各省（区、市和新疆生产建设兵团）2016 年完成公共建筑能源审计 2718 栋，能耗公示 6810 栋，对 2373 栋建筑的能耗情况进行监测，实施公共建筑节能改造面积 2760 万 m^2。

2017 年 8 月

住房城乡建设部关于印发住房城乡建设科技创新"十三五"专项规划的通知（建科〔2017〕166 号）

2017 年 8 月 17 日，住房和城乡建设部印发《住房城乡建设科技创新"十三五"专项规划》，提出以绿色发展为核心，以资源节约低碳循环、提高城市综合承载能力为目标，强化科技创新和系统集成，统筹技术研发、应用示范、标准制定、规模推广和科技评价的全链条管理，抓好人才、基地、项目、资金、政策五大创新要素，取得一批前瞻性、引领性、实用性科技成果，显著增强行业科技创新的供给和支撑能力，为推动城市绿色发展，促进建筑业向工业化、绿色化、智能化转型升级提供科技支撑的发展目标。

住房城乡建设部关于公布 2017 年度全国绿色建筑创新奖获奖项目的通报（建科〔2017〕186 号）

为推进我国绿色建筑健康发展，促进住房城乡建设领域实现资源节约、环境保护的目标，住房和城乡建设部印发了《关于公布 2017 年度全国绿色建筑创新奖获奖项目的通报》。经专家评审和公示，卧龙自然保护区中国保护大熊猫研究中心灾后重建项目等 49 个项目获得 2017 年度全国绿色建筑创新奖。其中，一等奖 9 个、二等奖 23 个、三等奖 17 个。

2017 年 9 月

中共中央 国务院关于开展质量提升行动的指导意见

2017 年 9 月 5 日，中共中央 国务院印发了《关于开展质量提升行动的指导意见》，提出健全工程质量监督管理机制，强化工程建设全过程质量监管。因地制宜提高建筑节能标准。完善绿色建材标准，促进绿色建材生产和应用。大力发展装配式建筑，提高建筑装修部品部件的质量和安全性能。推进绿色生态小区建设等一系列重点任务，力争到 2020 年到，供给质量明显改善，供给体系更有效率，建设质量强国取得明显成效，质量总体水平显著提升，质量对提高全要素生产率和促进经济发展的贡献进一步增强，更好满足人民群众不断升级的消费需求。

住房城乡建设部 国家发展改革委 财政部 能源局关于推进北方采暖地区城镇清洁供暖的指导意见（建城〔2017〕196 号）

2017 年 9 月 6 日，住房城乡建设部、国家发展改革委、财政部、能源局联合印发了《关于推进北方采暖地区城镇清洁供暖的指导意见》，从编制专项规划、加快推进燃煤热源清洁化、因地制宜推进天然气和电供暖、大力发展可再生能源供暖、有效利用工业余热资源、全面取消散煤取暖、加快供暖老旧管网设施改造和大力提高热用户端能效等方面对北方采暖地区城镇清洁供暖提出要求。其中，明确提出：推进建筑节能，新建建筑严格执行建筑节能标准，在有条件的地区推行超低能耗建筑和近零能耗建筑示范，加快推进既有居住建筑节能改造，优先改造采取清洁供暖方式的既有建筑；大力推进风能、太阳能、地热能、生物质能等可再生能源供暖项目。将可再生能源供暖作为城乡能源规划的重要内容，重点推进，建立可再生能源与传统能源协同的多源互补和梯级利用的综合能源利用体系。加快推进生物质成型燃料锅炉建设，为城镇社区和农村清洁供暖。

2017 年 10 月

第十六届中国国际住宅产业暨建筑工业化产品与设备博览会在北京召开

由住房和城乡建设部支持，住房和城乡建设部科技与产业化发展中心（住房和城乡建设部住宅产业化促进中心）、中国房地产业协会、中国建筑文化中心共同主办的"第十六届中国国际住宅产业暨建筑工业化产品与设备博览会"（简称中国住博会）于 2017 年 10 月 12～14 日在中国国际展览中心（新馆）召开。本届中国住博会以"发展装配式建筑、促进绿色发展"为主题，突出国际性、科技性和前瞻性，重点介绍国内外最新装配式建筑技术和部品，集中展示成套集成技术，宣传绿色环保理念，引导房屋质量和性能不断提升，促进我国建设领域转型升级和可持续发展。本届住博会展示面积近 4 万 m^2，400 多家单位参展。主题示范展"中国明日之家 2017"，包括 11 个样板体系，集聚了装配式混凝土结构、重钢结构、轻钢结构、木竹结构、装配化装修以及被动式低能耗建筑等，集成了快装墙饰、整体卫浴、管线柜体一体化、智能安防、综合家政系统等先进技术与产品。

2017 年 11 月

住房城乡建设部办公厅关于认定第一批装配式建筑示范城市和产业基地的函（建办科函 [2017] 771 号）

为积极推进装配式建筑发展，在各省级住房城乡建设主管部门和有关中央企业评审推荐基础上，经组织专家复核，住房和城乡建设部印发了《住房城乡建设部办公厅关于认定第一批装配式建筑示范城市和产业基地的函》，认定了北京市等 30 个城市为第一批装配式建筑示范城市，北京住总集团有限责任公司等 195 个企业为第一批装配式建筑产业基地。

2017 年 12 月

住房城乡建设部关于进一步规范绿色建筑评价管理工作的通知（建科 [2017] 238 号）

为深入推进"放管服"改革工作，更好地贯彻落实《国务院办公厅关于转发发展改革委 住房城乡建设部绿色建筑行动方案的通知》（国办发 [2013] 1 号），进一步规范绿色建筑评价标识管理，2017 年 12 月 21 日，住房和城乡建设部发布了《住房城乡建设部关于进一步规范绿色建筑评价管理工作的通知》，从建立绿色建筑评价标识属地管理制度、推行第三方评价、规范评价标识管理方式、严格评价标识公示管理、建立信用管理制度、强化评价标识质量监管、加强评价信息统计和健全完善统一的评价标识管理制度 8 个方面提出一系列具体要求。其中，明确提出"绿色建筑评价标识实行属地管理，各省、自治区、直辖市及计划单列市、新疆生产建设兵团住房城乡建设主管部门负责本行政区域内一星、二星、三星级绿色建筑评价标识工作的组织实施和监督管理"。

关于印发北方地区冬季清洁取暖规划（2017—2021年）的通知（发改能源〔2017〕2100号）

2017年12月5日，国家发展改革委、能源局、财政部、环境保护部、住房城乡建设部、国资委、质检总局、银监会、证监会、军委后勤保障部印发了《北方地区冬季清洁取暖规划（2017-2021年）》，提出：到2019年，北方地区清洁取暖率达到50%，替代散烧煤（含低效小锅炉用煤）7400万t。到2021年，北方地区清洁取暖率达70%，替代散烧煤（含低效小锅炉用煤）1.5亿t。供热系统平均综合能耗降低至15kgce/m²以下。热网系统失水率、综合热损失明显降低、新增用户全部使用高效末端散热设备，既有用户逐步开展高效末端散热设备改造。北方城镇地区既有节能居住建筑占比达到80%。力争用5年左右时间，基本实现雾霾严重城市化地区的散煤供暖清洁化，形成公平开放、多元经营、服务水平较高的清洁供暖市场。

全国住房城乡建设工作会议在北京召开

2017年12月23日，全国住房城乡建设工作会议在北京召开。住房城乡建设部党组书记、部长王蒙徽全面总结了五年来住房城乡建设工作成就，提出今后一个时期工作总体要求，对2018年工作任务作出部署。明确要求"积极创建绿色城市、绿色社区、绿色机关、绿色校园，大力发展绿色建筑，推进建筑节能"。